图解施工手册系列——
园林设计与施工手册：图解版

曹丹丹　李芳芳　主编

北京希望电子出版社
Beijing Hope Electronic Press
www.bhp.com.cn

内 容 简 介

　　本书共 15 章，内容包括园林规划设计基础知识，园林地形设计与绿化设计，掇山与置石设计，园林水景设计，园路、园桥与广场设计，园林绿化种植设计，园林建筑及小品设计，园林土方工程，园林给水排水工程，园林水景工程，园路与园桥工程，园林假山工程，园林绿化工程，园林供电工程和园林施工机械。

　　本书内容简明扼要，对指导施工有很强的实用性，可作为园林绿化工程施工技术培训的辅导教材，还可作为相关专业师生的参考资料。

图书在版编目（CIP）数据

园林设计与施工手册：图解版 / 曹丹丹，李芳芳主编. —北京：北京希望电子出版社，2021.1
　ISBN 978-7-83002-799-5

　Ⅰ. ①园… Ⅱ. ①曹… ②李… Ⅲ. ①园林设计－图解②园林－工程施工－图解 Ⅳ. ①TU986.2-64 ②TU986.3-64

中国版本图书馆 CIP 数据核字（2021）第 000369 号

出版：北京希望电子出版社
地址：北京市海淀区中关村大街 22 号
　　　中科大厦 A 座 10 层
邮编：100190
网址：www.bhp.com.cn
电话：010－82626261
传真：010－62543892
经销：各地新华书店

封面：杨　莹
编辑：周卓琳
校对：安　源
开本：710mm×1000mm 1/16
印张：28.25
字数：670 千字
印刷：北京军迪印刷有限责任公司
版次：2021 年 1 月 1 版 1 次印刷

定价：98.00 元

前　言

　　近年来我国城市建设蓬勃发展，城市面貌日新月异，园林作为城市建设的重要组成部分，在改善城市人居环境、提高城市生态质量、促进城市可持续发展等方面具有不可替代的作用。在当今知识经济、信息时代的社会背景下，现代园林得到了普遍重视和充分发展，逐步形成了集科学、技术和艺术于一体的多学科融合的交叉学科，这就要求园林工程技术人员必须具备多学科知识。

　　随着我国现代化建设事业的不断发展和人们生活水平的不断提高，人们对生态环境日益重视，我国的园林事业进入到高速发展时期。现今，我国园林工程项目的投资规模越来越大，施工工艺也越来越复杂，因此对施工组织设计的要求也越来越高。这就需要一大批懂技术、懂设计的园林专业人才来提高园林建设队伍的技术和管理水平，以便更好地满足城市建设的需要和高质量地完成园林工程项目，为此我们编写了《图解施工手册系列——园林设计与施工手册：图解版》。

　　本书在编写的过程中，听取并采纳了专家们提出的宝贵意见和建议，力求满足从事园林工程设计、施工、养护和管理的相关技术人员实际工程需要。

　　本书以图表的形式讲解了园林工程在设计与施工过程中各个环节的知识，内容条理清晰，层次分明，能让读者快速领会相关的技术要点，并在实际工作中加以应用，更好地完成园林工程中的建设任务。

　　本书由曹丹丹和李芳芳担任主编，参与编写的还有魏文彪、高海静、梁燕、葛新丽、吕君、林欣雨、张烁、董亚楠、高世霞、白巧丽、阎秀敏、何艳艳等。

　　在编写的过程中，为保证书中内容的实用性和先进性，本书引用和参考了国内外部分园林工程施工技术资料，园林工程施工企业的工程师和奋战在园林工程建设一线的工程技术人员也提供了大量有参考价值的资料，在此表示衷心的感谢。

　　由于编者水平有限，加之当前园林工程施工技术飞速发展，工艺日新月异，本书内容疏漏或不足之处在所难免，恳请广大读者批评指正。

编　者

目　　录

第 一 章

园林规划设计基础知识

第一节 园林规划设计概述

一、基本概念

园林规划主要解决功能分区、导游线路组织、景点分级等大问题，不涉及具体的施工方案。

园林设计是具体实现规划中某一工程的实施方案，是具体而细致的施工计划。

规划和设计都是园林绿地建设前的计划和打算，两者所处的层次和高度不同，解决的问题也不一样。规划是设计的基础，设计是规划的实现手段。

二、园林设计的特点

园林工程的实施，不同于用颜料在图纸上绘画，园址不仅有高低水陆的变化，而且有风土的差异，所用植物材料也有各自的光、温、水、肥等生态上的要求，这些自然条件和植物材料对园林设计的影响较砖石材料对建筑设计的影响大得多。设计者往往要根据园址的实际情况进行创造性地设计，而不像建筑设计那样，一个设计可以在很多地方使用。

园林设计无疑是行得通的规划，但有时需要根据实际情况加以修改，这也是园林设计的特点之一，不是交出设计图纸就可以结束工作了，园林设计常常伴随着施工的始终。

三、园林设计过程

1. 任务书阶段

（1）了解委托方的具体要求及愿望（造价、时间期限等）。

（2）它是整个设计的根本依据，可确定设计重点。

2. 基地调查和分析阶段

（1）收集与基地有关的资料。

（2）补充并完善内容。

（3）对整个基地及环境状况进行综合分析。

3．方案设计阶段

（1）分类。

①方案的构思。

②方案的选择与确定。

③方案的完成。

（2）任务。

①进行功能分区。

②结合基地条件、空间及视觉构图确定各种使用区的平面位置。

4．详细设计阶段

（1）同委托方共同商议设计方案，依据商讨结果对方案进行修改和调整。

（2）完成各局部详细的平面图、立面图、剖面图、详图、园景的透视图、表现整体设计的鸟瞰图等。

5．施工图阶段

（1）将设计与施工连接起来的环节。根据所设计的方案，结合各工种的要求分别绘制出能具体、准确地指导施工的各种图面。

（2）图面应能清楚、准确地表示出各项设计内容的尺寸、位置、形状、材料、种类、数量、色彩以及构造。

（3）完成施工平面图、地形设计图、种植平面图、园林建筑施工图等。

四、园林基地调查和分析

1．基地现状调查内容

（1）基地自然条件：地形、水体、土壤、植被。

（2）气象资料：日照、温度、风、降雨、小气候。

（3）人工设施：建筑及构筑物、道路和广场、各种管线。

（4）视觉质量：基地现状景观、环境景观、视域。

（5）基地范围及环境因子：物质环境、知觉环境、小气候、城市规划法规等。

现状调查并不需将所有的内容一个不漏地调查清楚，应根据基地的规模、内外环境和使用目的分清主次，主要的应深入详尽地调查，次要的可简要地了解。基地现状调查内容的构成及关系如图1-1所示。

2．基地分析

（1）在地形资料的基础上进行坡级分析、排水类型分析。

（2）在土壤资料的基础上进行土壤承载分析。

（3）在气象资料的基础上进行日照分析、小气候分析等。

3．资料表示

（1）在基地底图上表示出比例和朝向、各级道路网、现有主要建筑物及人工

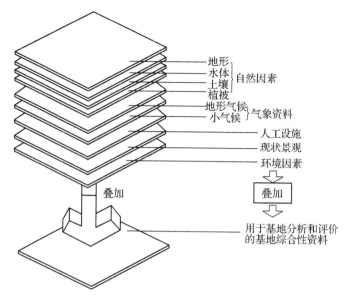

图 1-1　基地现状调查内容的构成及关系示意

设施、等高线、大面积的林地和水域、基地用地范围。

（2）在要缩放的图纸中标线状比例尺，用地范围用双点画线表示。

（3）基地底图不要只限于表示基地范围之内的内容，最好也表示出一定范围的周围环境。

第二节　园林的分类

一、规则式园林

1. 规则式园林的概念

规则式园林又称为整形式、建筑式、图案式或几何式园林。整个平面布局、立体造型以及建筑、广场、道路、水面、花草树木都要求整齐对称，呈几何形状。我国北京的天坛、大连的斯大林广场、广州的人民公园等都属于规则式园林。这一形式的园林给人以庄严、雄伟、规整的感觉。

2. 规则式园林的特征

（1）地貌。在平原地区，地貌由不同标高的水平面及缓倾斜的平面组成；在山地丘陵区，地貌则由阶梯式的台地、倾斜平面及石级组成。

（2）水体。水体外形轮廓均为几何形，采用整齐式驳岸，园林水景以整形水池、壁泉、喷泉、整形瀑布及运河等为主，常以喷泉作为水景主题。

（3）建筑。园林中不仅个体建筑采用中轴对称均衡的设计，建筑群和大规模建筑组群的布局也采用中轴对称均衡的手法，以主要建筑群和次要建筑群形成的主轴和副轴控制全园。

（4）道路广场。园林中的空旷地和广场外形均为几何形。封闭式的草坪，广场空间，被对称建筑群或规则式林带、树墙、绿篱包围。道路由直线、折线或几何曲线组成。

（5）种植设计。园林中花卉布置采用图案为主题的模拟花坛或花带为主，有时布置成大规模的花坛群。树木配置以行列式和对称式为主，并运用大量的绿篱、绿墙以区划和组织空间。树木整形修剪以模拟建筑体形和动物形态为主。

（6）其他景物。采用盆树、盆花、瓶饰、雕像为主要景物，雕像基座为规则式，其位置多处于轴线的起点、终点或交点上。

二、自然式园林

1. 自然式园林的概念

自然式园林又称风景式园林、不规则式园林。效法自然、高于自然，以自然条件为主要布置原则。我国古典园林多以自然式山水园为主，日本园林也多以自然式为主。

2. 自然式园林的特征

（1）地貌。平原地带，利用自然起伏的和缓地形和人工堆置的自然起伏的土丘相结合，断面为和缓曲线。山地和丘陵地利用自然地貌，除建筑和广场基地外，不作人工阶梯形改造，尽量使其自然。

（2）水体。水体的轮廓为自然曲线，水岸常为各种自然曲线的倾斜坡度，如有驳岸多为自然山石驳岸，园林水景的类型以溪涧、河流、涌泉、自然式瀑布、池沼、湖泊等为主，并常以瀑布为水景主题。

（3）建筑。个体建筑为对称或不对称均衡设计，建筑群和建筑组群多采取不对称均衡的布局。全园不以轴线控制，而以导游线控制全园。

（4）道路广场。园林中的空旷地和广场的轮廓多为自然形状，被不对称的建筑群、土山、自然式树丛和林带包围。道路平面和剖面多由曲线组成。

（5）种植设计。园林中植物的种植以反映自然界植物群落之美为目的。花卉布置以花丛、花群为主。树木配置以孤植树、树丛、树林为主，常以自然的树丛、树群、林带来区划和组织空间，一般不作规则式修剪。

（6）其他景物。园林多采用山石、假山、桩景、盆景、雕塑为主要景物。雕塑基座为自然式，其位置多位于透视线的焦点。

三、混合式园林

1. 混合式园林的概念

绝对的规则式和绝对的自然式园林是不多见的，主要是以规则式或自然式为主。园林中规则式布置与自然式布置比例相当的称为混合式园林。

2. 混合式园林的特征

混合式园林一般在建筑群的附近采取规则式布置，而远离建筑群的园区则采用自然式布置，两种形式有机结合，相互渗透，相互过渡。

四、园林规划形式的决定因素

1. 园林绿地的使用要求

园林绿地的形式应当从功能性出发，为生活服务。如街道、体育场的绿化常为规则式；居住区、风景区则多为自然式。

2. 根据自然条件和环境条件选择园林形式

在地形平坦的地区，做规则式园林较为经济，在地形起伏的地区则以自然式园林为好。在树木多的园林以自然式为宜，面积小的园林用规则式较适合。管理细致的园林可以用规则式，建筑物多的地方可以规则式园林为主。

3. 意识形态和艺术传统的影响

民族、地域的不同常形成不同的意识形态和艺术形态，这些都会影响到园林形式的采用。如西方文明推崇人的力量，规则式园林精美的图案和修剪整齐的植物实际上是人创造一切、改造自然的象征；东方文明则崇尚自然，因而园林多采用自然式。现代社会国际交流频繁，文化趋向多元化，园林规划在形式上也有一些变化。

第三节　景观构成与景观要素

一、景观构成

1. 山水工程

山水工程主要指园林中改造地形、模山范水、创造优美环境和园林意境的工程，山水是中国山水园的骨架。

地形是园林的基底和骨架，造园必先立地基，方可行体，地形又可分为陆地和水体两部分。

陆地又可分为平地、坡地、山地三类。

中国园林景观以山水为特色，水因山转，山因水活。

2. 水景工程

水景工程包括驳岸、闸坝、落水和跌水、喷泉等。

3. 道路、桥梁工程

园路是园林的脉络，桥梁又是道路的延伸，它是联系各景区、景点的纽带，是构成园景的重要因素。它有组织交通、引导游览、划分空间构成景观序列、为水电工程创造条件的作用。

4. 假山置石工程

我国聚土构石为山始于秦汉时期，历史上最大的假山是宋徽宗于汴京建的艮岳，最早大量搜寻奇石的是朱耐的"花石纲"，后逐步向"以卷代山，以勺代水"的方向发展。从聚土构石到山石堆叠，孤置赏石，直至近代的泥灰塑山，现代的水泥塑石的出现，使假山成为中国园林景观的特色之一。

按照假山的构成材料，可分为以土为主，土包石；以石为主，石包土；土石相间大散点三大类。

按假山堆叠的形式可分为仿云式、仿山式、仿生式、仿器物等类型。还可用石景代表历史或神话传说，如试剑石、望夫石等。用山石可散点护坡，代替桌凳，建筑基础。国外也有应用假山、峰石、岩石装饰园庭的，如日本枯山水和定位石组，欧洲园林景观中的山石植物园。现代动物园中多建有狮、虎、熊、猴活动、栖息的假山。盆景专类园中置有山水盆景等。

叠山置石的材料，应因地制宜，就近选取，常用的石类有湖石类（有南湖石与北湖石之别）、黄石类、青石类、卵石类（南方为蜡石、花岗石）、剑石类（有斧劈石、瓜子石、白果石等）、砂片石类和吸水石类。我国传统的选石标准是透、漏、瘦、皱、丑。

5. 建筑设施工程

在园林景观中，园林景观建筑既能使用，又能与环境组成景致，供人们游览和休憩。按使用功能分，建筑设施可分为四大类：游憩设施、服务设施、公用设施和管理设施。

二、景观生态要素

1. 水环境

（1）水环境的概述。水是生物生存必不可少的物质资源。在城市中水资源又是景观设计的重要造景素材。一座城市因山而显气势，因水而生灵气。水在城市景观设计中具有重要的作用，同时还具有净化空气，调节局部小气候的功能。因此，在当今城市发展中，有河流、水域的城市都十分关注对滨水地区的开发、保护。临水土地的价值也一升再升。人们已经认识到水资源除了对城市的生命力支持外，在城市发展中也起到了重要作用。

（2）水资源管理原则。

①保护流域、湿地和所有河流水体的堤岸。

②创建一个净化的计划，将任何形式的污染减至最小。

③土地的利用分配和发展容量应与合理的水分供应相适应而不是反其道而行。

④返回地下含水层的水质和水量与其利用保持平衡。

⑤限制用水以维持当地淡水存量。

⑥通过自然排水通道引导地表径流，而不是通过人工修建的暴雨排水系统。

⑦利用生态方法设计湿地进行废水处理、消毒和补充地下水。

⑧地下水供应和分配的双重系统，使饮用水和灌溉及工业用水有不同税率。

⑨开拓、恢复和发展被滥用的土地和水域，达到自然、健康的状态。

⑩致力于推动水的供给、利用、处理、循环和再补充技术的改进。

2. 地形

大自然的鬼斧神工在地球表面营造了各种各样的地貌形态，平原、丘陵、山地，江河湖海。人们在经过长久的尝试后，选择了适合生存居住的盆地、平原、临河高地。在这些既有水源，又可以获得食物或可进行种植的地方，繁衍出地域色彩各异的世界文明。

在人类的进化过程中，人们对地形的态度经过了顺应—改造—协调的变化。这个过程，人们付出了巨大的代价。现在，人们已经开始在城市建设中，关注对地形的研究，尽量减少对原有地貌的改变，维护其原有的生态系统。

在城市化进程迅速加快的今天，城市发展用地已显局促，在保证一定耕地的条件下，条件较差的土地开始被征为城市建设用地。因此，在城市建设时，如何获得最大的社会、经济和生态效益是人们需要思考的问题。

3. 植被

植被不但可以涵养水源、保持水土，还具有美化环境、调节气候、净化空气的功效。因此，植被是景观设计的重要设计素材之一。在城市总体规划中，城市绿地规划是重要的组成部分。通过对城市绿地的设计规划，以城市公园、居住区游园、街头绿地、街道绿地等形式，使城市绿地形成系统。城市规划中采用绿地比例作为衡量城市景观状况的指标，一般包括城市公共绿地指标、全部城市绿地指标、城市绿化覆盖率。

此外，在具体的景观设计中，还应该考虑树形、树种、速生树和慢生树的结合等因素。

4. 气候

（1）气候的概述。一个地区的气候是由其所处的地理位置决定的。它是很多因素综合作用的结果，如地形地貌、森林植被、水面、大气环流等。因此，城市就有"城市热岛"的现象，而郊区的气候就凉爽宜人。

在人类社会的发展中，人们有意识地会在居住地周围种植一定的植被，或者喜欢将住所选择在靠近水域的地方。人类进化的经验对学科的发展起到了促进作用。城市规划、建筑学、景观设计等领域都关注如何利用构筑物、植被、水体来改善局部小气候。

（2）具体做法。

①对建筑形式、布局方式进行设计、安排。

②对水体进行引进。

③保护并尽可能扩大原有的绿地和植被面积。

④对住所周围的植被做到四季花不同，一年绿常在，这包括对树种的选择、位置的安排。

三、景观设计要素

1. 地形地貌

地形地貌是景观设计最基本的场地和基础。地形地貌总体上分为山地和平原，进一步可以划分为盆地、丘陵，局部可以分为凹地、凸地等。在景观设计时，要充分利用原有的地形地貌，考虑生态学的观点，营造符合当地生态环境的自然景观，减少对其环境的干扰和破坏。同时，可以减少土石方的开挖量，降低成本。因此，充分考虑应用地形的特点是安排布置好其他景观元素的基础。

在具体的设计表现手法方面，可以采用 GIS 新技术，如 VR 仿真技术手段进行三维地形的表现，以便真实地模拟实际地形，表达景观设计后的场景效果。

2. 植被设计

（1）植被的概述。植被是景观设计的重要素材之一。景观设计中的素材包括草坪、灌木和各种大、小乔木等。巧妙合理地运用植被不仅可以成功营造出人们熟悉喜欢的各种空间，还可以改善住户的局部气候环境，使住户和朋友邻里在舒适愉悦的环境里进行交谈、驻足聊天、照看小孩等活动。

（2）植被的功能。植被的功能包括视觉功能和非视觉功能。非视觉功能指植被改善气候、保护物种的功能；植被的视觉功能指植被在审美上的功能，是否能使人感到心旷神怡。通过视觉功能可以实现空间分割，形成构筑物。

3. 地面铺装

（1）地面铺装的概述。地面铺装和植被设计有一个共同的地方即交通视线诱导（包括人流、车流）。无论是运用何种素材进行景观设计，首要的目的是满足设计的使用功能。地面铺装和植被设计在手法上表现为构图，但其目的是方便使用者，提高对环境的识别性。

（2）地面铺装的作用。

①为了适应地面高频率的使用，避免雨天泥泞难走。

②给使用者提供适当范围的固定活动空间。

③通过布局和图案引导人行流线。

（3）地面铺装的类型。

①沥青路面。

②混凝土路面。

③卵石嵌砌路面。

④砖砌铺装。

⑤石材铺装。

⑥预制砌块。

（4）地面铺装的手法。在满足使用功能的前提下，常常采用线性、流行性、拼图、色彩、材质搭配等手法为使用者提供活动的场所或者引导行人通达某个既定的地点。

4. 水体设计

水体设计是景观设计的重点和难点。水的形态多样，千变万化。景观设计将水体分为静态水和动态水的设计。静有安详，动有灵性。根据水景的功能还可以将其分为观赏类、嬉水类。

水体设计要考虑以下几点：

（1）水景设计和地面排水结合。

（2）管线和设施的隐蔽性设计。

（3）防水层和防潮性设计。

（4）与灯光照明相结合。

（5）寒冷地区考虑结冰防冻。

5. 景观小品

景观小品主要指各种材质的公共艺术雕塑或者与艺术化的公共设施，如垃圾箱、座椅、公用电话、指示牌、路标等。

第四节　景与造景

一、景的概念与感受

1. 景的概念

"景"即风景、景致，是指在园林绿地中自然的或经人为创造加工的并以自然美为特征的供作游览、休息和欣赏的空间环境。景的名称多以景的特征来命名，以景色本身其深刻的表现力和强烈的感染力闻名天下，如桂林山水、黄山云海、断桥残雪等。

2. 景的感受

景是通过人的眼、耳、鼻、舌、身等感官来感受的。大多数的景主要是看，如"花港晓月"；也有一些景是通过耳听，如"风泉清听"；有的景是用闻的，如兰圃；有的景是用来品味的，如"龙井品茶"。不同的景有不同的感受，借景抒情、富有诗情画意是我国传统园林的特色。

二、景的观赏

1. 静态观赏与动态观赏

景的观赏可分为静态观赏和动态观赏。一般园林规划应从动与静两方面要求来考虑。园林绿地平面总图设计主要是为了满足动态观赏的要求，应该安排一定的风景路线，每一条风景路线的分景安排应达到步移景异的效果，形成一个循序渐进的连续观赏过程。人们在静态观赏时会对一些细节特别感兴趣，要进行细部观赏，为了满足这种观赏要求，可以在风景中穿插配置一些能激发人们进行细致鉴赏、具有特殊风格的近景、特写景等。

2. 观赏点与观赏的视距

游人观赏所在的位置称为观赏点或视点。观赏点与景物之间的距离，称为观赏视距。观赏视距适当与否对观赏艺术效果关系很大。一般大型景物，合适视距约为景物高度的 3.3 倍，合适视距约为景物宽度的 1.2 倍。如果景物高度大于宽度时，则依垂直视距来考虑；如果景物宽度大于高度时，依据宽度、高度进行综合考虑。一般在平视静观的情况下，以水平视角不超过 45°、垂直视角不超过 30°为原则。

3. 平视观赏

视线与地面平行向前，游人头部不必上仰或下俯，可以舒展地平望出去，不易疲劳。平视时景物的高度变化范围小，景物的深度有较强的感染力。所以平视观赏易产生平静、深远、安宁的气氛。

4. 俯视观赏

游人视点高，居高临下，景物愈低显得愈小，故常制造成开阔和惊险的风景效果。

5. 仰视观赏

景物高度很高，视点距离景物很近，当仰角超过 13°时，就要微微扬头，景物的高度感染力强，易形成雄伟、庄严、紧张的氛围。园林中，有时为强调主景的高大，常将视距压缩到景物高度的 1 倍以内，运用错觉使景物的高大感增强。

三、造景

园林景观分为主景与配景，在园林绿地中起到控制作用的景叫"主景"，它是整个园林绿地的核心、重点，往往呈现出主要的使用功能或主题，是全园视线控制的焦点。主景包含两个方面的含义：一是指整个园林中的主景；二是园林中被园林要素分割的局部空间的主景。配景起衬托作用，可使主景突出，在同一空间范围内，许多位置、角度都可以欣赏主景，而处在主景之中的一切配景，又成为欣赏的主要对象，所以主景与配景是相得益彰的。

1. 主景升高

主景升高相对地使视点降低，看主景要仰视，一般可取简洁明朗的蓝天远山为背景，使主景的造型、轮廓更鲜明、更突出。

2. 面阳朝向

建筑物朝向以南为宜，其他园林景物也是向南为宜，这样各景物显得光亮、富有生气、生动活泼。

3. 运用轴线和风景视线的焦点

主景前方两侧常常进行配置，以强调陪衬主景，对称体形成的对称轴称中轴线，主景总是布置在中轴线的终点。此外也常布置在园林纵横轴线的相交点，或放射轴线的焦点或风景透视线的焦点上。

4. 动势向心

一般四面环抱的空间，如水面、广场、庭院等，四周次要的景色往往具有动势，趋向于视线的焦点，主景宜布置在这个焦点上。

5. 空间构图的重心

主景布置在构图的重心处。规则式园林构图，主景常居于几何中心，而在自然式园林构图中，主景常位于自然重心上。

6. 景的层次

景就距离远近、空间层次而言，有前景（近景）、中景、背景（远景）之分，一般前景、背景是为了突出中景而设置的。这样的景富有层次感染力，给人以丰富、不单调的感觉。有时因不同的造景要求，前景、中景、背景不一定全部具备，如在纪念性园林中，需要主景气势宏伟，空间开阔壮观，以低矮的前景烘托即可，背景则可借助于蓝天白云。

7. 借景

有意识地把园外的景物"借"到园内可感受的范围中来称"借景"，是扩大景物的深度和广度、丰富观赏内容的主要手法，以有限面积创造无限空间。借景的内容是多方面的，可以借形组景，也可借声组景、借色组景、借香组景等。借景可以是远借、邻借，也可以是仰借、俯借，应时而借。

8. 对景

位于园林绿地轴线及风景视线端点的景叫对景。为了观赏对景，要选择最佳的位置设置供游人休息逗留的场所，作为观赏点。如亭、榭、草地等与景相对。景可以正对，也可以互对，正对是为了达到雄伟、庄严、气势宏大的效果，在轴线的端点设景点。互对是在园林绿地轴线或风景视线两端点设景点，互成对景，互对景也不一定有非常严格的轴线，可以正对，也可以有所偏离。

9. 分景

分景常用于把园林划分为若干空间，使之园中有园，景中有景，湖中有岛，岛中有湖。园景虚虚实实，景色丰富多彩，空间变化多样。分景按其划分空间的作用和艺术效果，可分为障景和隔景。

（1）障景。在园林绿地中，凡是抑制视线，引导空间屏障景物的手法称为障景。障景有土障、山障、树障、曲障等，是我国造园的特色之一。障景是在较短距离之间才被发现，因而视线受抑制，有"山重水复疑无路"的感觉。障景还能隐蔽不美观或不可取的部分，可障远也可障近，而障本身又可自成一景。

（2）隔景。凡将园林绿地分隔为不同空间，不同景区的手法称为隔景。隔景可以避免各景区互相干扰，增加园景构图变化，隔断部分视线及游览路线，使空间"小中见大"。

10. 框景

框景是指利用门框、窗框、树框、山洞等，有选择地摄取另一空间的优美景色，恰似一幅嵌于镜框中的立体风景画的手法。框景必须设计好入框的对景，"俗则屏之，嘉则收之"，观赏点与景框的距离应保持在景框直径2倍以上，视点最好在景框中心。

11. 夹景

为了突出优美景色，常将左右两侧贫乏的景观以树丛、树列、土山或建筑物等加以屏障，形成两侧较封闭的狭长空间，这种手法称夹景。夹景是突出对景的方法之一，可以起到障丑显美的作用，增加园景的深远感，同时也可引导游人的注意力。

12. 漏景

由框景发展而来，框景景色全现，漏景景色若隐若现，是空间渗透的一种重要方法。

13. 添景

在观景点与远方对景间没有其他前景、中景过渡时，为求对景有丰富的层次，加强景深而添上一些前景的处理手法，添景可用建筑一角或树木花草等。

14. 点景

我国传统园林善于抓住每一景观特点，根据其性质、用途，结合空间环境的景象和历史，高度概括，常做出形象化、诗意浓、意境深的园林题咏称点景。"片言可以明百意"，题咏不但丰富了景的欣赏内容，而且增加了诗情画意，点出景的主题，给人以艺术联想，还有宣传装饰和导游的作用。

题名即景色命名。好的景色命名可以起到画龙点睛、指导游览的作用，可以让人在未接触景色之前，从命名中产生联想。

四、导游线和风景视线

1. 导游线

导游线顾名思义是引导游人游览观赏的路线，可理解为一条或多条交通线路，但与交通路线又不完全相同，导游线要同时解决交通问题和组织风景视线以及造景。导游线的布置不是简单地将各景点、景区联系在一起，而是整体的系统结构和艺术程序。

导游线的组织，在水景区一般多作环水布置，在山林区则多沿山脊或山谷走向。导游线忌直通、忌方向重复、忌分支过多，一般为环形布置、分支均衡、自成循环体系。

园林绿地的景点、景区在展现风景的过程中，通常有三段式和二段式两种。

三段式：序景——起景——发展——转折——高潮——转折——收缩——结景——尾景。

两段式：序景——起景——发展——转折——高潮（结景）——尾景。

2. 风景视线

园林绿地中的导游线是平面构图中的一条"实"的路线，但园林空间变换很大，因而必须仔细考虑空间构图中的一条"虚"的路线——风景视线。

风景视线在手法上主要巧用"隐""显"二字，主要有以下三种手法。

（1）开门见山的风景视线，即"显"的手法，可以一览无余。这种手法气势雄伟，常用于纪念性园林。

（2）半隐半现、忽隐忽现的风景视线。在山林地带、古刹丛林，为创造一种神秘气氛常用此法，引人入胜。

（3）深藏不露，探索前进的风景视线。将景点、景区深藏在山峦丛林之中或平川、丘陵之内，游人在游赏过程中不断被吸引而终于进入高潮，有柳暗花明、豁然开朗的景趣。

第五节　风景园林图例图示

一、风景名胜区与城市绿地系统规划图例

1. 地界图例

地界图例见表1-1。

表 1-1　地界图例

序号	名　称	图　例	说　明
1	风景名胜区（国家公园），自然保护区等界	— — — - — —	—
2	景区、功能分区界	 – – · – – · – –	—
3	外围保护地带界	 ⊥ ⊥ ⊥ ⊥ ⊥ ⊥ ⊥	—
4	绿地界	———————	用中实线表示

2. 景点、景物图例

景点、景物图例见表 1-2。

表 1-2　景点、景物图例

序号	名　称	图　例	说　明
1	景点	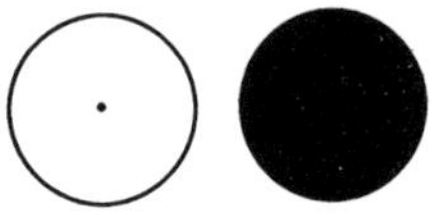	各级景点依圆的大小相区别 左图为现状景点 右图为规划景点
2	古建筑		—
3	塔		—
4	宗教建筑 （佛教、道教、 基督教……）		—
5	牌坊、牌楼		—
6	桥		—
7	城墙		—

序　号	名　　称	图　　例	说　　明
8	墓、墓园		—
9	文化遗址		—
10	摩崖石刻		—
11	古井		—
12	山岳		—
13	孤峰		—
14	奇石、礁石		—

序　号	名　称	图　例	说　明
15	陡崖		—
16	瀑布		—
17	泉		—
18	温泉		—
19	湖泊		—
20	海滩		溪滩也可用此图例
21	古树名木		—

续表

序号	名　称	图　例	说　明
22	森林		—
23	公园		
24	动物园		—
25	植物园		
26	烈士陵园	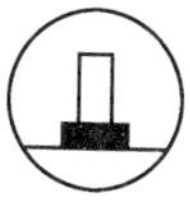	—

注：序号2至序号26所列图例宜供宏观规划时用，其不反映实际地形及形态。需区分现状与规划时，可用单线圆表示现状景点、景物，双线圆表示规划景点、景物。

3. 服务设施图例

服务设施图例见表1-3。

表1-3 服务设施图例

序号	名　称	图　例	说　明
1	综合服务设施点	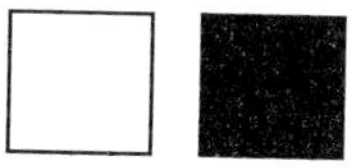	各级服务设施可依方形大小相区别。左图为现状设施，右图为规划设施

序号	名　称	图　例	说　明
2	公共汽车站		—
3	火车站		—
4	飞机场		—
5	码头、港口		—
6	缆车站		—
7	停车场	P　P	室内停车场外框用虚线表示
8	加油站		—
9	医疗设施点		—

续表

序号	名　称	图　例	说　明
10	公共厕所	W.C.	—
11	文化娱乐点		—
12	旅游宾馆		—
13	度假村、休养所		—
14	疗养院		—
15	银行		包括储蓄所、信用社、证券公司等金融机构
16	邮电所（局）		—
17	公用电话		包括公用电话亭、电信局等

序号	名　称	图　例	说　明
18	餐饮点		—
19	风景区管理站（处、局）		—
20	消防站、消防专用房间	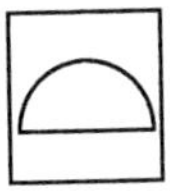	—
21	公安、保卫站		包括各级派出所、公安局等
22	气象站	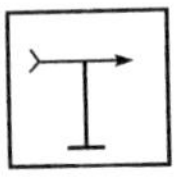	—
23	野营地		—

注：序号2～23所列图例宜供宏观规划时用，其不反映实际地形及形态。需区分现状与规划时，可用单线方框表示现状设施，双线方框表示规划设施。

4. 运动游乐设施图例

运动游乐设施图例见表1-4。

表 1-4　运动游乐设施图例

序号	名　称	图　例	说　明
1	天然游泳场		—

序号	名　称	图　例	说　明
2	水上运动场		—
3	游乐场		—
4	运动场		—
5	跑马场		—
6	赛车场		—
7	高尔夫球场		—

5. 用地类型图例

用地类型图例见表1-5。

表 1-5　用地类型图例

序号	名　称	图　例	说　明
1	村镇建设地	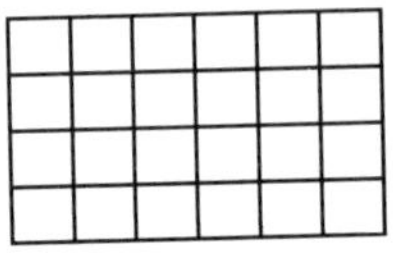	—
2	风景游览地	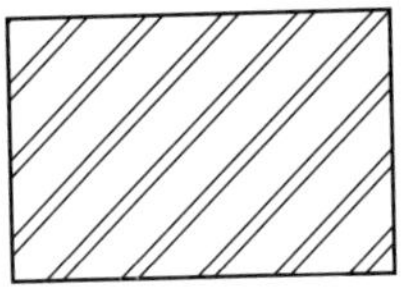	图中斜线与水平线成 45°角
3	旅游度假地		—
4	服务设施地		—
5	市政设施地	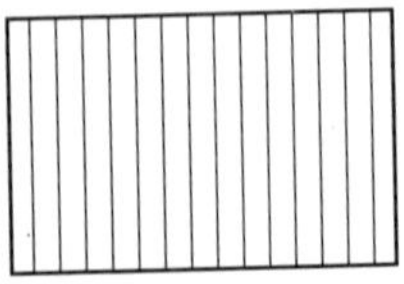	—

续表

序号	名 称	图 例	说 明
6	农业用地		—
7	游憩、观赏绿地		—
8	防护绿地		—
9	文物保护地		包括地面和地下两大类，地下文物保护地外框用粗虚线表示
10	苗圃、花圃用地		—

序号	名 称	图 例	说 明
11	特殊用地		—
12	针叶林地		—
13	阔叶林地		—
14	针阔混交林地		—
15	灌木林地		—

续表

序号	名 称	图 例	说 明
16	竹林地	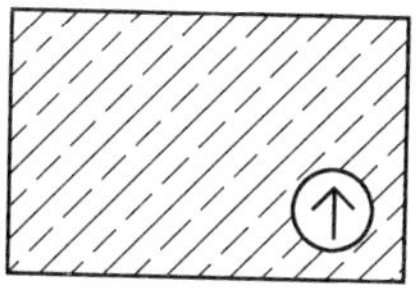	—
17	经济林地	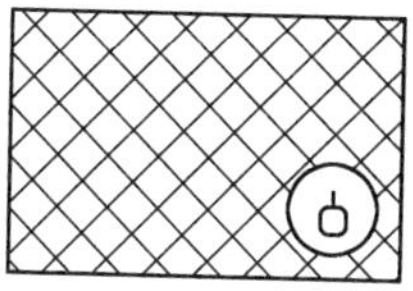	—
18	草原、草甸	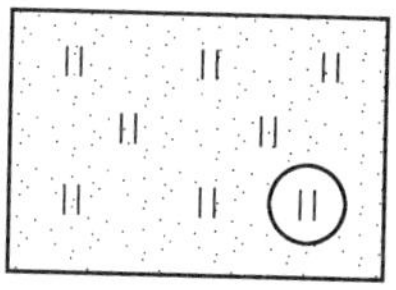	—

注：序号12～17表示林地的线形图例中也可插入《国家基本比例尺地图图式第1部分：1：500 1：1000 1：2000 地形图图式》（GB/T 20257.1—2017）见工标网中的相应符号。需区分天然林地、人工林地时，可用细线界框表示天然林地，粗线界框表示人工林地。

二、园林绿地规划设计图例

1. 园林建筑图例

园林建筑图例见表1-6。

表1-6 园林建筑图例

序号	名 称	图 例	说 明
1	规划的建筑物		用粗实线表示

序号	名　称	图　例	说　明
2	原有的建筑物		用细实线表示
3	规划扩建的 预留地或建筑物		用中虚线表示
4	拆除的建筑物		用细实线表示
5	地下建筑物		用粗虚线表示
6	坡屋顶建筑		包括瓦顶、石片顶、饰面 砖顶等
7	草顶建筑或 简易建筑		—
8	温室建筑		—

2. 园林景观绿化图例

园林景观绿化图例见表1-7。

表1-7 园林景观绿化图例

序号	名 称	图 例	备 注
1	常绿针叶乔木	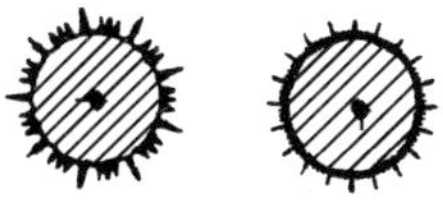	—
2	落叶针叶乔木	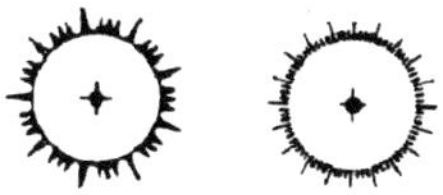	—
3	常绿阔叶乔木	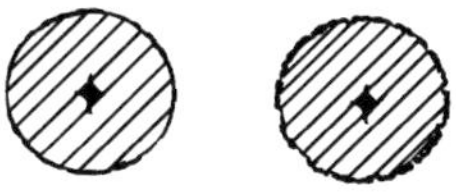	—
4	落叶阔叶乔木	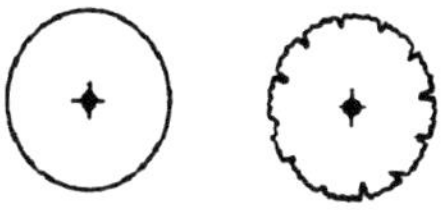	—
5	常绿阔叶灌木		—
6	落叶阔叶灌木		—
7	落叶阔叶乔木林		—
8	常绿阔叶乔木林		—
9	常绿针叶乔木林		—

续表

序号	名 称	图 例	备 注
10	落叶针叶乔木林		—
11	针阔混交林		—
12	落叶灌木林		—
13	整形绿篱		—
14	草坪	(1) (2) (3)	(1) 表示草坪。 (2) 表示自然草坪。 (3) 表示人工草坪
15	花卉		—
16	竹丛	(1) (2)	(1) 规则式。 (2) 不规则式

序号	名　称	图　例	备　注
17	棕榈植物		—
18	水生植物		—
19	植草砖		—
20	土石假山		包括"土包石""石抱土"及假山
21	独立景石		—
22	自然水体		表示河流，箭头表示水流方向
23	人工水体		—

3. 小品设施图例

小品设施图例见表1-8。

表1-8　小品设施图例

序号	名　称	图　例	说　明
1	喷泉		—
2	雕塑		—
3	花台	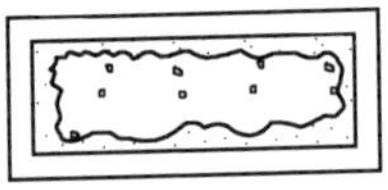	—
4	座凳		—
5	花架	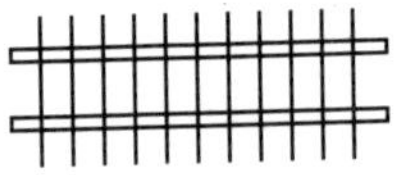	—
6	围墙	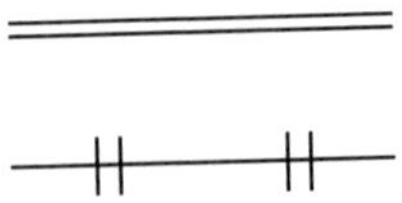	上图为实砌或漏空围墙。下图为栅栏或篱笆围墙
7	栏杆	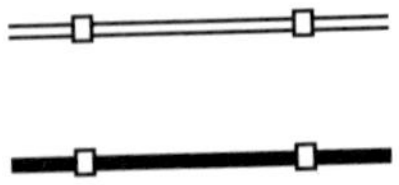	上图为非金属栏杆。下图为金属栏杆
8	园灯		—

续表

序号	名　称	图　例	说　明
9	饮水台	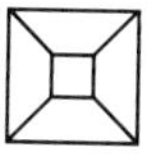	—
10	指示牌		—

注：图例仅表示位置，不表示具体形态，也可依据设计形态表示。

4. 园林广场设施图例

园林工程设施图例见表1-9。

表 1-9　园林工程设施图例

序号	名　称	图　例	说　明
1	护坡	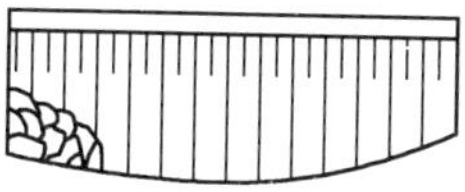	—
2	挡土墙	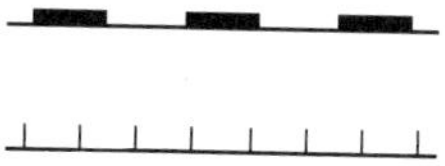	突出的一侧表示被挡土的一方
3	排水明沟	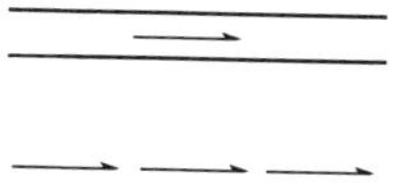	上图用于比例较大的图面，下图用于比例较小的图面
4	有盖的排水沟	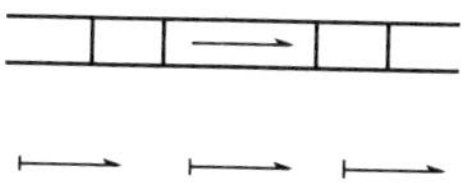	上图用于比例较大的图面，下图用于比例较小的图面

序号	名　称	图　例	说　明
5	雨水井		—
6	消火栓井		—
7	喷灌点		—
8	道路	R	—
9	铺装路面		—
10	台阶		箭头指向表示向上
11	铺砌场地		
12	车行桥		也可依据设计形态表示
13	人行桥		

续表

序号	名　称	图　例	说　明
14	亭桥	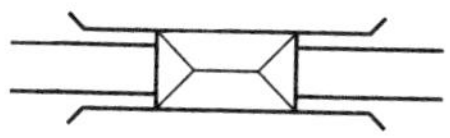	—
15	铁索桥		—
16	汀步	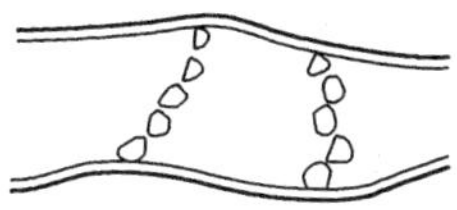	—
17	涵洞	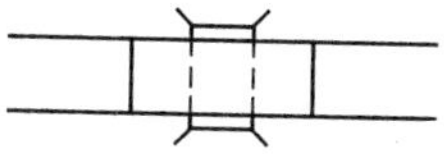	—
18	水闸	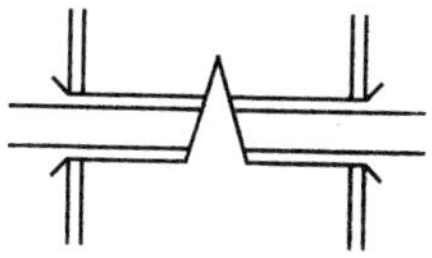	—
19	码头	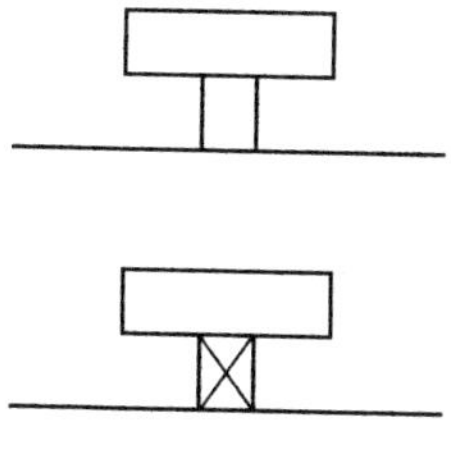	上图为固定码头，下图为浮动码头
20	驳岸	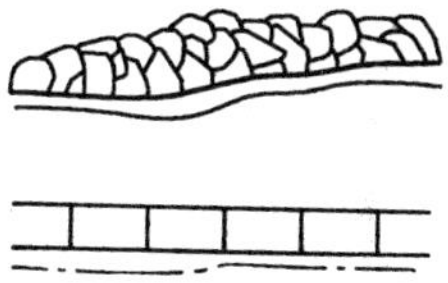	上图为假山石自然式驳岸，下图为整形砌筑规划式驳岸

三、树木形态图示

1. 枝干形态图例

枝干形态图例见表 1-10。

表 1-10   枝干形态图例

序号	名　称	图　例	说　明
1	主轴干侧分枝形		—
2	主轴干无分枝形		—
3	无主轴干多枝形		—
4	无主轴干垂枝形		—

序号	名　称	图　例	说　明
5	无主轴干丛生形		—
6	无主轴干匍匐形		—

2. 树冠形态

树冠形态见表 1-11。

表 1-11　树冠形态

序号	名　称	图　例	说　明
1	圆锥形		树冠轮廓线，凡针叶树用锯齿形；凡阔叶树用弧裂形表示
2	椭圆形		—

序号	名　称	图　例	说　明
3	圆球形		—
4	垂枝形		—
5	伞形		—
6	匍匐形		—

第 二 章

园林地形设计

第一节　园林地形设计基本要求

一、一般规定

（1）地形设计应以总体设计所确定的各控制点的高程为依据。

（2）土方调配设计应提出利用原表层栽植土的措施。其目的是为了保护拟建公园地界中的土壤，包括自然形成或农田耕作层中的土壤。各专项设计都可能造成对表土的破坏，因为地形设计是对公园地表的全面处理。充分利用原表层土壤，对公园植物景观的快速形成和园林植物的后期养护都极为有利。

（3）栽植地段的栽植土层厚度应符合表 2-1 的规定。

表 2-1　栽植土层厚度

植物类型	栽植土层厚度（cm）	必要时设置排水层的厚度（cm）
草坪植物	＞30	20
小灌木	＞45	30
大灌木	＞60	40
浅根乔木	＞90	40
深根乔木	＞150	40

地形设计如遇地下岩层、公园地下构筑物以及其他非土壤物质时，须考虑栽植土层的厚度，为植物的生长创造最基本的条件。

（4）人力剪草机修剪的草坪坡度不应大于 25％。使用机械进行修剪的草坪，在地形设计时应考虑坡度限制。当坡度小于 25％时，可以利用人力推行的各类剪草机械。

（5）大高差或大面积填方地段的设计标高，应计入当地土壤的自然沉降系数。设计时要考虑当地土壤的自然沉降系数，以避免土壤沉降后达不到预定要求的标高。

（6）改造的地形坡度超过土壤的自然安息角时，应采取护坡、固土或防冲刷的工程措施。

如果堆土超过土壤的自然安息角将出现自然滑坡。不同土壤有不同的自然安息角。护坡的措施有砌挡土墙、种地被植物及堆叠自然山石等。

（7）在无法利用自然排水的低洼地段，应设计地下排水管沟。

（8）对原有管线的覆土不能加高过多，否则会造成探井加深，给检修和翻修带来更大困难。

二、园林地形设计原则

1. 因地制宜

园林地形是园林的骨架，因地制宜地利用原有地形是园林地形设计的重要原则。因地制宜原则的体现可概括为"利用为主，改造为辅"，实质上在园林地形设计中，对原有地形的利用是改造的基础，改造是利用的手段，完全不改造的利用和全面改造都是不多见的。

2. 满足园林使用功能要求

游人在园林中的各种游憩活动对园林空间环境有着不同的要求，园林地形设计要尽可能为游人创造出游憩活动所需要的不同地形环境。同时，为使不同性质的活动不相互干扰，可利用地貌的变化来分隔园林空间。

3. 满足园林景观的要求

园林应以优美的园林景观来丰富游人的游憩活动，所以在园林地形设计中，应力求创造出游憩活动广场、水面、山林等开敞、郁闭或半开敞的园林空间境域，以便形成丰富的景观层次，使园林布局更趋完美。

4. 符合园林工程的要求

园林地形设计在满足使用和景观需要的同时，必须使其符合园林工程的要求。

5. 创造适合园林植物生长的种植环境

丰富的园林地形，可形成不同的小环境，从而有利于不同生态习性的园林植物生长。园林植物有耐阴、喜光、耐湿、耐旱等类型，根据园林景观需要，在园林中各自适宜的环境中配置，或与其他园林素材结合配置，构成意趣不同的园景。

在地形处理上，对于有古树名木的位置，应保持它们原有的地形标高，以免树木遭到破坏。地面标高过低或土质不良的地方均不利于园林植物的生长。

三、园林地形设计的步骤

1. 准备工作

（1）园林用地及附近的地形图。

（2）收集市政建设部门的道路、排水、地上地下管线及与附近主要建筑有关系的资料。

（3）收集园林用地及附近的水文、地质、土壤、气象等现况和历史有关资料。

（4）了解当地的施工力量。

（5）现场踏勘。

2．设计阶段

（1）施工地区等高线设计图（或用标高点进行设计），图纸平面比例采用1∶200或1∶500，设计等高差为0.25～1m，图纸上要求表明各项工程平面位置的详细标高，并要表示出该地区的排水方向。

（2）土方工程施工图。

（3）园路、广场、堆山、挖湖等土方施工项目的施工断面图。

（4）土方量估算表。

（5）工程预算表。

（6）说明书。

3．断面图表示设计地形法

断面图法是表达设计地形及原有地形状况的一种方法。断面图表示了地形按比例在纵向与横向的变化。这种方法可以使视觉形象更明了，更能表达实际形象的轮廓。同时，也可以说明地形上地物的相对位置和高差关系；说明植物分布及林木空间的轮廓与景观以及在垂直空间内地面上不同界面的处置效果。

断面的取法可以选择园林用地具有代表性的轴线方向，其纵向坐标为地形与断面交线上各点的标高，横向坐标为地面水平长度，如图2-1（a）所示。

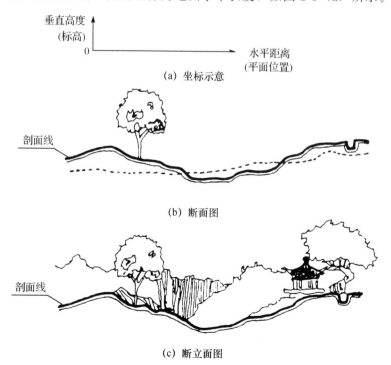

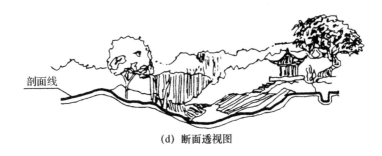

（d）断面透视图

图 2-1　用断面图表示设计地形

断面图在地形设计中的表现形式如图 2-1（c）、（d）所示，可用于不同场合。另外，在各式断面图上也可同时表示原地形轮廓线（用虚线表示），如图 2-1（b）所示。

断面图法一般不能全面反映园林用地的地形地貌。当断面过多时既烦琐，又容易混淆。

第二节　园林地形设计常用资料

一、地形设计中坡度、斜率、倾角选用

1. 地形设计中坡度值的取用

地形设计中坡度值的取用见表 2-2。

表 2-2　地形设计中坡度值的取用

项　目	坡度值 i	
	适宜坡度（%）	极值（%）
游览步道	≤8	≤12
散步坡道	1～2	≤4
主园路（通机动车）	0.5～6（8）	0.3～10
次园路（园务便道）	1～10	0.5～15
次园路（不通机动车）	0.5～12	0.3～20
广场与平台	1～2	0.3～3
台阶	33～50	25～50
停车场地	0.5～3	0.3～8
运动场地	0.5～1.5	0.4～2
游戏场地	1～3	0.8～5

续表

项 目		坡度值 i	
		适宜坡度（%）	极值（%）
草坡		≤25～30	≤50
种植林坡		≤50	≤100
理想自然草坪（有利机械修剪）		2～3	1～5
明 沟	自然土	2～9	0.5～15
	铺 砌	1～50	0.3～100

2. 园林地形设计坡度、斜率、倾角的选用

园林地形设计坡度、斜率、倾角选用如图 2-2 所示。

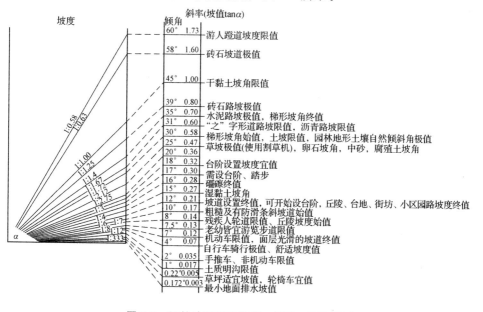

图 2-2 园林地形设计坡度、斜率、倾角选用

3. 土壤的自然倾斜角

土壤的自然倾斜角见表 2-3。

表 2-3 土壤的自然倾斜角

土壤名称	土壤含水量			土壤颗粒尺寸（mm）
	干的	潮的	湿的	
砾石	40	40	35	2～20
卵石	35	45	25	20～200

续表

土壤名称	土壤含水量			土壤颗粒尺寸（mm）
	干的	潮的	湿的	
粗砂	30	32	27	1～2
中砂	28	35	25	0.5～1
细砂	25	30	20	0.05～0.5
黏土	45	35	15	0.001～0.005
壤土	50	40	30	—
腐殖土	40	35	25	—

二、土的工程分类及土壤的可松性

土的工程分类及各级土壤的可松性见表 2-4 和表 2-5。

表 2-4　土的工程分类

类别	级别	编号	土壤的名称	天然含水量状态下土壤的平均密度（kg/m³）	开挖方法工具
松土	I	1	砂	1500	用锹挖掘
		2	植物性土壤	1200	
		3	壤土	1600	
半坚土	II	1	黄土类黏土	1600	用锹、镐挖掘，局部采用撬棍开挖
		2	15 mm 以内的中小砾石	1700	
		3	砂质黏土	1650	
		4	混有碎石与卵石的腐殖土	1750	
	III	1	稀软黏土	1800	
		2	15～50 mm 的碎石及卵石	1750	
		3	干黄土	1800	
坚土	IV	1	重质黏土	1950	用锹、镐、撬棍、凿子、铁锤等开挖；或用爆破方法开挖
		2	含 50 kg 以下块石、块石所占体积小于 10% 的黏土	2000	
		3	含 10 kg 以下块石的粗卵石	1950	
	V	1	密实黄土	1800	
		2	软泥灰岩	1900	
		3	各种不坚实的页岩	2000	
		4	石膏	2200	
	VI		均为岩石	7200	爆破
	VII				

表 2-5　各级土壤的可松性

土壤的级别	体积增加百分率		可松性系数	
	最初	最后	K_p	K'_p
Ⅰ（植物性土壤除外）	8～17	1～2.5	1.08～1.17	1.01～1.025
Ⅰ（植物性土壤、泥炭、黑土）	20～30	3～4	1.20～1.30	1.03～1.04
Ⅱ	14～24	1.5～5	1.14～1.30	1.015～1.05
Ⅲ（泥炭岩、蛋白石除外）	24～30	4～7	1.24～1.30	1.04～1.07
Ⅳ（泥炭岩、蛋白石）	26～32	6～9	1.26～1.32	1.06～1.09
Ⅳ	33～37	11～15	1.33～1.45	1.11～1.15
Ⅴ～Ⅵ	30～45	10～20	1.30～1.45	1.10～1.20
Ⅶ～ⅩⅥ	45～50	20～30	1.45～1.50	1.20～1.30

注：Ⅵ～ⅩⅥ均为岩石类，Ⅰ～Ⅴ请参看表 2-3。

三、土方挖方填方坡度表

土方挖方填方坡度表见表 2-6～表 2-9。

表 2-6　永久性土工结构物挖方的边坡坡度

项次	挖方性质	边坡坡度
1	在天然湿度，层理均匀，不易膨胀的黏土，砂质黏土，黏质砂土和砂类土内挖方，深度不大于 3 m	1：1.25
2	土质同上，挖深 3～12 m	1：1.5
3	在碎石和泥炭土内挖方，深度为 12 m 及 12 m 以下，根据土的性质、层理特性和边坡高度确定	1：1.5～1：0.5
4	在风化岩石内的挖方，根据岩石性质、风化程度、层理特性和挖方深度确定	1：1.5～1：0.2
5	在轻微风化岩石内的挖方，岩石无裂缝且无倾向挖方坡角的岩石	1：0.1
6	在未风化的完整岩石内挖方	直立的

表2-7 深度在5m之内的基坑基槽和管沟边坡挖方的最大坡度（不加支撑）

项次	土类名称	边坡坡度		
		人工挖土，并将土抛于坑、槽或沟的上边	机械施工	
			在坑、槽或沟底挖土	在坑、槽及沟的上边挖土
1	砂土	1：0.7	1：0.67	1：1
2	黏质砂土	1：0.67	1：0.5	1：0.75
3	砂质黏土	1：0.5	1：0.33	1：0.75
4	黏土	1：0.33	1：0.25	1：0.67
5	含砾石卵石土	1：0.67	1：0.5	1：0.75
6	泥灰岩白垩土	1：0.33	1：0.25	1：0.67
7	干黄土	1：0.25	1：0.1	1：0.33

注：如人工挖土不是把土抛于坑、槽或沟的上边，而是随时把土运往弃土场时，则应采用机械在坑、槽或沟底挖土时边坡坡度。

表2-8 永久性填方的边坡坡度

项次	土的名称	填方高度（m）	边坡坡度
1	黏土、粉土	6	1：1.5
2	砂质黏土、泥灰岩土	6～7	1：1.5
3	黏质砂土、细砂	6～8	1：1.5
4	中砂和粗砂	10	1：1.5
5	砾石和碎石块	10～12	1：1.5
6	易风化的岩石	12	1：1.5

表2-9 深度在5m之内的基坑基槽和管沟边坡填方的最大坡度（不加支撑）

项次	土的名称	填方高度（m）	边坡坡度
1	砾石土和粗砂土	12	1：1.25
2	天然湿度的黏土	8	1：1.25
3	砂质黏土和砂土	6	1：0.75
4	大石块（平整的）	5	1：0.5
5	黄土	3	1：1.5
6	易风化的岩石	12	1：1.05

四、土方量计算

利用方格网计算土方量见表 2-10。

表 2-10 方格网计算土方量

序号	挖填情况	平面图式	立体图式	计算公式
1	四点全为填方（或挖方）时			$\pm V = \dfrac{a^2 \sum h}{4}$
2	二点填方（或挖方）时			$\pm V = \dfrac{a\ (b+c)\ \sum h}{8}$
3	三点填方（或挖方），一点挖方（或填方）时			$\pm V = \dfrac{bc \sum h}{6}$ $\pm V = \dfrac{(2a^2 - bc)\ \sum h}{10}$
4	相对两点为填方（或挖方），其余两点为挖方（或填方）时			$\pm V = \dfrac{bc \sum h}{6}$ $\pm V = \dfrac{de \sum h}{6}$ $\pm V = \dfrac{(2a^2 - bc - de)\ \sum h}{4}$

第三节　园林绿化设计常用资料

一、道路及绿地最大坡度

道路及绿地最大坡度见表 2-11。

表 2-11　道路及绿地最大坡度

道路及绿地		最大坡度（%）
道路	普通道路	17（1/6）
	自行车专用道	5
	轮椅专用道	8.5（1/12）
	轮椅园路	4
	路面排水	1～2
绿地	草皮坡度	45
	中高木绿化种植	30
	草坪修剪机作业	15

二、道路交叉口植物布置规定

道路交叉口植物布置规定见表 2-12。

表 2-12　道路交叉口植物布置规定

项　目	规　定
行车速度≤40 km/h	非植树区不应小于 30 m
行车速度≤25 km/h	非植树区不应小于 14 m
机动车道与非机动车道交叉口	非植树区不应小于 10 m
机动车道与铁路交叉口	非植树区不应小于 50 m

常用的绿化树种

扫码观看本视频

三、常见绿化树种的分类

常见绿化树种的分类见表 2-13。

表 2-13　常见绿化树种的分类

序号	分　类	植　物　列　举
1	常绿针叶树	乔木类：雪松、黑松、龙柏、马尾松、桧柏
		灌木类：（罗汉松）、千头柏、翠柏、匍地柏、日本柳杉、五针松
2	落叶针叶树（无灌木）	乔木类：水杉、金钱松

续表

序号	分 类	植物列举
3	常绿阔叶树	乔木类：香樟、广玉兰、女贞、棕榈 灌木类：珊瑚树、大叶黄杨、瓜子黄杨、雀舌黄杨、枸骨、石楠、海桐、桂花、夹竹桃、黄馨、迎春、撒金珊瑚、南天竹、六月雪、小叶女贞、八角金盘、栀子、蚊母、山茶、金丝桃、杜鹃、丝兰（波罗花、剑麻）、苏铁（铁树）、十大功劳
4	落叶阔叶树	乔木类：垂柳、直柳、枫杨、龙爪柳、乌桕、槐树、青桐（中国梧桐）、悬铃木（法国梧桐）、槐树（国槐）、盘槐、合欢、银杏、楝树（苦楝）、梓树 灌木类：樱花、白玉兰、桃花、腊梅、紫薇、紫荆、槭树、青枫、红叶李、贴梗海棠、钟吊海棠、八仙花、麻叶绣球、金钟花（黄金条）、木芙蓉、木槿（槿树）、山麻杆（桂圆树）、石榴
5	竹类	慈孝竹、观音竹、佛肚竹、碧玉镶黄金、黄金镶碧玉
6	藤本	紫藤、地锦（爬山虎、爬墙虎）、常春藤
7	花卉	太阳花、长生菊、一串红、美人蕉、五色苋、甘蓝（球菜花）、菊花、兰花
8	草坪	天鹅绒草、结缕草、麦冬草、四季青草、高羊茅、马尼拉草

四、常见草花

常见草花的选用见表2-14。

常见的草花

扫码观看本视频

表 2-14 常见草花选用表

名　称	开花期	花　色	株高（cm）	用　途	备　注
百合	4—6月	白、其他	60～90	切花、盆栽	—
百日草	5—7月	红、紫、白、黄	30～40	花坛、切花	分单复瓣，有大轮的优良种
彩叶芋	5—8月	白、红、斑	20～30	盆栽	观赏叶
草夹竹桃	2—5月	各色	30～50	花坛、切花、盆栽	—

续表

名　称	开花期	花　色	株高（cm）	用　途	备　注
常春花	6—8 月	白、淡红	30～50	花坛、绿植、切花	花期长，适于周年栽培
雏菊	2—5 月	白、淡红	10～20	缘植、盆栽	易栽
葱兰	5—7 月	白	15～20	缘植	繁殖力强，易栽培
翠菊	3—4 月	白、紫、红	20～60	花坛、切花、盆栽、缘植	三寸翠菊12 月开花
大波斯菊	9—10 月 3—5 月	白、红、淡紫	90～150	花坛、境栽	周年可栽培，欲茎低需摘心
大丽花	11—6 月	各色	60～90	切花、花坛、盆栽	—
大岩桐	2—6 月	各色	15～20	盆栽	过湿时易腐败，栽培难
吊钟花	3—8 月	紫	30～60	花坛、切花、盆栽	宿根性
法兰西菊	3—5 月	白	30～40	花坛、切花、盆栽、境栽	—
飞燕草	3 月	紫、白、淡黄	50～90	花坛、切花、盆栽、境栽	花期长
凤仙花	5—7 月	赤红、淡红、紫斑	30	花坛、缘植	易栽培，可周年开花，夏季生育良好
孤挺花	3—5 月	红、桃、赤斑	50～60	花坛、切花、盆栽	以种子繁殖时需2～3年始开花，常变种
瓜叶菊	2—4 月	各色	30～50	盆栽	须移植2～3 次
瓜叶葵	4—7 月	黄	60～90	花坛、切花	分株为主，适于初夏切花
红叶草	3—6 月	白、红	30～50	缘植	最适于秋季花坛，缘植观赏叶

续表

名　称	开花期	花　色	株高（cm）	用　途	备　注
鸡冠花	8—11月	红、赤、黄	60～90	花坛、切花	花坛中央或境栽
金鸡菊	5—8月 3—5月	黄	60	花坛、切花	种类多、 花性强、易栽
金莲花	2—5月	赤、黄	蔓性	盆栽	有矮性种
金鱼草	2—5月	各色	30～90	花坛、切花、 盆栽、境栽	易栽
金盏菊	2—5月	黄、橙黄	30～50	花坛、切花	—

五、常用行道树

常见行道树的选用见表 2-15。

表 2-15　常见行道树选用表

名　称	科　别	树　形	特　征
碧玉间黄金竹	禾本科	单生	竹竿翠绿，分枝一侧纵沟显淡黄色，适于庭院观赏
八角金盘	五加科	伞形	性喜冷凉气候，耐阴性佳；叶形特殊而优雅，叶色浓绿且富光泽
白玉兰	木兰科	伞形	颇耐寒，怕积水。花大洁白，3—4月开花。适于庭园观赏
侧柏	柏科	圆锥形	常绿乔木，幼时树形整齐，高大时多弯曲，生命力强，寿命久，树姿美
桦树	木樨科	圆形	常绿乔木，树性强健，生长迅速，树姿叶形优美
重阳木	大戟科	圆形	常绿乔木，幼叶发芽时，十分美观，生长强健，树姿美
垂柳	杨柳科	伞形	落叶亚乔木，适于低温地，生长繁茂而迅速，树姿美
慈孝竹	禾本科	丛生	杆丛生，杆细而长，枝叶秀丽，适于庭园观赏

名　称	科别	树形	特　征
翠柏	柏科	散形	常绿乔木，树皮灰褐色，呈不规则纵裂；小枝互生，幼时绿色，扁平
大王椰子	棕榈科	伞形	单干直立，高可达18m，中央部稍肥大，羽状复叶，生活力甚强，观赏价值大
大叶黄杨	卫矛科	卵形	喜温湿气候，抗有毒气体。观叶，适作绿篱和基础种植
枫树	金缕梅科	圆锥形	落叶乔木，树皮灰色平滑，叶呈三角形，生长慢，树姿美
枫杨	胡桃科	散形	适应性强，耐水湿，速生，适作庭荫树、行道树、护岸树
匐地柏	柏科	—	常绿匍匐性矮灌木，枝干横生爬地，叶为刺叶。生长缓慢，树形风格独特，枝叶翠绿流畅，适作地被及庭石、水池、砂坑、斜坡等周边美化
佛肚竹	禾本科	单生	竹竿的部分节间短缩而鼓胀，富有观赏价值，宜盆栽
假连翘	马鞭草科	圆形	常绿灌木。适于大型盆栽、花槽、绿篱。黄叶假连翘以观叶为主，用途广泛，可作地被、修剪造型、构成图案或强调色彩配植，耀眼醒目
枸骨	冬青科	圆形	抗有毒气体，生长慢。绿叶红果，甚美，适于基础种植
构树	桑科	伞形	常绿乔木，叶巨大柔薄，枝条四散，姿态亦美
广玉兰	木兰科	卵形	常绿乔木，花大白色清香，树形优美
桧柏	柏科	圆锥形	常绿中乔木，树枝密生，深绿色，生长强健，宜于剪定，树姿美
海桐	海桐科	圆形	白花芬芳，5月开花。适于基础种植，作绿篱或盆栽
海枣	棕榈科	伞形	干分蘖性，高可达20～25m，叶灰白色带弓形弯曲，生长强健，树姿美

六、车场的绿化景观

车场的绿化景观见表2-16。

表2-16　车场的绿化景观

绿化部位	景观及功能效果	设计要点
周界绿化	形成分隔带，减少视线干扰和居民的随意穿越。遮挡车辆反光对居室内的影响。增加了车场的领域感，同时美化了周边环境	较密集排列种植灌木和乔木，乔木树干要求挺直；车场周边也可围合装饰景墙，或种植攀缘植物进行垂直绿化
车位间绿化	多条带状绿化种植产生陈列式韵律感，改变车场内环境，并形成庇荫，避免阳光直射车辆	车位间绿化带由于受车辆尾气排放影响，不宜种植花卉。为满足车辆的垂直停放和种植物保水要求，绿化带一般宽为1.5～2m，乔木沿绿带排列，间距应不小于2.5m，以保证车辆在其间停放
地面绿化及铺装	地面铺装和植草砖使场地色彩产生变化，减弱大面积硬质地面的生硬感	采用混凝土或塑料植草砖铺地。种植耐碾压草种，选择满足碾压要求，具有透水功能的实心砌块铺装材料

七、居住区各级中心公共绿地设置规定

居住区各级中心公共绿地设置规定见表2-17。

表2-17　居住区各级中心公共绿地设置规定

中心绿地名称	设置内容	要　求	最小规格（ha）	最大服务半径（m）
居住区公园	花木草坪，花坛水面，凉亭雕塑，小卖茶座，老幼设施，停车场地和铺装地面等	园内布局应有明确的功能划分	1.0	800～1000
小游园	花木草坪，花坛水面，雕塑，儿童设施和铺装地面等	园内布局应有一定的功能划分	0.4	400～500
组团绿地	花木草坪，桌椅，简易儿童设施等	可灵活布局	0.04	—

八、绿化带最小宽度

绿化带最小宽度见表 2-18。

表 2-18　绿化带最小宽度

名　称	最小宽度（m）
一行乔木	2.00
一行灌木带（大灌木）	2.50
两行乔木（并列栽植）	6.00
一行乔木与一行绿篱	2.50
两行乔木（棋盘式栽植）	5.00
一行乔木与两行绿篱	3.00
一行灌木带（小灌木）	1.50

九、绿化植物与管线的最小间距

绿化植物与管线的最小间距见表 2-19。

表 2-19　绿化植物与管线的最小间距

管线名称	最小间距（m）	
	乔木（至中心）	灌木（至中心）
给水管、闸井	1.5	不限
污水管、雨水管、探井	1.0	不限
煤气管、探井	1.5	1.5
电力电缆、电信电缆、电信管道	1.5	1.0
热力管（沟）	1.5	1.5
地上杆柱（中心）	2.0	不限
消防龙头	2.0	1.2

十、绿化植物与建筑物、构筑物的最小间距

绿化植物与建筑物、构筑物的最小间距见表 2-20。

表 2-20　绿化植物与建筑物、构筑物的最小间距

名称	新植乔木	现状乔木	灌木或绿篱外缘
测量水准点	2.00	2.00	1.00
地上杆柱	2.00	2.00	—
挡土墙	1.00	3.00	0.50
楼房	5.00	5.00	1.50
平房	2.00	5.00	—
围墙（高度小于 2m）	1.00	2.00	0.75
排水明沟	1.00	1.00	0.50

注：乔木与建筑物、构筑物的距离是指乔木树干基部外缘与建筑物、构筑物的净距离。灌木或绿篱与
　　建筑物、构筑物的距离是指地表处分蘖枝干中最外的枝干基部外缘与建筑物、构筑物的净距离。

十一、绿化植物栽植间距

绿化植物栽植间距见表 2-21。

表 2-21　绿化植物栽植间距

名　　称		不宜小于（中—中）（m）	不宜大于（中—中）（m）
一行行道树		4.00	6.00
两行行道树（棋盘式栽植）		3.00	5.00
乔木群栽		2.00	—
乔木与灌木		0.50	—
灌木群栽	大灌木	1.00	3.00
	中灌木	0.75	0.50
	小灌木	0.30	0.80

十二、绿篱树的行距和株距

绿篱树的行距和株距见表 2-22。

表 2-22　绿篱树的行距和株距

栽植类型	绿篱高度（m）	株、行距（m）		绿篱计算宽度（m）
		株　距	行　　距	
一行中灌木	1~2	0.40~0.60	—	1.00
两行中灌木		0.50~0.70	0.40~0.60	1.40~1.60

续表

栽植类型	绿篱高度（m）	株、行距（m）		绿篱计算宽度（m）
		株　距	行　距	
一行小灌木	<1	0.25～0.35	—	0.80
两行小灌木		0.25～0.35	0.25～0.30	1.10

十三、平台绿化

平台绿化见表2-23。

表 2-23　平台绿化

种植物	种植土最小厚度（cm）		
	南方地区	中部地区	北方地区
花卉草坪地	30	40	50
灌木	50	60	80
乔木、藤本植物	60	80	100
中高乔木	80	100	150

十四、树池及树池箅

树池及树池箅的选用见表2-24。

表 2-24　树池及树池箅选用表

树　高	树池尺寸（m）		树池箅尺寸（直径）（m）
	直　径	深　度	
3m左右	0.6	0.5	0.75
4～5m	0.8	0.6	1.2
6m左右	1.2	0.9	1.5
7m左右	1.5	1.0	1.8
8～10m	1.8	1.2	2.0

第三章

掇山与置石设计

第一节 掇山与置石设计概述

一、山体分类

1. 按材料分类

（1）土山。土山可利用园内挖出的土方堆置，投资比较少，但山体较高时占地面积比较大。土山的坡度要在土壤的安息角以内，否则需要进行工程处理，如图 3-1 所示。

图 3-1　土山

（2）石山。石山由于堆置的手法不同，可以形成峥嵘、妩媚、玲珑以及顽拙等多变的景观，石山投资较大，占地较小，但少受坡度的影响。石山不能多植树木，但可穴植或预留种植坑，如图 3-2 所示。

图 3-2　石山

（3）土石山。土石山以土为主体，再加以点石的土石山，因点置和堆叠的山石数量占山体的比例不同，山体呈现出以石为主或以土为主两种形态。土石山可以取土山和石山的优点，所以在造园中应用很多，如图 3-3 所示。

图 3-3　土石山

2. 按山的游览方式分类

（1）观赏山。观赏山是以山体构成丰富的地形景观，仅供人观赏，不可攀登。根据其位置的不同，观赏山在园林中所起的作用也不同。可利用山体分割空间，以形成相对独立的场地，作为活动空间。分散的场地以山体蜿蜒相连，可以起到联系景观的作用。在园路和交叉口旁边的山体，可防止游人任意穿越绿地，起组织观赏视线和导游的作用。在地下水位过高的地方，堆置土山可以为植物的生长创造条件。几个山峰组合的山体，其大小高低应有主从区别。观赏山的高度宜为 1.5m 以上。

（2）游览山。可登临的山因要使游人能有身临其景之感，故山体不能太低太小，一般要在 10～30m 以上。要高出平地乔木的树冠线，使游人能够登高望远。如果山体与大片的水面或地面相连，高大的乔木较少，山体的高度可适当降低。山体的体型和位置要根据登山游览及眺望的要求考虑。在山上可适当设置一些建筑或小平台，作为游览休息、观赏眺望的观赏点，也是山体风景的组成部分。山上建筑的体量和造型应与山体的大小相适应，建筑可建在山麓的缓坡上，也可建在山势险峻的峭壁间、山顶或山腰等处，能形成不同效果的景色。休息类建筑宜建在山的南坡，冬天有良好的小气候。

山顶是游人登临的终点，应作重点布置，但一般不宜将建筑放在山顶。山体上的建筑物必须与山体的地形等相一致，符合观赏与游览的功能要求。

二、掇山

掇山

扫码观看本视频

掇山也可以称做叠山、假山、堆山。

掇山是中国园林艺术的特点之一，是民族形式和民族风格形成的重要因素。

中国造园艺术的历史发展进程，也可以用人工造山的发展过程作代表。

1. 自然山体的种类

（1）峰山。头高而尖者，给人以高峻感。山顶犹如人首，最能反映精神面貌的主体部分。

（2）岭。连绵不断的山脉形成的山头。其山脊是登山观景的天然路线，俯视山谷丛林、溪流瀑布，沿山常布置小型建筑。

（3）峦。山头浑圆者称峦。

（4）悬崖。山陡崖石突出或山头悬于山脚之外，给人以险奇之感。

（5）峭壁。山体峭立如壁，陡峭挺拔。

（6）岫。不通而浅的山穴，"云缭绕而出岫"。

（7）洞。山上的洞穴有深有浅，深者婉转上下，穿通山腹，浅者仅为洞。

（8）谷壑。两山之间的低处，狭者称谷，广者称壑。

（9）阜。起伏不大、坡度平缓的小土山。

（10）山麓山脚（山坡的下部）。平原与山地的过渡带，山坡平缓，水源丰富，环境好，是名山大川的门户，也是修建庙宇的好地方。

2. 堆山叠石的艺术手法

（1）宾主分明。要突出群山的主山和主峰，主、次、配分明，宾主的关系不仅表现在一个视线方向上，而且要在视线的范围内。

（2）层次深远。群山要有层次，"山不在高，贵有层次"。

（3）呼应顾盼。园林设景要有呼应，山体的脉络，岩层的走向，峰峦的向背俯仰，要相互关联，气脉相通。宾主之间有顾盼，层次之间相衬托。

（4）起伏曲折。从山麓到山顶要有波浪似的起伏，山与山之间要有宾主层次，形成全局的大起伏。山的起角要有弯环曲折，形成山回路转之势。

（5）疏密虚实。疏是分散，密是集中，虚是无，实是有。在园林中不论群山还是孤峰，都应有疏密虚实的布置。山之虚实是指在群山环抱中必有盆地，山为实，盆地为虚；重山之间必有距离，重山为实，距离为虚；山水结合的园林，则山为实，水为虚；庭院中的靠山壁，则有山之壁为实，无山之壁为虚。

三、置石

置 石

扫码观看本视频

在园林中将山石零星布置，称为置石，又称点石。石在园林中，特别在庭院中是重要的造园素材。

置石的形式有以下几种。

（1）散置。散置是一种以山野间自然散置的山石为蓝本，将山石零星布置在庭院和园林的方式。自然界的散置山石分散在各处，有单块、三四块、五六块，多至数十块，大小远近，高低错落，星罗棋布，粗看零乱不已，细看则颇有规律。

（2）对（群）置。对（群）置是应用多数山石互相搭配成群的一种布置。由于山石的大小不等、体形各异，布置时高低交错、疏密有致、前后错落、左右呼应，形成丰富多样的石景，点缀园林。

（3）特置。园林中特置的山石，也称孤赏石，是以姿态秀丽、古拙或奇特的山石、峰石作为单独欣赏，常置于园林建筑前、墙角、路边、树下、水畔、草坪，作为园林的山石小品以点缀局部景点。体积高大的峰石多以瘦、透、露、皱者为佳。特置山石可以半埋半藏以显露自然，成自然之趣。也可以与树木花草组合，别有风趣。更多的时候是设基座，置于庭院中摆设。

四、掇山与置石设计要求

1. 石料的要求

堆叠假山和置石，体量、形式和高度必须与周围环境协调，假山的石料应提出色彩、质地、纹理等要求，置石的石料还应提出大小和形状的要求。

2. 安全性能

叠山、置石和利用山石的各种造景，必须统一考虑安全、护坡、登高、隔离等各种功能要求。

3. 基础设计的要求

叠山、置石以及山石梯道的基础设计应符合《建筑地基基础设计规范》（GB 50007—2011）的规定。孤赏石、山石洞壑由于荷重集中，要做可靠基础，过去常用直径 12～15cm 的木桩，按 20～30cm 间距以梅花点打夯至持力层，上覆厚实石板为基础。现在只要土质硬实，无流砂、淤泥、杂质、松土，一般采用混凝土板，达到 8t（m）² 以上即可，较省时省工。驳岸石为节省投资，在水下、泥下 10～20cm，一般用毛石砌筑。剑石为减少入土长度和安全起见，四周必须以混凝土包裹固定。山石瀑布如造于老土上（过去堆土造山已有数年时间），可在素土、碎石夯实上捣筑一层钢筋混凝土作基础。

4. 山洞的要求

游人进出的山洞，其结构必须稳固，应有采光、通风、排水的措施，并应保证通行安全。

假山、山洞的结构可以采用梁柱式或拱券式，可以用钢筋混凝土做内部结构，外表饰以山石，也可以用天然石料直接堆筑。无论哪一种形式都要经过设计，或者设计人与施工部门共同商定，山石之间的加固措施也要同时确定。山洞曲折、深邃、内部较黑暗的部分要有采光。采光的方式可以用人工照明，也可以留出孔洞引入自然光。山洞内要有排水坡度以便外界流入的地表水、内部结露滴下的水以及内部清扫冲刷时的水排出。

5. 注意事项

叠石必须保持本身的整体性和稳定性。山石衔接以及悬挑、山洞部分的山石之间、叠石与其他建筑设施相接部分的结构必须牢固，确保安全。山石勾缝作法可在设计文件中注明。

用自然山石堆叠假山除了在艺术上要有完整性外，在结构上也要有整体性，其重心应稳定，以防局部塌落。为了防止悬挑和山洞口的山石塌落，常在山石间埋设铁件，以山石作建筑物的梯道或在墙上作壁山都在其间采用拉结措施，以防不均匀沉降或地震时出现问题。

第二节　假山设计

一、假山概述

这里所指的假山，是相对于自然形成的真山而言的。假山的材料有两种：一种是天然的山石材料，仅仅是在人工砌叠时，以水泥作胶结材料，以混凝土作基础而已；还有一种是水泥混合砂浆、钢丝网或 GRC（低碱度玻璃纤维水泥）作材料，人工塑料翻模成型的假山，又称"塑石"和"塑山"。

堆山用石因用量较大，故以就地取材为宜。堆山的材料有：石蛋、英石、灵璧石、钟乳石、宣石等，如图 3-4～图 3-9 所示。古典园林一般多用湖石，其次为黄石。

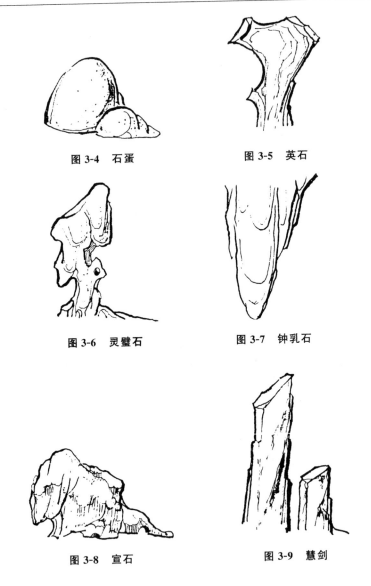

图3-4　石蛋　　　　　　　　图3-5　英石

图3-6　灵璧石　　　　　　　图3-7　钟乳石

图3-8　宣石　　　　　　　　图3-9　慧剑

二、假山石料、山石花台

1. 假山石料

（1）峰石。一般是选用奇峰怪石，多用于建筑物前作庭园山石小品，大块峰石可用于假山收顶。

（2）叠石。要求质好形宜，用于山体外层堆叠，常选用湖石、黄石和青石等。

（3）腹石。用于充填山体之石，其形态没有特殊要求，但用量较大，一般可就地取材。

（4）**基石**。位于假山底部，多选用巨石，形态要求不高，但需坚硬、耐压。

2. 山石花台

（1）山石花石的概念。山石花台即用自然山石叠砌的挡土墙，其内种花植树。

（2）山石花石的作用。

①降低地下水位，为植物的生长创造了适宜的生态条件。

②取得合适的观赏高度，免去躬身弯腰之苦，便于观赏。

③通过山石花台的布置组织游览路线，增加层次，丰富园景。

（3）山石花石的轮廓。就花台的个体轮廓而言，应有曲折、进出的变化。要有大弯兼小弯的凹凸面，弯的深浅和间距都要自然多变，如图 3-10 所示。

(a) 有小弯无大弯　　　　(b) 有大弯无小弯　　　　(c) 兼有大小弯

图 3-10　花台平面布置

花台的断面轮廓应有曲直、伸缩的变化，形成虚实明暗的对比，使其更加自然。具体做法就是使花台的边缘或上伸下缩、或不断上连、或旁断中连，模拟自然界由于地层下陷，崩落山石沿坡滚下成围、落石浅露等形成的自然种植池的景观，如图 3-11 所示。

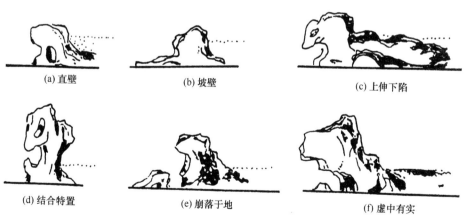

(a) 直壁　　　　　(b) 坡壁　　　　　(c) 上伸下陷

(d) 结合特置　　　(e) 崩落于地　　　(f) 虚中有实

图 3-11　花台立面

三、山石踏跺、蹲配、抱角和镶隅设置

1. 山石踏跺

台阶上面一级可与台基地面同高，体量稍大些，使人在下台阶前有个准备。

石级每一级都向下坡方向有 2% 的坡度以利排水。石级断面不能有"兜脚"现象，即要上挑下收，以免人们上台阶时脚尖碰到石级上沿。用小块山石拼合的石级，拼缝要上下交错，以上石压下缝。山石踏跺有石级平列的，也有互相错列的；有径直而入的，也有偏径斜上的。

2. 蹲配

蹲配常与踏跺结合布置。高者曰"蹲"，低者名"配"，务必使蹲配在建筑轴线两旁有均衡的构图关系。从实用功能上分析，蹲配可兼备垂带和门口对置的石狮、石鼓的装饰作用，外形上又破除了规则和呆板。同时，蹲配还可遮挡踏跺两端不易处理的侧面。

3. 抱角和镶隅

建筑的外墙转折多成直角，其内、外墙角都比较单调、平滞，常用山石进行装点。对于外墙角，山石成环抱之势紧包基角墙面，称为抱角；对于内墙角则以山石镶嵌其中，称为镶隅。山石抱角和镶隅的体量均须与墙体所在的空间取得协调。

山石抱角的选材应考虑如何使山石与墙接触的部位，特别是可见的部位能融合起来，如图 3-12 所示。

图 3-12　踏跺和蹲配、抱角、镶隅

四、山石堆叠技法

常见的山石堆叠技法见表 3-1。

表 3-1　常见的山石堆叠技法

序号	手法	图　例	说　明
1	安		安放布局平面宜成八字

序号	手法	图　例	说　明
2	连		左右连靠
3	接		上下拼接
4	斗		斗石成拱状
5	跨		斜撑成拱跨

序号	手法	图　例	说　明
6	拼		竖或横向、多石拼叠
7	榫		以石加工成榫拼接
8	扎		将石穿扎或捆扎
9	填		留空填实

序号	手法	图　例	说　明
10	补		添加
11	缝		按石拼缝而勾缝
12	垫		叠石时用石垫起以平衡
13	搔		用楔形石片打入石之底脚缝道处

序号	手法	图　例	说　明
14	搭		按石性拼接
15	靠		石块相互支撑平衡
16	转		转换掇山方向延伸堆叠
17	顶		偏侧支顶向上

序号	手法	图　例	说　明
18	压		挑石之尾部压石以求平衡
19	悬		悬臂
20	卡		两峰相峙，中夹块石

序号	手法	图　例	说　明
21	剑		矗立如剑指向天
22	垂		垂直向下成悬垂
23	挑		悬作伸臂状

序号	手法	图　例	说　明
24	飘		端处置石
25	飞		顶点处点石
26	戗		斜面撑石以成洞壁
27	挂		悬卡成挂

序号	手法	图 例	说 明
28	钉		以扒钉连固拼石
29	担		两头出挑，铁件横担
30	钩		用铁件钩挂悬垂

五、假山洞结构形式

假山结构形式见表 3-2。

表 3-2　假山结构形式

形式	图 例	内 容
梁柱式		假山洞壁由柱和墙两部分组成，柱受力而墙承受荷载不大，因此洞墙部分可用做采光和通风

形 式	图 例	内 容
挑梁式		石柱渐起，向洞内层层挑伸，至洞顶用巨石压合，这是吸取桥梁中"叠涩（悬臂桥）"的做法
券拱式		其承重力是沿券拱传递，顶壁一气呵成，整体感强，不会出现如梁柱式石梁压裂、压断的危险

第三节　园林塑山施工

一、塑山骨架及工艺流程

1. 砖骨架塑山

砖骨架塑山，即以砖作为塑山的骨架，适用于小型塑山及塑石。

工艺流程：放样开线→挖土方→浇混凝土垫层→砖骨架→打底→造型→面层批荡及上色修饰→成形。

2. 钢骨架塑山

钢骨架塑山，即以钢材作为塑山的骨架，适用于大型假山。

工艺流程：放样开线→挖土方→浇混凝土垫层→焊接钢骨架→做分块钢架、铺设钢丝网→双面混凝土打底→造型→面层批荡及上色修饰→成形。

二、玻璃纤维强化水泥（GRC）

1. GRC 材料的优点

（1）用 GRC 造假山石，石的造型、皱纹逼真，岩石具有坚硬润泽的质感。

（2）用 GRC 造假山石，材料自身质量轻，强度高，抗老化且耐水湿，易进行工厂化生产，施工方法简便、快捷、造价低，可在室内外及屋顶花园等处广泛使用。

（3）GRC 假山造型设计、施工工艺较好，与植物、水景等配合，可使景观更富于变化和表现力。

（4）GRC 造假山可利用计算机进行辅助设计，结束过去假山工程无法做到的石块定位设计的历史，使假山不仅在制作技术上，而且在设计手段上取得了新突破。

2. 工艺流程

GRC 塑山的工艺流程由生产流程和安装流程组成，如图 3-13 所示。

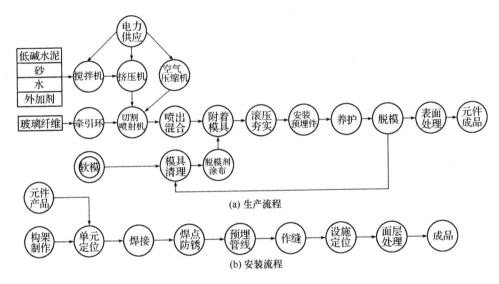

(a) 生产流程

(b) 安装流程

图 3-13　GRC 塑山工艺流程

第四节　置石的手法

一、散置

散置是仿照山野岩石自然分布之状而施行点置的一种手法，亦称"散点"，如图 3-14 所示。

散置的运用范围甚广，在土山的山麓、山坡、山头，在池畔水际，在溪涧河流中，在林下、在花径、在路旁均可以散点山石而得到意趣。

散置并非散乱随意点摆，而是断续相连的群体。散置山石时，要有疏有密，远近适合，彼此呼应，切不可众石纷杂，零乱无章。

图 3-14　散置山石

二、对置、黏置和群置

对置和黏置指沿建筑中轴线两侧作对称布置的山石，如图 3-15 所示。

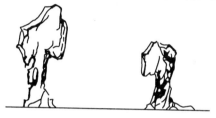

图 3-15　对置

群置是指运用数块山石互相搭配点置，组成一个群体，亦称聚点。

群置常用于园门两侧、廊间、粉墙前、路旁、山坡上、小岛上、水池中或与其他景物结合造景。

群置的关键手法在于一个"活"字，这与我国国画石中所谓"攒三聚五""大间小、小间大"等方法相仿。布置时要主从有别，主宾分明，如图 3-16 所示，搭配适宜，根据"三不等"原则（即石之大小不等，石之高低不等，石之间距不等）进行配置，如图 3-17 和图 3-18 所示。

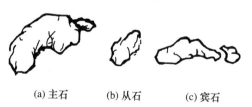

(a) 主石　　　(b) 从石　　　(c) 宾石

图 3-16　配石示例

群置山石还常与植物相结合，配置得体，则树、石掩映，妙趣横生，景观之美，足可入画，如图 3-19 所示。

图 3-17　五块山石相配　　　　图 3-18　两块山石相配

(a) 大石与低矮植物相配　　　　(b) 小石与高大植物相配

图 3-19　树石相配

三、特置

特置是指将体量较大、形态奇特、具有较高观赏价值的山石单独布置成景的一种置石方式，亦称单点、孤置山石，如图 3-20、图 3-21 所示。

图 3-20　绉云峰　　　　图 3-21　飞鹏展翅

特置山石常用作入门的障景和对象，或置于廊间、亭侧、天井中间、漏窗后面、水边、路口或园路转折之处。特置山石也可以和壁山、花台、岛屿、驳岸等结合布置，现代园林中的特置多结合花台、水池或草坪、花架来布置。特置就像单字书法或特写镜头，本身应具有比较完整的构图关系，古典园林中的特置山石常镌刻题咏和命名。

布置特点以少胜多，以简胜繁，量少质高，篇幅不大。

特置山石布置的要点在于相石立意，山石体量与环境应协调；前置框景、背景衬托和利用植物弥补山石缺陷等。

特置山石的安置可采用整形的基座，如图 3-22 所示；也可以坐落在自然的山石上面，如图 3-23 所示。这种自然的基座称为磐。

图 3-22　整形基座上的特置

图 3-23　自然基座上的特置

特置山石在工程结构方面要求稳定和耐久，其关键是掌握山石的重心线以保持山石的平衡。传统做法是用石榫头定位，如图 3-24 所示。石榫头必须在重心线上，其直径宜大不宜小，榫肩宽 3cm 左右，榫头长度根据山石体量大小而定，一般从十几厘米到二十几厘米。榫眼的直径应大于榫头的直径，榫眼的深度略大于榫头的长度，这样可以保证榫肩与基磐接触可靠稳固。吊装山石前须在榫眼中浇入少量黏合材料，待石榫头插入时，黏合材料便可自然充满空隙。在养护期间，应加强管理，禁止游人靠近，以免发生危险。

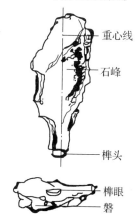

图 3-24　特置山石的传统做法

第 四 章

园林水景设计

第一节　水景设计概述

一、水体的构成

1. 自然水景

自然水景的构成元素见表 4-1。

表 4-1　自然水景的构成元素

景观元素	内　　容
水　体	水体流向、水体色彩、水体倒影、溪流、水源
沿水驳岸	沿水道路、沿岸建筑（码头、古建筑等）、沙滩、雕石
水上跨越结构	桥梁、栈桥、索道
水边山体树木（远景）	山岳、丘陵、峭壁、林木
水生动植物（近景）	水面浮生植物、水下植物、鱼鸟类
水面天光映衬	光线折射漫射、水雾、云彩

2. 瀑布跌水

（1）瀑布按其跌落形式分为滑落式、阶梯式、幕布式、丝带式等多种，并模仿自然景观，采用天然石材或仿石材设置瀑布的背景和引导水的流向，考虑到观赏效果，不宜采用平整饰面的白色花岗石作为落水墙体。为了确保瀑布沿墙体、山体平稳滑落，应对落水口处山石作卷边处理，或对墙面作坡面处理。

（2）瀑布因其水量不同，会产生不同视觉、听觉效果。因此，落水口的水流量和落水高差的控制成为设计的关键参数，居住区内的人工瀑布落差宜在 1m 以下。

（3）跌水是呈阶梯式的多级跌落瀑布，其梯级宽高比宜为 1∶1～3∶2，梯面宽度宜为 0.3～1.0m。

3. 溪流

（1）溪流的形态应根据环境条件、水量、流速、水深、水面宽和所用材料进行合理的设计。溪流分为可涉入式和不可涉入式两种。

（2）溪流配以山石可充分展现其自然风格，石景在溪流中所起到的景观效果见表 4-2。

表 4-2 石景在溪流中所起到的景观效果

序号	名称	效 果	应用部位
1	主景石	形成视线焦点，起到对景作用，点题，说明溪流名称及内涵	溪流的首位或转向处
2	隔水石	形成局部小落差和细流声响	铺在局部水线变化位置
3	切水石	使水产生分流和波动	不规则布置在溪流中间
4	破浪石	使水产生分流和飞溅	用于坡度较大、水面较宽的溪流
5	河床石	观赏石材的自然造型和纹理	设在水面下面
6	垫脚石	具有力度感和稳定感	用于支撑大石块
7	横卧石	调节水速和水流方向，形成隘口	溪流宽度变窄处和转向处
8	铺底石	美化水底，种植苔藻	多采用卵石、砾石、水刷石、瓷砖铺在基地上
9	踏步石	装点水面，方便步行	横贯溪流，自然布置

（3）溪流的坡度应根据地理条件及排水要求而定。普通溪流的坡度宜为 0.5%，急流处为 3% 左右，缓流处不超过 1%。溪流宽度宜为 1~2m，水深一般为 0.3~1m，超过 0.4m 时，应在溪流边采取防护措施。

4. 驳岸

（1）驳岸是亲水景观中应重点处理的部位。驳岸与水线形成的连续景观线是否能与环境相协调，不但取决于驳岸与水面间的高差关系，还取决于驳岸的类型及用材的选择。驳岸类型见表 4-3。

表 4-3 驳岸类型

序号	驳岸类型	材质选用
1	普通驳岸	砌块（砖、石、混凝土）
2	缓坡驳岸	砌块、砌石（卵石、块石）、人工海滩沙石
3	带河岸裙墙的驳岸	边框式绿化、木桩锚固卵石
4	阶梯驳岸	踏步砌块、仿木阶梯

续表

序号	驳岸类型	材质选用
5	带平台的驳岸	石砌平台
6	缓坡、阶梯复合驳岸	阶梯砌石、缓坡种植保护

（2）对居住区中的沿水驳岸（池岸），无论规模大小，无论是规则几何式驳岸（池岸）还是不规则驳岸（池岸），驳岸的高度，水的深浅设计都应满足人的亲水性要求。驳岸（池岸）尽可能贴近水面，以人手能触摸到水为最佳。亲水环境中的其他设施（如水上平台、汀步、栈桥、栏索等）也应以人与水体的尺度关系为基准进行设计。

5. 生态水池/涉水池

（1）生态水池是适于水下动植物生长，又能美化环境、调节小气候、供人观赏的水景。

（2）水池的深度应根据饲养鱼的种类、数量和水草在水下生存的深度而确定，一般在 0.3～1.5m。

（3）涉水池。涉水池可分水面下涉水和水面上涉水两种。

6. 泳池水景

（1）居住区泳池设计必须符合游泳池设计的相关规定。泳池平面不宜做成正规比赛用池，池边尽可能采用优美的曲线，以加强水的动感。

（2）池岸必须作圆角处理，铺设软质渗水地面或防滑地砖。

7. 庭院水景

庭院水景通常以人工化水景为多。根据庭院空间的不同，采取多种手法进行引水造景（如叠水、溪流、瀑布、涉水池等），在场地中有自然水体的景观要保留利用，进行综合设计，使自然水景与人工水景融为一体。

庭院水景设计要借助水的动态效果营造充满活力的居住氛围。水景效果见表 4-4。

表 4-4　水景效果

水体形态		水景效果			
		视觉	声响	飞溅	风中稳定性
静水	表面无干扰反射体（镜面水）	好	无	无	极好
	表面有干扰反射体（波纹）	好	无	无	极好
	表面有干扰反射体（鱼鳞波）	中等	无	无	极好

续表

水体形态		水景效果			
		视觉	声响	飞溅	风中稳定性
落水	水流快的水幕水堰	好	高	较大	好
	水流慢的水幕水堰	中等	低	中等	尚可
	间断水流的水幕水堰	好	中等	较大	好
	动力喷涌、喷射水流	好	中等	较大	好
流淌	低流速平滑水墙	中等	小	无	极好
	中流速有纹路的水墙	极好	中等	中等	好
	低流速水溪、浅池	中等	无	无	极好
	高流速水溪、浅池	好	中等	无	极好
跌水	垂直方向瀑布跌水	好	中等	较大	极好
	不规则台阶状瀑布跌水	极好	中等	中等	好
	规则台阶状瀑布跌水	极好	中等	中等	好
	阶梯水池	好	中等	中等	极好
喷涌	水柱	好	中等	较大	尚可
	水雾	好	小	小	差
	水幕	好	小	小	差

8. 喷泉

（1）喷泉是完全靠设备制造出的水景，对水的射流控制是关键环节，采用不同的手法进行组合，会出现多姿多彩的变化形态。

（2）喷泉景观的分类和适用场所见表 4-5。

表 4-5 喷泉景观的分类和适用场所

名称	主要特点	适用场所
壁泉	由墙壁、石壁和玻璃板上喷出，顺流而下形成水帘和多股水流	广场、居住区入口、景观墙、挡土墙、庭院
涌泉	水由下向上涌出，呈水柱状，喷出高度为 0.6～0.8m，可独立设置，也可组成图案	广场、居住区入口、庭院、假山、水池
间歇泉	模拟自然界的地质现象	溪流、小径、泳池边、假山
旱地泉	将喷泉管道和喷头下沉到地面以下，喷水时水流回落到广场硬质铺装上，沿地面坡度排出，平常可作为休闲广场	广场、居住区入口

名称	主要特点	适用场所
跳泉	射流非常光滑稳定，可以准确落在受水孔中，在计算机控制下，生成可变化长度和跳跃时间的水流	庭院、园路边、休闲场所
跳球喷泉	射流呈光滑的水球，水球的大小和间歇时间可控制	庭院、园路边、休闲场所
雾化喷泉	由多组微孔喷管组成，水流通过微孔喷出，看似雾状，多呈柱形和球形	庭院、广场、休闲场所
喷水盆	外观呈盆状，下有支柱，可分多级，出水系统简单，多为独立设置	园路边、庭院、休闲场所
小品喷泉	从雕塑上的器具（罐、盆）和动物（鱼、龙等）口中出水，形象有趣	广场、雕塑、庭院
组合喷泉	具有一定规模，喷水形式多样，有层次，有气势，喷射高度高	广场、居住区入口

二、水体的类型

1. 水体按形式划分

（1）自然式。园林水体中的自然式水体是指边缘不规则、自然变化的水体，如保持天然或模仿天然形状的河、湖、池、溪、涧、泉、瀑等。这些水体随地形变化而变化，常与山石结合，也是我国园林中传统的选园方法，如图 4-1 所示。

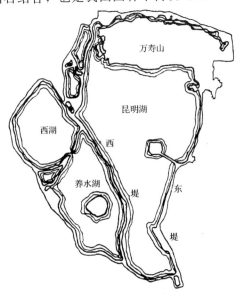

图 4-1　颐和园水体

（2）规则式。园林中的规则式水体是指水体四周边缘比较规则，并且具有明显水体轴线，一般由人工开凿成几何形状的水环境。按水体线形又可分为几何形水池和流线形水池两种。前者如北海画舫斋和南京煦园的水面，如图 4-2 所示，后者如某山道游憩绿地水池及某绿地水池，如图 4-3 所示。

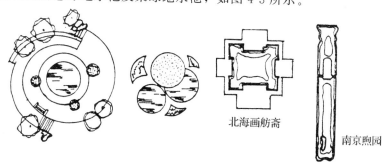

北海画舫斋　南京煦园

图 4-2　几何形规则式水池

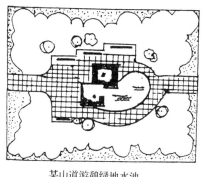

某山道游憩绿地水池　某绿地水池

图 4-3　流线形规则式水池

（3）混合式。园林中的混合式水体是自然式水体和规则式水体交替穿插形成的水环境。它吸收了前两种水体的特点，使水体更富于变化，特别适用于水体组景。如颐和园扬仁风水景、某庭园水景，如图 4-4 所示。

2. 水体按使用功能划分

（1）观赏性水体。也称装饰性水池，它是以装饰性构景为主的面积较小的水体。其特点是具有很强的可视性、透景性，常利用岸线、曲桥、小岛、点石、雕塑加强观赏性和层次感。水体可设计喷泉、落水或种植水生植物兼养观赏鱼类。

（2）开展水上活动的水体。指可以开展水上活动，如游船、游泳、垂钓、滑冰等具有一定面积的水环境。此类水体要求活动功能与观赏性相结合，并有适当的水深、良好的水质、较缓的坡岸及流畅的岸线。一般综合性公园中的湖泊均属于此类水体。

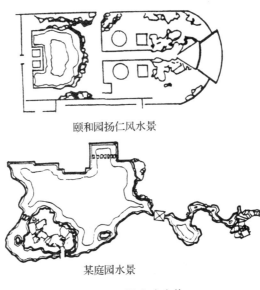

颐和园扬仁风水景

某庭园水景

图 4-4　混合式水体

3. 根据水流状态划分

（1）静态水体。它是指园林中成片状汇聚的水面，常以湖、塘、池等形式出现。它的主要特点是详和、宁静、朴实、明朗，能反映出周围景物的倒影，微波荡漾，水光敛艳，给人以无穷的想象。其作用主要是净化环境、划分空间、丰富环境色彩、增加环境气氛，如图 4-5 所示。

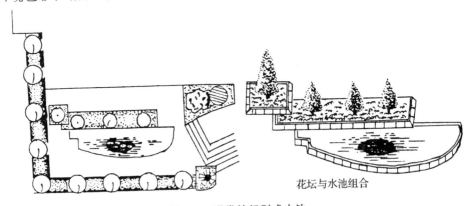

花坛与水池组合

图 4-5　观赏性规则式水池

（2）动态水体。就流水而言，流动的水具有活力和动感，令人振奋。形式上主要有溪涧、喷水、瀑布、跌水等。动态水体常利用水姿、水色、水声创造活泼、跳跃的水景景观，让人倍感欢乐和振奋，如图 4-6 所示。

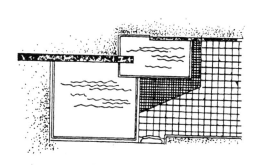

图 4-6　北京双秀公园落水墙

三、水体的景观特点

1. 溪涧及河流

溪涧及河流都属于流动水体。由山间至山麓，集山水而下，汇集成了溪流、山涧和河流，一般溪浅而阔，涧深而狭。园林中的溪涧，应左右弯曲，萦回于岩石山林间，环绕亭榭，穿岩入洞，有分有合，有收有放，构成大小不同的水面与宽窄各异的水流。对溪涧的源头应作隐蔽处理，使游赏者不知源于何处、流向何方，使流水成为循流追源中展开景区的线索。溪涧垂直处理应随地形变化形成跌水和瀑布，落水处则可以成深潭幽谷。

2. 池塘

池塘属于平静水体，有规则式和自然式。规则式有方形、圆形、矩形、椭圆形及多角形等，也可在几何形的基础上加以变化。池塘的位置可结合建筑、道路、广场、平台、花坛、雕塑、假山石、起伏的地形及平地等布置，可以作为景区局部构图中心的主景或副景，还可以结合地面排水系统，成为积水池。自然式水池在园林中常依地形而建，是扩展空间的良好办法。

3. 瀑布

瀑布是由水的落差造成的，是自然界的壮观景色。瀑布的造型千变万化、千姿百态。瀑布的形式有直落式、跌落式、散落式、水帘式、薄膜式以及喷射式等。按瀑布的大小分，有宽瀑、细瀑、高瀑、短瀑以及各种混合型的涧瀑等。人造瀑布虽无自然瀑布的气势，但只要形神俱备，就有自然之趣。

4. 潭

潭即深水池。作为风景名胜的潭，必须具有奇丽的景观和诗一般的情调。

自然界的潭有与瀑相连的，悬空倒泻如喷珠飞雪，或白链悬空山鸣谷应，百尺狂澜从半山飞泻而下，十分壮观。潭的大小不一，自古以来以龙命名的居多，与月组成的景观也很多。潭给人的情趣不同于溪、涧、河流、池塘，是人工水景中不可缺少的题材。

5. 泉

泉来自山麓或地下，有温泉与冷泉之分。

人工泉的形式更为繁多。在现代园林中应用较多的是喷泉、壁泉、地泉和涌泉，其中尤以喷泉被视为现代园林的明星。喷泉不仅湿润空气，而且可提供多姿多彩的视听享受。

喷泉的喷水方式有喷水式、溢水式、溅水式三种类型。

四、水面的分隔与联系

1. 岛

岛在园林中可以作障景、隔景划分水面的空间，使水面形成多种情趣的水域，水面仍有连续感，还能增加风景的层次。尤其较大的水面，可以打破水面平淡的单调感。岛在水中，四周有开阔的环境，是欣赏风景的良好的眺望点。岛布置在水面即是水面的景点，被四周的游人所欣赏。岛也是游人很好的活动空间。

岛可以分为山岛、平岛、半岛、岛群、礁等几种。

水中设岛忌居中、整形，一般多在水面的一侧，以便使水面有大片完整的感觉，或按障景的要求考虑岛的位置。岛的数量不宜过多，应视水面的大小和造景的要求而定。岛的形状不要雷同，岛的大小与水面的大小应成适当的比例，一般情况下岛宁小勿大，可使水面显得大些。岛小便于灵活安排，岛上可建亭立石种植花木，取得小中见大的效果。岛大可设建筑、叠山引水以丰富岛的景观。

2. 堤

堤可以划分空间，将较大的水面分隔成不同景色的水区；堤还可作为游览的通道；堤还是园林中一道亮丽的风景线。堤上植树可增加分隔的效果，长堤上植物的色彩，水平与垂直的线条，能使景色产生连续的韵律。堤上路旁可设置廊、亭、花架、凳椅等设施。

园林中多为直堤，曲堤较少。为避免单调平淡，堤不宜过长。为便于水上交通和沟通水流，堤上常设桥。堤上如设桥较多，桥的大小形式要有变化。堤在水面的位置不宜居中，多在一侧，以便将水面划分成大小不同、主次分明、风景有变化的水区。堤岸有缓坡或石砌的驳岸，堤身不宜过高，以便游人接近水面。

3. 桥

桥既可以分隔水面，又是两岸联系的纽带。桥还是水面上一个重要的景观，使水面隔而不断。

园林中桥的形式变化多端，有曲桥、平桥、廊桥、拱桥、亭桥等。如为增加桥的变化和景观的对位关系，可设曲桥，曲桥的转折处可设对景。拱桥不仅是船只的通道，而且在园林中可打破水面平淡、平直的线条，拱桥在水中的倒影都是很好的园林景观。将亭桥设在景观视点较好的桥上，便于游人停留观赏。廊桥则有高低转折的变化。

桥一般建在水面较狭窄的地方，但不宜将水面分得过于平均。桥的色彩要与水面和周围的建筑形成协调统一。

五、水岸的处理

1. 水岸的形式

（1）草岸。草岸是将岸边整成略有高低起伏的斜坡，在坡上铺上草皮。草岸较质朴自然而富有野趣，但只适用于水位比较稳定的水体。

（2）假山石驳岸。假山石驳岸是传统园林中常用的水岸处理方式。这种处理方式将山石犬牙交错，参差不齐地布置在岸边，形成一种自然入画的景观效果。

（3）石砌斜坡。先将水岸整成斜坡，然后顺着斜坡，用不规则的岩石砌成虎皮状、条石状、冰纹状等的护坡。石砌护坡坚固且具有亲水性，适用于水位涨落不定或暴涨暴落的水体。

（4）垂直驳岸。它是以石料、砖、混凝土等砌筑的整形驳岸，垂直上下。

（5）阶梯状台地驳岸。将高岸修筑成阶梯式台地，既可使高差降低，又能适应水位涨落。适用于水岸与水面高差较大、水位不稳定的水体。

（6）混凝土斜坡。大多用于水位不稳定的水体，也可作为游泳区的底层。

（7）挑檐式驳岸。水延伸到岸檐下，檐下水光掠影。

2. 景物的安排

水面四周的景物安排在园林造景中非常重要，水景通常是园林中的重要组成部分。

水面四周可设亭、廊、榭等园林建筑以点缀风景。园林建筑的体形宜轻巧，色彩应淡雅，风格要一致，园林建筑之间要互相呼应。

沿水道路不宜完全与水面平行，应时近时远，若即若离，近时贴近水面，远时在水路之间留出种植园林植物的用地。道路铺装应尽量简化。

沿水边的植物种植应高于水位以上，以免被水淹没。植物的整体风格要与水景的风格相协调。

第二节 驳岸和护坡设计

一、驳岸的处理与设计要求

1. 驳岸的处理

（1）挡土墙。驳岸是一面临水的挡土墙，是支撑陆地和防止岸壁坍塌的水工构筑物。

（2）比例关系。驳岸用来维护陆地与水面的界限，使其保持一定的比例关系。如果水际边缘不做驳岸处理，就很容易因为水的浮托、冻胀或风浪淘刷而使岸壁塌陷，导致陆地后退，岸线变形，影响园林景观。

（3）沿岸线设计驳岸。驳岸能保证水体岸坡不受冲刷。通常水体岸坡受水冲刷的程度取决于水面的大小、水位的高低、风速及岸土的密实度等。当这些因素达到一定程度时，若水体岸坡不做工程处理，岸坡将失去稳定，造成破坏。因此，要沿岸线设计驳岸以保证水体岸坡不受冲刷。

（4）景观层次。驳岸还可强化岸线的景观层次。驳岸除支撑和防冲刷作用外，还可通过不同的处理形式增加驳岸的变化，丰富水景的立面层次，增强景观的艺术效果。

（5）水位关系。驳岸的水位关系如图 4-7 所示，驳岸可分为湖底以下的部分、常水位至低水位部分、常水位与高水位之间部分和高水位以上部分。

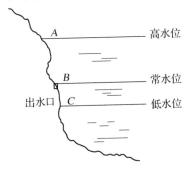

图 4-7　驳岸的水位关系

高水位以上部分是不淹没部分，主要受风浪撞击和淘刷、日晒风化或超重荷载，致使下部坍塌，造成岸坡损坏。常水位至高水位部分（B～A）属周期性淹没部分，多受风浪拍击和周期性冲刷，使水岸土壤遭冲刷淤积在水中，损坏岸线，影响景观。

常水位到低水位部分（B～C）是常年被淹部分，主要受湖水浸渗冻胀，剪力破坏，风浪淘刷。我国北方地区因冬季结冰，常造成岸壁断裂或移位。有时因波浪淘刷，土壤被淘空后导致坍塌。

C 以下部分是驳岸基础，主要影响地基的强度。

2. 驳岸设计要求

（1）素土驳岸设计。

①岸顶至水底坡度小于 100％者应采用植被覆盖；坡度大于 100％者应有固土和防冲刷的技术措施。

②地表径流的排放及驳岸水下部分处理应符合有关标准的规定。

一般土筑的驳岸坡度超过 100％时，为了保持稳定，可以用各种形状的预制混凝土块、料石和天然山石铺墁，铺墁的形式可以有各种花纹，也可以留出种植孔穴，种植各类花草。坡度在 100％以下时，可以用草皮或各种藤蔓类植物覆盖。

驳岸顶部一般都较附近稍高，使地表水向河湖的反方向排水，然后集中排入河内。排水设施有的用水簸箕有的用管沟，这主要是防止对驳岸的冲刷。如果地表水需要进行防污、防沙处理，则不在此例。

（2）人工砌筑或混凝土浇筑的驳岸。寒冷地区的驳岸基础应设置在冰冻线以下，并考虑水体及驳岸外侧土体结冻后产生的冻胀对驳岸的影响，需要采取的管理措施在设计文件中要注明。

（3）采取工程措施加固驳岸。驳岸的外形和所用材料的质地、色彩均应与环境协调。

驳岸的形式有很多，并且对园林景观影响很大。设计时应着眼于园林特点，与园林环境协调，应有别于一般的水库或其他水工构筑物。

二、驳岸的造型

1. 规则式驳岸

规则式驳岸指用块石、砖、混凝土砌筑的几何形式的岸壁，如常见的重力式驳岸、半重力式驳岸、扶壁式驳岸等，如图4-8、图4-9所示。规则式驳岸多属永久性的，要求使用较好的砌筑材料和较高的施工技术。它的特点是简洁规整，但缺少变化。

驳岸

扫码观看本视频

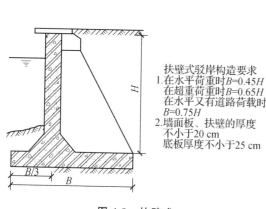

扶壁式驳岸构造要求
1. 在水平荷重时 $B=0.45H$
   在超重荷重时 $B=0.65H$
   在水平又有道路荷载时
   $B=0.75H$
2. 墙面板、扶壁的厚度
   不小于20 cm
   底板厚度不小于25 cm

图 4-8　扶壁式

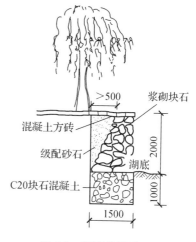

图 4-9　浆砌块石式（一）

2. 自然式驳岸

自然式驳岸是指外观无固定形状或规格的岸坡处理，如常用的假山石驳岸、卵石驳岸。这种驳岸自然堆砌，景观效果好。

3. 混合式驳岸

混合式驳岸是规则式与自然式驳岸相结合的驳岸造型，如图 4-10 所示。一般为毛石岸墙，自然山石岸顶。混合式驳岸易于施工，具有一定装饰性，适用于地形许可且有一定装饰要求的湖岸。

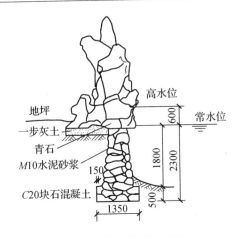

地坪
一步灰土
青石
M10水泥砂浆
C20块石混凝土
高水位
常水位
600
1800
2300
500
150
1350

图 4-10　浆砌块石式（二）

三、砌石类驳岸设计

1. 砌石驳岸的常见构造

（1）基础。基础是驳岸的承重部分，通过它将上部重力传给地基，如图 4-11 所示。因此，驳岸基础要求坚固，埋入湖底深度不得小于 50cm，基础宽度则视土壤情况而定，砂砾土为 $0.35h \sim 04h$，砂壤土为 $0.45h$，湿砂土为 $0.5h \sim 0.6h$，饱和水壤土为 $0.75h$。

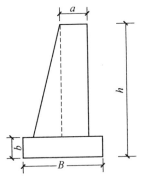

图 4-11　重力式驳岸结构尺寸

（2）墙身。墙身处于基础与压顶之间，承受的压力最大，包括垂直压力、水的水平压力及墙后土壤的侧压力，如图 4-12 所示。因此，墙身应具有一定的厚度，墙体高度要以最高水位和水面浪高来确定，岸顶应以贴近水面为好，便于游人亲近水面，并显得蓄水丰盈饱满。

（3）压顶。压顶为驳岸最上部分，宽度为 30～50cm，用混凝土或大块石做成，如图 4-12 所示。其作用是增强驳岸稳定，美化水岸线，阻止墙后土壤流失。图 4-11 是重力式驳岸结构尺寸图，与表 4-6 配合使用。整形式块石驳岸迎水面常采用 1：10 边坡。

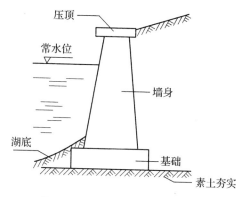

图 4-12　永久性驳岸结构示意图

表 4-6　常见砌石驳岸选用表　　　　　　　　（单位：cm）

h	a	B	b
100	30	40	30
200	50	80	30
250	60	100	50
300	60	120	50
350	60	140	70
400	60	160	70
500	60	200	70

2. 常见砌石类驳岸的做法

常见砌石类驳岸的做法，如图 4-13～图 4-17 所示。

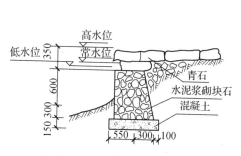

图 4-13　砌石类驳岸做法（一）

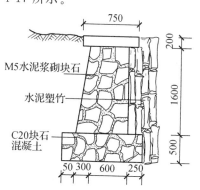

图 4-14　砌石类驳岸做法（二）

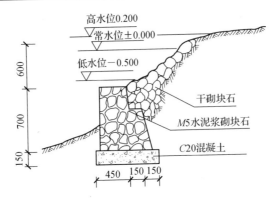

图 4-15　砌石类驳岸做法（三）

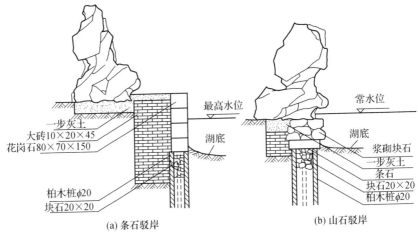

(a) 条石驳岸　　　　　　　　　(b) 山石驳岸

图 4-16　砌石类驳岸做法（四）

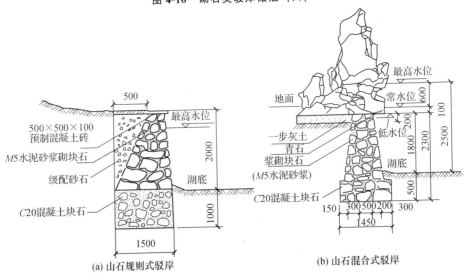

(a) 山石规则式驳岸　　　　　　　(b) 山石混合式驳岸

图 4-17　砌石类驳岸做法（五）

3. 施工程序

（1）放线。布点放线应依据设计图上的常水位线来确定驳岸的平面位置，并在基础两侧各加宽 20cm 放线。

（2）挖槽。一般由人工开挖，工程量较大时采用机械开挖。为了保证施工安全，对需要放坡的地段，应根据规定进行放坡。

（3）夯实地基。开槽后应将地基夯实，遇土层软弱时需进行加固处理。

（4）浇筑基础。一般为块石混凝土，浇筑时应将块石分离，不得互相靠紧，也不得置于边缘。

（5）砌筑岸墙。浆砌块石岸墙的墙面应平整、美观；砌筑砂浆饱满，勾缝严密。

（6）砌筑压顶。可采用预制混凝土板块压顶，也可采用大块方整石压顶。顶石应向水中至少挑出 5～6cm，并使顶面高出最高水位 50cm 为宜。

四、桩基类驳岸设计

1. 桩基驳岸的特点

基岩或坚实土层位于松土层下，桩尖打下去，通过桩尖将上部荷载传给下面的基岩或坚实土层；若桩打不到基岩，则利用摩擦桩，借木桩侧表面与泥土间的摩擦力将荷载传到周围的土层中，以达到控制沉陷的目的。

2. 桩基驳岸的结构组成

桩基驳岸的结构是由桩基、卡挡石、盖桩石、混凝土基础、墙身和压顶等几部分组成，如图 4-18 所示。卡挡石是桩间填充的石块，起保持木桩稳定的作用。盖桩石为桩顶浆砌的条石，作用是找平桩顶，以便浇筑混凝土基础。基础以上部分与砌石类驳岸相同。

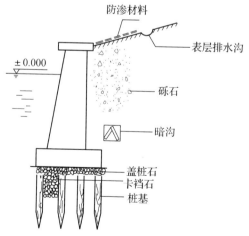

图 4-18　桩基驳岸结构示意图

五、竹篱驳岸、板墙驳岸设计

1. 适用范围

竹桩、板桩驳岸是另一种类型的桩基驳岸。驳岸打桩后，基础上部临水面墙身由竹篱（片）或板片镶嵌而成，适用于临时性驳岸。

由于竹篱缝很难做得密实，而且这种驳岸不耐风浪冲击、淘刷和游船撞击，岸土很容易被风浪淘刷造成岸篱分开，最终失去护岸功能。因此，此类驳岸适用于风浪小，岸壁要求不高，土壤较黏的临时性护岸地段。

2. 优点

竹篱驳岸造价低廉、取材容易，施工简单，工期短，能使用一定年限，凡盛产竹子的地方都可采用毛竹、大头竹、勒竹、撑篙竹。

3. 注意事项

施工时，竹桩、竹篱要涂上一层柏油，目的是防腐。竹桩顶端由竹节处截断以防雨水积聚，竹片镶嵌直顺紧密牢固，如图4-19和图4-20所示。

图4-19　竹篱驳岸

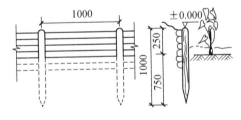

图4-20　板墙驳岸

六、护坡工程设计

常见的护坡方法有以下几种。

1. 铺石护坡

当坡岸较陡，风浪较大或因造景需要时，可采用铺石护坡，如图4-21所示。

铺石护坡施工容易，抗冲刷力强，经久耐用，护岸效果好，还能因地造景，灵活随意，是园林中常见的护坡形式。

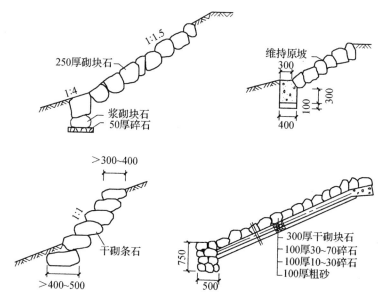

图 4-21　铺石护坡

坡石料要求吸水率低（不超过 1%）、密度大（大于 $2t/m^3$）和较强的抗冻性，如石灰岩、砂岩、花岗岩等岩石，以块径 18～25cm，长宽比 2：1 的长方形石料最佳。

铺石护坡的坡面应根据水位和土壤状况确定，一般常水位以下部分坡面的坡度小于 1：4，常水位以上部分的坡度采用 1：1.5～1：5。

2. 灌木护坡

灌木护坡较适于大水面平缓的坡岸。由于灌木有韧性、根系盘结、不怕水淹，能削弱风浪冲击力，减少地表冲刷，因而护岸效果较好。护坡灌木要具备速生、根系发达、耐水湿，株矮常绿等特点，可选择沼生植物护坡。施工时可直播、可植苗，但要求较大的种植密度，若因景观需要，强化天际线变化，可适量植草和乔木，如图 4-22 所示。

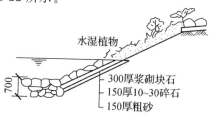

图 4-22　灌木护坡

3. 草皮护坡

草皮护坡适于坡度在 1∶5～1∶20 之间的湖岸缓坡。护坡草要求耐水湿，根系发达，生长快，生存力强，如假俭草、狗牙根等。护坡做法按坡面具体条件而定，如果原坡面有杂草生长，可直接利用杂草护坡，但要求美观。也有直接在坡面上播草种，加盖塑料薄膜，如图 4-23 所示。先在正方砖、六角砖上种草，然后用竹签在四角固定作护坡。最为常见的是块状或带状种草护坡，沿坡面自下而上成网状铺草，用木方条分隔固定，稍加压踩。若要增加景观层次、丰富地貌、加强透视感，可在草地散置山石，配以花卉灌木。

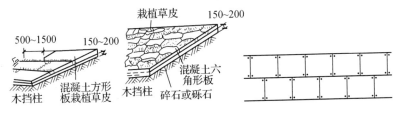

图 4-23　草皮护坡

第三节　喷泉设计

一、喷泉水型的基本形式

喷泉水型的基本形式见表 4-7。

表 4-7　喷泉水型的基本形式

编　号	喷水型名称	喷泉水型的基本形式
1	单射型	
2	水幕型	
3	圆柱型	

编　号	喷水型名称	喷泉水型的基本形式
4	半球型	
5	海鸥型	
6	喇叭型	
7	斜坡型	
8	拱型	
9	冰山型	
10	蜡烛型	

编　号	喷水型名称	喷泉水型的基本形式
11	旋转型	
12	圆锥型	
13	伞型	
14	篱笆型	
15	双坡型	
16	扇型	
17	冰树型	

编　号	喷水型名称	喷泉水型的基本形式
18	冰树伞型	
19	蜗牛型	
20	王冠型	
21	向心型	
22	编织型	
23	内编织型	
24	V字型	

编　号	喷水型名称	喷泉水型的基本形式
25	蒲公英型	
26	圆弧型	
27	蘑菇型	
28	吸力型	
29	喷雾型	
30	孔雀型	
31	洒水型	

续表

编 号	喷水型名称	喷泉水型的基本形式
32	多层花型	
33	牵牛花型	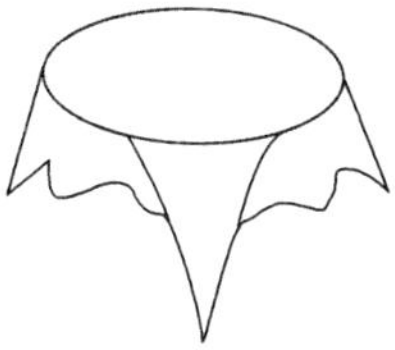
34	抛物线型	
35	多排行列型	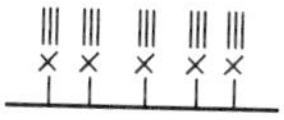

二、喷泉喷头的类型

1. 喷泉喷头的类型

喷泉喷头的类型见表 4-8。

表 4-8 喷泉喷头的类型

类 型	结构形式	喷水形式
单射流型	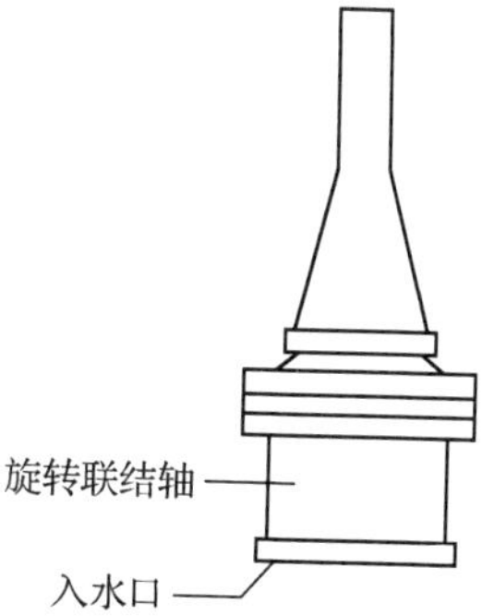 旋转联结轴 入水口	

类　型	结构形式	喷水形式
旋转型	入水口	
扇型	入水口 旋转联结轴	
平头型		

类　型	结构形式	喷水形式
多头型	入水口 旋转联结轴	
半球型		
牵牛花型	可调节套筒 入水口 旋转联结轴	

类　型	结构形式	喷水形式
扶桑花型	可调锥帽　入水口　入水口　旋转联结轴	

2. 吸力喷头与蒲公英喷头

（1）吸力喷头。吸力喷头有吸水喷头、吸气喷头和吸气吸水喷头三种，如图 4-24 所示。它们共同的特点是利用喷嘴附近的水压差将空气和水吸入，待水与空气混合喷出时，水柱膨大且含大量小气泡，成为白色带泡沫的不透明水柱。夜间经彩灯照射更加光彩夺目。

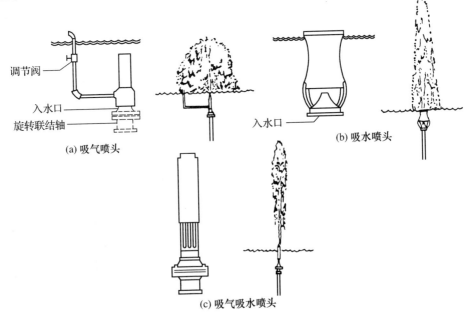

(a) 吸气喷头

调节阀　入水口　旋转联结轴

(b) 吸水喷头

入水口

(c) 吸气吸水喷头

图 4-24　吸力喷头及喷水形式

（2）蒲公英喷头。蒲公英喷头是通过一个圆球形外壳安装多个放射状短喷管，并在每个管端安置半球型喷头，喷水时能形成半球形或球形水花，如同蒲公英一样，美丽动人。这种喷头喷孔很小，容易堵塞，因而对水质要求较高，需配备过滤设施。此种喷头可单独、对称或组合使用，在自控式大型喷泉中应用，效果较好，如图 4-25 所示。

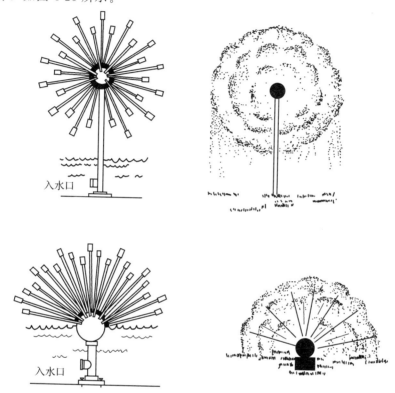

图 4-25　蒲公英喷头及喷水形式

三、喷泉供水及水力计算

1. 直流式供水

（1）特点。自来水供水管直接接入喷水池内与喷头相接，给水喷射一次后即经溢流管排走。直流式供水形式如图 4-26 所示。

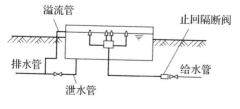

图 4-26　直流式供水

（2）优点。供水系统简单，占地小，造价低，管理简单。

（3）缺点。给水不能重复利用，耗水量大，运行费用高，不符合节约用水要求；同时由于供水管网水压不稳定，水形难以保证。

2. 水泵循环供水

（1）特点。另设泵房和循环管道，水泵将池水吸入后经加压送入供水管道至水池中，水经喷头喷射后落入池内，经吸水管再重新吸入水泵，使水得以循环利用。水泵循环供水原理如图4-27所示。

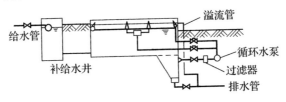

图 4-27　水泵循环供水

（2）优点。耗水量小，运行费用低，符合节约用水要求；在泵房内即可调控水形变化，操作方便，水压稳定。

（3）缺点。系统复杂，占地大，造价高，管理麻烦。

3. 潜水泵供水

（1）特点。潜水泵安装在水池内与供水管道相连，水经喷头喷射后落入场内，直接吸入泵内循环利用。潜水泵循环供水原理如图4-28所示。

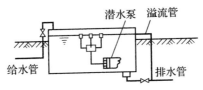

图 4-28　潜水泵循环供水

（2）优点。布置灵活，系统简单，占地小，造价低，管理容易，耗水量小，运行费用低，符合节约用水要求。

（3）缺点。水形调整困难。

4. 喷泉水量计算

（1）喷嘴流量计算。喷嘴流量计算公式：

$$q = uS\sqrt{2gH} \times 10^{-3}$$

式中　q——单个喷头流量（L/s）；

H——喷头入口水压（常用管网压力代替）（m 水柱）；

g——重力加速度（9.80m/s²）；

S——喷嘴断面积（mm²）；

u——流量系数，与喷嘴形式有关（一般在 $0.62 \sim 0.94$ 之间）。

（2）各管段流量计算。某管段的流量，即该管段上同时工作的所有喷头流量之和的最大值。

$$Q_段 = \sum q_i$$

式中　q_i——单个喷头的流量。

（3）总流量计算。喷泉的总流量，即同时工作的所有管段流量之和的最大值。由下式确定：

$$Q_总 = \sum Q_i$$

式中　Q_i——某一管段的流量。

（4）管径计算。

$$D = \sqrt{\frac{4Q}{\pi v}}$$

式中　D——管径（mm）；

　　　Q——管段流量（L/s）；

　　　π——圆周率（3.1416）；

　　　v——经济流速（常用 $0.6 \sim 2.1$ m/s）。

实际供水中，可适当选择稍大些的流速，常用 1.5m/s 来确定管径。

（5）工作压力的确定。喷泉最大喷水高度确定后，压力即可确定。

（6）总扬程计算。

$$总扬程 = 实际扬程 + 水头损失$$
$$实际扬程 = 工作压力 + 吸水高度$$

工作压力（压水高度）是由水泵中线至喷水最高点的垂直高度；吸水高度是指水泵所能吸水的高度，也叫允许吸上真空高度（泵牌上有注明），是水泵的主要技术参数。

水头损失是实际扬程与损失系数的乘积。由于水头损失计算较为复杂，实际中可粗略取实际扬程的 $10\% \sim 30\%$ 做为水头损失。

四、喷泉管道布置与喷泉照明设计

1. 喷泉管道布置

（1）喷泉管道要根据实际情况布置。装饰性小型喷泉，其管道可直接埋入土中，或用山石、矮灌木遮盖。大型喷泉分主管和次管，主管要敷设在人可通行的地沟中，为了便于维修应设检查井；次管直接置于水池内。管网布置应排列有序，整齐美观。

（2）环形管道最好采用"十"字形供水，组合式配水管宜用分水箱供水，其目的是要获得稳定等高的喷流。

（3）为了保持喷水池的正常水位，水池要设溢水口。溢水口截面积应是进水口面积的 2 倍，要在其外侧配备拦污栅，但不得安装阀门。溢水管要有 3% 的顺坡，直接与泄水管连接。

（4）补给水管的作用是启动前的注水及弥补池水蒸发和喷射的损耗，以保证水池的正常水位。补给水管与城市供水管相连，并安装阀门控制。

（5）泄水口要设于池底最低处，用于检修和定期换水时的排水。

（6）连接喷头的水管不能有急剧变化，要求连接管长度至少为其管径的 20 倍。如果不能满足，需安装整流器。

（7）喷泉所有的管线都要具有不小于 2% 的坡度，便于停止使用时将水排空；所有管道均要进行防腐处理；管道接头要严密，安装必须牢固。

（8）管道安装完毕后，应认真检查并进行水压试验，保证管道安全，一切正常后再安装喷头。为了便于水形的调整，每个喷头都应安装阀门控制。

2. 喷泉照明设计

喷泉照明多为内侧给光，给光位置为喷高 2/3 处，如图 4-29 所示，照明线路采用防水电缆，以保证供电安全。

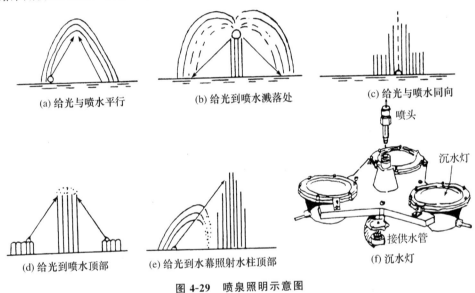

(a) 给光与喷水平行　　(b) 给光到喷水溅落处　　(c) 给光与喷水同向

(d) 给光到喷水顶部　　(e) 给光到水幕照射水柱顶部　　(f) 沉水灯

图 4-29　喷泉照明示意图

在大型的自控喷泉中，管线布置极为复杂，并要安装功能独特的阀门和电器元件，如电磁阀、时间继电器等，并配备中心控制室，用以控制水形的变化。

五、喷水池设计

1. 喷水池设计要点

（1）从工程造价，水体的过滤、更换，设备的维修和安全角度看，喷水池不要求深，但浅池的缺点是要注意管线设备的隐蔽，同时也要注意水浅时，吸热大，易生藻类。

（2）一般的喷头安装、水下照明布置，水深 50～60cm 已足够。

（3）当采用立式潜水泵作动力时，可局部加深，形成泵坑。

（4）泵坑因为标高最低，因此往往成为集水坑，改空管进水口设在这里，这对泵的使用是不利的，泵坑上面最好设过滤网。

（5）喷水池一般要大于射流的高度，即喷水池射流顶点至池沿的宽度成 45°，以防水溅。还要考虑风大时会有水珠飘散。

（6）喷水池的池底和池壁。

①池底和池壁的颜色，过去常用浅色，如白色、浅蓝色等，以显水清。现在有用深色的，甚至有全黑的设计。选用深色，喷泉宜用泡沫型喷头，对比之下，更为分明。

②复杂的喷水池，池内各种管线错综复杂。

③池壁池底宜易于清洁。

2. 园林喷水池形状和大小

园林中的喷水池分为规则式水池和自然式水池两种。规则式水池平面的形状呈几何形，如圆形、椭圆形、矩形、多边形、花瓣形等。自然式水池岸线为自然曲线，如弯月形、肾形、心形、流水形、蝶形、云形、梅花形、葫芦形等，如图 4-30 所示，现代喷水池多采用流线形，活泼大方，富有时代感。

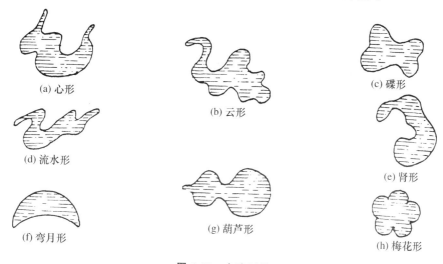

(a) 心形　　(b) 云形　　(c) 碟形
(d) 流水形　　(e) 肾形
(f) 弯月形　　(g) 葫芦形　　(h) 梅花形

图 4-30 水池形状

水池的大小应根据周围环境和喷高而定，喷水越高，水池越大。

3. 园林喷水池的结构构造

（1）基础。基础是水池的承重部分，由灰土和混凝土层组成，如图 4-31 所示。

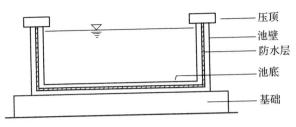

图 4-31　水池结构示意

（2）防水层。

①沥青材料。主要有建筑石油沥青和专用石油沥青两种。专用石油沥青可在音乐喷泉的电缆防潮防腐中使用。建筑石油沥青与油毡结合形成防水层。

②防水卷材。品种有油毡、油纸、玻璃纤维毡片、三元乙丙再生胶及 603 防水卷材等。其中油毡应用最广，三元乙丙再生胶用于大型水池、地下室、屋顶花园，作防水层效果较好；603 防水卷材是新型防水材料，具有强度高、耐酸碱、防水防潮、不易燃、有弹性、寿命长、抗裂纹等优点，且能在 $-50\sim80℃$ 的环境中使用。

③防水涂料。常见的有沥青防水涂料和合成树脂防水涂料两种。

④防水嵌缝油膏。主要用于水池变形缝防水填缝，种类较多。按施工方法的不同分为冷用嵌缝油膏和热用灌缝胶泥两类。

⑤防水剂和注浆材料。防水剂常用的有硅酸钠防水剂、氯化物金属盐防水剂和金属皂类防水剂。注浆材料主要有水泥砂浆、水泥玻璃浆液和化学浆液三种。

水池防水材料的选用可根据具体要求确定，一般水池用普通防水材料即可。钢筋混凝土水池也可采用抹 5 层防水砂浆的（水泥加防水粉）做法。临时性水池还可将吹塑纸、塑料布、聚苯板组合起来使用，也有很好的防水效果。

（3）池底。池底直接承受水的竖向压力，要求坚固耐久。多用钢筋混凝土池底，一般厚度大于 20cm；如果水池容积大，要配双层钢筋网。施工时，每隔 20m 选择最小断面处设变形缝（伸缩缝、防震缝），变形缝用止水带或沥青麻丝填充；每次施工必须由变形缝开始，不得在中间留施工缝，以防漏水，如图 4-32～图 4-34 所示。

（4）池壁。池壁是水池竖向部分，承受池水的水平压力，水愈深容积愈大，压力也愈大。池壁一般有砖砌池壁、块石池壁和钢筋混凝土池壁 3 种，如图 4-35 所示。块石池壁自然朴素，要求垒砌严密，勾缝紧密。混凝土池壁用于厚度超过 400mm 的水池，C20 混凝土现场浇筑。钢筋混凝土池壁厚度多小于 300mm，常用 150～200mm 的，宜配 $\phi 8$、$\phi 12$ 钢筋，中心距多为 200mm，如图 4-36 所示。

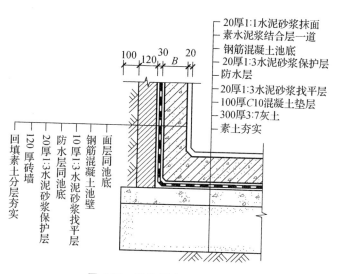

图 4-32　池底做法（单位：mm）

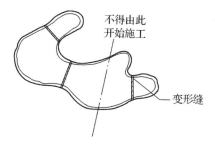

图 4-33　变形缝位置（单位：mm）

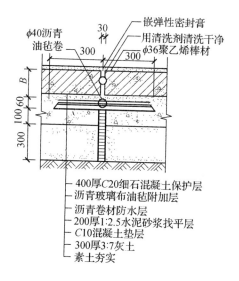

图 4-34　伸缩缝做法（单位：mm）

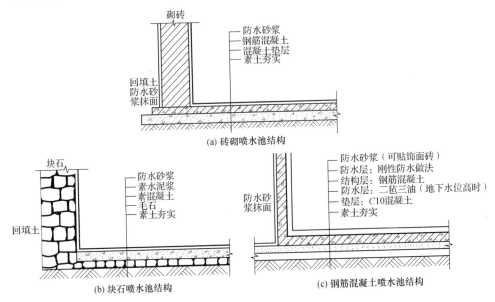

(a) 砖砌喷水池结构

(b) 块石喷水池结构

(c) 钢筋混凝土喷水池结构

图 4-35　喷水池池壁（底）构造

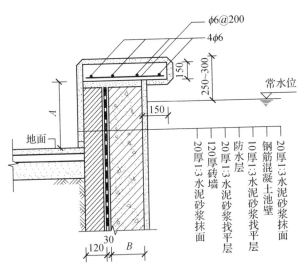

图 4-36　池壁常见做法（单位：mm）

（5）压顶。属于池壁最上部分，其作用为保护池壁，防止污水泥沙流入池中，同时也防止池水溅出。

完整的喷水池还必须设有供水管、补给水管、泄水管和溢水管及沉泥池。布置示意图如图 4-37～图 4-40 所示。

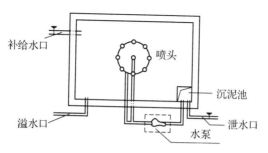

图 4-37　水泵加压喷泉管口示意图

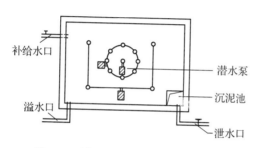

图 4-38　潜水泵加压喷泉管口示意图

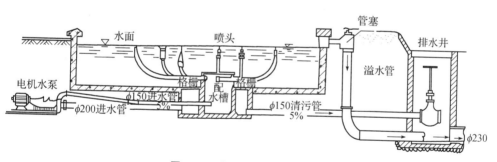

图 4-39　人工喷泉工作示意图

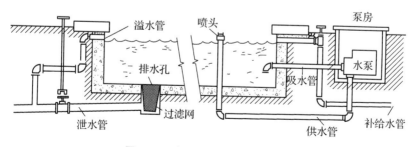

图 4-40　喷水池管线系统示意图

　　喷水池中管道穿过池壁的常见做法如图 4-41 所示。在水池内设置集水坑，以节省空间，如图 4-42 所示。集水坑有时也用做沉泥池，不仅要定期清淤，而且要在管口处设置格栅，还要为防止淤塞而设置挡板，如图 4-43 所示。

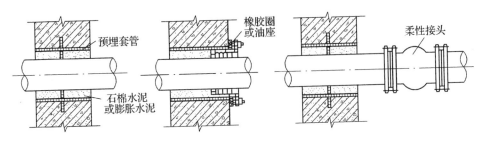

图 4-41　管道穿池壁做法

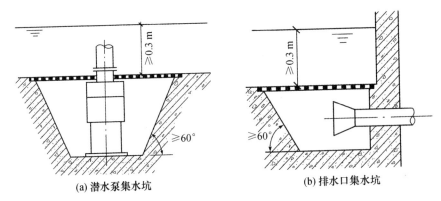

(a) 潜水泵集水坑　　　　　　　(b) 排水口集水坑

图 4-42　集水坑

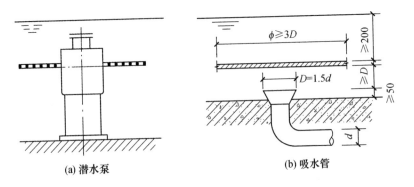

(a) 潜水泵　　　　　　　　(b) 吸水管

图 4-43　吸水口上设置挡板

第四节　瀑布跌水设计

一、瀑布设计要点

1. 水量

人工瀑布的水量较大，通常采用循环水。瀑布水量越大，越接近大自然，能量的消耗也越大。

2. 溢水口

（1）中国式的山石瀑布，一般瀑布口的宽度为1~3m，可以用一块仔细打磨的石板、混凝土板作溢水口。务必使溢水口融为山石的一部分，流瀑时美观，不流时也自然。

（2）溢水口再长，也无法解决预制板之间的接缝问题，要在现场用高强度等级水泥抹灰造型，再仔细磨光（即高级彩色水磨石）。

（3）如果溢水口曲折转弯，那么在向外展开的那一地段水量会显示不足；在向内凹的那一地段，水量会增加，使瀑布的水量厚度不均，甚至有的地方断水。解决的办法：一是调整供水地点，二是逐渐调整溢水口顶标高。一般使水流速度控制在0.9~1.2m/s，这样溢水口就要有相当的水深和面积，形成一个高水池，俗称"天池"或"上水池"。天池也可结合上面的景点供人观赏，但要注意安全防护问题。

（4）溢水口异形处理成曲线、锯齿状、圆孔和多个溢水池交叉跌水等，使水流呈不同形状跌落，也是另一种趣味。

3. 下水池

瀑布跌落到下水面，会产生水声和水溅。如果有意识的加以利用，可产生更好的效果。如在落水处放块"受水"会增加水溅；放置一架水车，会有动态。把瀑布的墙面内凹，暗面可衬托水色，可以聚声、反射，也可以减少瀑布水流与墙面之间产生的负压。

为了防止水溅，一般经验是下水池的宽度要大于瀑布高度的2/3。

为了水体循环，瀑布的进水口宜选择在最下面水池的远端。从规划上考虑，要为水系的循环创造条件，做到"流水不腐"的要求。

二、瀑布的构成

瀑布一般由背景、上游水源、落水口、瀑身、承水潭和溪流构成，如图4-44所示。

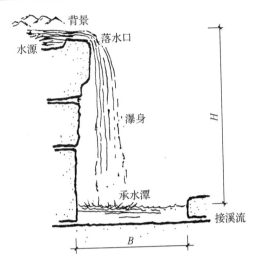

图 4-44　瀑布模式及瀑身落差高度与潭面宽度的关系

三、瀑布的形式

1. 按瀑布跌落方式划分

（1）直瀑：即直落瀑布，如图 4-45 所示。这种瀑布的水流是不间断地从高处直接落入其下面的池、潭水面或石面。若落在石面，就会产生飞溅的水花四散洒落的效果。直瀑的落水能够造成声响喧哗，可为园林环境增添动态水声。

（2）分瀑：实际上是瀑布的分流形式，因此又叫分流瀑布，如图 4-46 所示。它是一道瀑布在跌落过程中受到中间物阻挡而一分为二，再分成两道水流继续跌落。这种瀑布的水声效果也比较好。

图 4-45　直瀑

图 4-46　分瀑

（3）跌瀑：也称跌落瀑布，如图 4-47 所示，是由很高的瀑布分为几跌，一跌一跌地向下落。跌瀑适宜布置在比较高的陡坡坡地，其水形变化较直瀑、分瀑都大一些，水景效果的变化也多一些，但水声要稍弱一点。

（4）滑瀑：就是滑落瀑布，如图 4-48 所示，其水流顺着一个很陡的倾斜坡面向下滑落。斜坡表面所使用的材料质地情况决定着滑瀑的水景形象。斜坡是光滑表面，则滑瀑如一层薄薄的透明纸，在阳光照射下显示出湿润感和水光的闪耀。坡面若是凸起点（或凹陷点）密布的表面，水层在滑落过程中就会激起许多水花，当阳光照射时，就像一面镶满银色珍珠的挂毯。若斜坡面上的凸起点（或凹陷点）做成有规律排列的图形纹样，则所激起的水花也可以形成相应的图形纹样。

图 4-47　跌瀑

图 4-48　滑瀑

2. 按瀑布口的设计形式划分

（1）布瀑：瀑布的水像一片又宽又平的布一样飞落而下。瀑布口的形状设计为一条水平直线，如图 4-49 所示。

（2）带瀑：从瀑布口落下的水流，组成一排水带整齐地落下。瀑布口设计为宽齿状，齿排列为直线，齿间的间距全部相等。齿间的小水口宽窄一致，相互都在一条水平线上，如图 4-50 所示。

图 4-49　布瀑

图 4-50　带瀑

（3）线瀑：排线状的瀑布水流如同垂落的丝帘，这是线瀑的水景特色。线瀑的瀑布口形状为尖齿状。尖齿排列成一条直线，齿间的小水口呈尖底状。从一排尖底状小水口上落下水，即呈细线形。随着瀑布水量增大，水线会变粗，如图 4-51 所示。

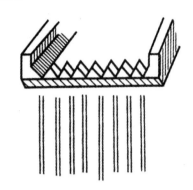

图 4-51　线瀑

四、瀑布落花的形式

瀑布落花的形式多种多样，常见的瀑布落花形式如图4-52 所示。

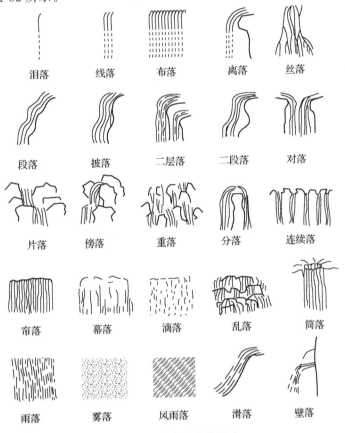

泪落	线落	布落	离落	丝落
段落	披落	二层落	二段落	对落
片落	傍落	重落	分落	连续落
帘落	幕落	滴落	乱落	筒落
雨落	雾落	风雨落	滑落	壁落

图 4-52　瀑布落花的形式

五、瀑布供水方式

（1）利用天然地形的水位差形成的供水方式，对水源的要求是建园范围内有泉水、溪、河道。

（2）直接利用城市自来水，用完之后排走，但投资成本高。

（3）水泵循环供水是一种较经济的给水方法。绝大多数人工瀑布都采用这种供水方式。

绝大多数小型瀑布会在承水潭内设置潜水泵循环供水。瀑布用水要求较高的水质，应配置过滤设备来净化水体，如图 4-53 所示。

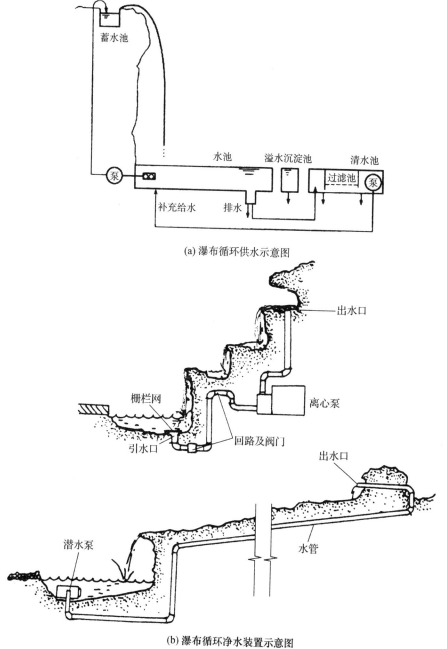

(a) 瀑布循环供水示意图

(b) 瀑布循环净水装置示意图

图 4-53　瀑布循环供水及净水装置示意图

六、跌水的形式

1. 单级式跌水

单级式跌水也称一级跌水。溪流下落时，如果无阶状落差，即为单级跌水。单级跌水由进水口、胸墙、消力池及下游溪流组成，如图4-54所示。

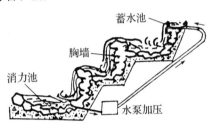

图 4-54　跌水示意图

2. 二级式跌水

在溪流下落时具有两阶落差的跌水称为二级式跌水。通常上级落差小于下级落差，二级跌水的水流量比单级跌水小，故下级消力池底厚度可适当减小。

3. 多级式跌水

在溪流下落时具有三阶以上落差的跌水称为多级式跌水。多级跌水一般水流量较小，因而各级均可设置蓄水池（或消力池），水池是规则式还是自然式视环境而定。水池内可点铺卵石，以防水闸海漫功能削弱上一级落水的冲击。有时为了造景和渲染环境气氛，可配装彩灯，使整个水景生机盎然。

4. 悬臂式跌水

悬臂式跌水的特点是对落水口处理与对瀑布落水口泻水石处理的方式极为相似，瀑布落水口是将泻水石突出成悬臂状，使水能泻至池中间，因而落水更具魅力。

5. 陡坡跌水

陡坡跌水是以陡坡连接高、低渠道的开敞式过水为构筑物。

第五节　人工湖池设计

一、人工水池布置

人工水池通常是园林构图的中心，一般可用作广场中心、道路尽端以及和亭、廊、花架、花坛组合形成的景观。水池布置要因地制宜，充分考虑园址现状，其位置应在园中最醒目的地方。大水面宜用自然式或混合式；小水面更宜采用规则式，尤其是单位庭院绿地。此外，还要注意池岸设计，做到开合有致、聚散得体，如图4-55所示。

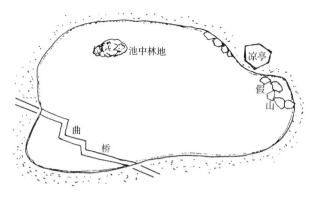

图 4-55　水池布置

有时，因造景需要，在池内养鱼或种植花草，水生植物种植池如图 4-56 所示。根据植物生长特性配置，植物种类不宜过多，池水也不宜过深。应将植物种植在箱内或盆中，在池底砌砖或垒石作为基底，再将种植盆箱移至基座上。

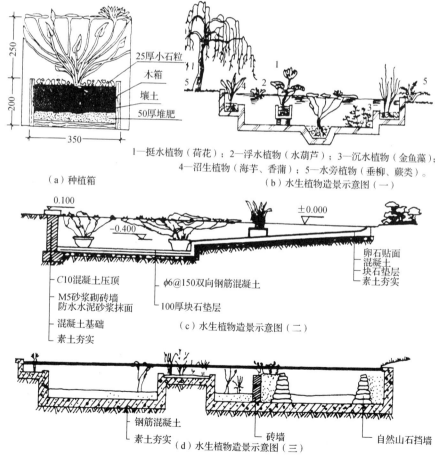

1—挺水植物（荷花）；2—浮水植物（水葫芦）；3—沉水植物（金鱼藻）；
4—沼生植物（海芋、香蒲）；5—水旁植物（垂柳、蕨类）。

（a）种植箱　　　　　　　　　　　（b）水生植物造景示意图（一）

（c）水生植物造景示意图（二）

（d）水生植物造景示意图（三）

图 4-56　三种水生植物种植池（单位：mm）

二、人工水池构造

人工水池的三种典型构造，如图 4-57～图 4-62 所示。

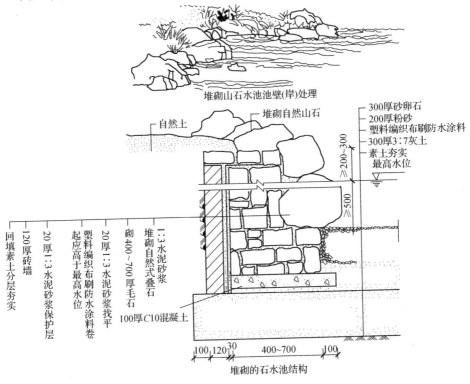

堆砌山石水池池壁(岸)处理

堆砌的石水池结构

图 4-57 水池做法（一）（单位：mm）

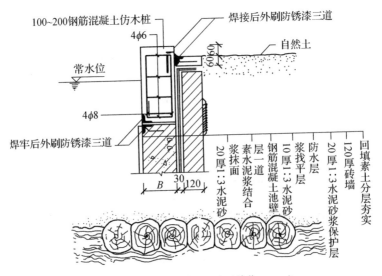

图 4-58 水池做法（二）（单位：mm）

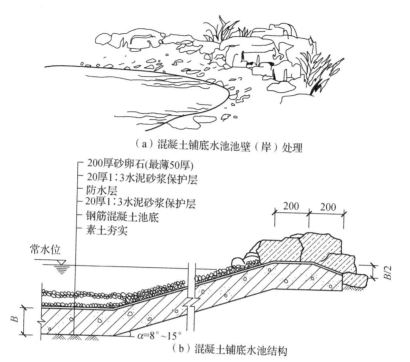

（a）混凝土铺底水池池壁（岸）处理

200厚砂卵石(最薄50厚)
20厚1:3水泥砂浆保护层
防水层
20厚1:3水泥砂浆保护层
钢筋混凝土池底
素土夯实

常水位

$\alpha=8°\sim15°$

（b）混凝土铺底水池结构

图 4-59　水池做法（三）（单位：mm）

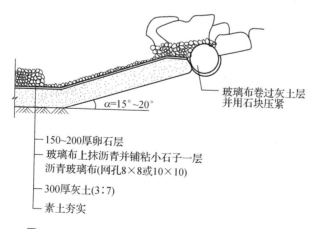

$\alpha=15°\sim20°$

玻璃布卷过灰土层
并用石块压紧

150~200厚卵石层
玻璃布上抹沥青并铺粘小石子一层
沥青玻璃布(网孔8×8或10×10)

300厚灰土(3:7)

素土夯实

图 4-60　玻璃布沥青防水层水池结构（单位：mm）

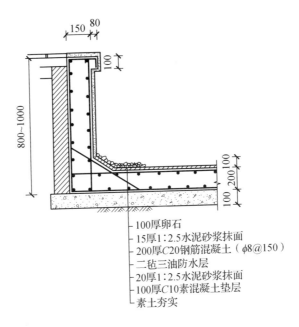

图 4-61　油毡防水层水池结构（单位：mm）

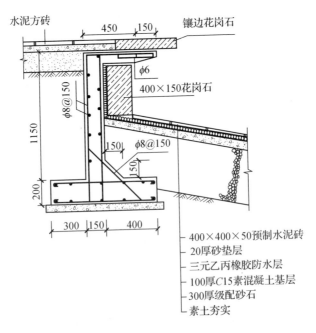

图 4-62　三元乙丙橡胶防水层水池结构（单位：mm）

三、人工湖设计和施工要求

1. 设计要点

（1）湖的布置应充分利用湖的水景特色。无论是天然湖还是人工湖，大多数湖依山畔水，岸线曲折有致。

（2）湖岸处理要讲究"线"形艺术，有凹有凸，不宜呈直角、对称、圆弧、螺旋线、等波线、直线等线型。

（3）开挖人工湖要视基址情况巧作布置。湖的基址宜选择土质细密、土层厚实之地，不宜选择过于黏质或渗透性大的土质为湖址。如果渗透力大于0.009m/s，则应设置防漏层。

2. 湖岸设计要求

湖岸的种类很多，可由土、草、石、砂、砖、混凝土等材料构成。草坡有根系保护，比土坡容易保持稳定。山石岸宜低不宜高，小水面里宜曲不宜直，常在上部悬挑设置水岫而产生幽远的感觉，在石岸较长、人工痕迹较强地方，可以种植灌木和藤木以减少暴露在外的面积。自然斜坡和阶梯式驳岸对水位变化有较强的适应性，两岸间的宽窄可以决定水流的速度，如图4-63所示。

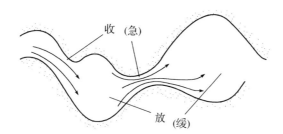

图 4-63　河岸宽窄对水流的影响

3. 施工要求

（1）按设计图纸确定土方量。按设计线形定点放线。

（2）考察基址渗漏状况。好的湖底全年水量损失占水体体积的5%～10%；一般湖底全年水量损失占水体体积10%～20%；较差的湖底全年水量损失占水体体积的20%～40%，以此制定施工方案及工程措施。

（3）湖底做法应因地制宜，常见的有灰土层湖底、塑料薄膜湖底和混凝土湖底等。其中灰土层湖底做法适用于大面积湖体，混凝土湖底适宜较小的湖池，常见的湖底做法如图4-64所示。

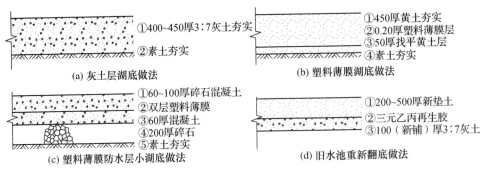

(a) 灰土层湖底做法
①400~450厚3∶7灰土夯实
②素土夯实

(b) 塑料薄膜湖底做法
①450厚黄土夯实
②0.20厚塑料薄膜层
③50厚找平黄土层
④素土夯实

(c) 塑料薄膜防水层小湖底做法
①60~100厚碎石混凝土
②双层塑料薄膜
③60厚混凝土
④200厚碎石
⑤素土夯实

(d) 旧水池重新翻底做法
①200~500厚新垫土
②三元乙丙再生胶
③100（新铺）厚3∶7灰土

图 4-64　常见的简易湖底做法（单位：mm）

第 五 章

园路、园桥与广场设计

第一节　园路设计概述

园　路

扫码观看本视频

一、园路的种类

1. 根据用途分类

（1）园景路。依山傍水或有着优美植物景观的游览性园林道路，其通行性不突出，却十分适宜游人漫步游览和赏景。如风景林的林道、滨水的林荫道、山石磴道、花径、竹径、草坪路、汀步路等，都属于园景路。

（2）园林公路。以交通功能为主的通车园路，可以采用公路形式，如大型公园中的环湖公路、山地公园中的盘山公路和风景名胜区中的主干道等。园林公路的景观组成比较简单，其设计要求和工程造价都比较低一些。

（3）绿化街道。这是主要分布在城市街区的绿化道路。在某些公园规则的地形局部，如在公园主要出入口的内外等，也偶尔采用这种园路形式。采用绿化街道形式既能突出园路的交通性，又能够满足游人散步游览和观赏园景的需要。绿化街道主要是由车行道、分车绿带和人行道绿带构成。根据车行道路面的条数和道旁绿带的条数，可以把绿化街道的设计形式分为一板两带式、二板三带式、三板四带式和四板五带式。

2. 根据重要性和级别分类

（1）主要园路。景园内的主要道路从园林景区入口通向全园各主景区、广场、公共建筑、观景点、后勤管理区，形成全园骨架和环路，组成导游的主干路线。主要园路一般宽7~8m，并能适应园内管理车辆的通行要求，如考虑生产、救护、消防、游览车辆的通行。

（2）次要园路。主要园路的辅助道路，呈支架状，沟通各景区内的景点和景观建筑。路宽是根据公园游人容量、流量、功能以及活动内容等因素决定的，一般宽3~4m，车辆可单向通过，为园内生产管理和园务运输服务。次要园路的自然曲度大于主要园路的曲度，用优美舒展、富有弹性的曲线线条构成有层次的风景画面。

（3）游步道。园路系统的最末梢，是供游人休憩、散步和游览的通幽曲径，

可通达园林绿地的各个角落，也是到广场和园景的捷径。双人行走游步道宽
1.2～1.5m，单人行走游步道宽0.6～1.0m，多选用简洁、粗犷、质朴的自然石
材（片岩、条板石、卵石等）、条砖层铺或用水泥仿塑各类仿生预制板块（含嵌
草皮的空格板块），并采用材料组合以表现其光彩与质感，精心构图，结合园林
植物小品建设和起伏的地形，形成亲切自然、静谧幽深的自然游览步道。

3. 根据铺装分类

（1）整体路面。在园林建设中应用最多的一类是用水泥混凝土或沥青混凝土
铺筑而成的路面。它具有强度高、耐压、耐磨、平整度好的特点，但不便维修，
且一般观赏性较差。由于养护简单、便于清扫，因此多为大公园的主干道所采
用。整体路面色彩多为灰色和黑色，在园林中使用不够理想，近年来已出现了彩
色沥青路面和彩色水泥路面。

（2）块料路面。用大方砖、石板等各种天然块石或各种预制板铺装而成的路
面，如木纹板路面、拉条水泥板路面、假卵石路面等。这种路面简朴、大方，特
别是各种拉条路面，利用条纹方向变化产生的光影效果加强了花纹的效果，不但
有很好的装饰性，而且起到了防滑和减少反光强度的作用，并能铺装成形态各异
的图案花纹，美观、舒适，同时也便于进行地下施工时拆补，因此在现代绿地中
被广泛应用。

（3）碎料路面。用各种碎石、瓦片、卵石及其他碎状材料组成的路面。这类
路面铺装材料价廉，能铺成各种花纹，一般多用在游步道中。

（4）简易路面。它是由煤屑、三合土等构成的路面，多用于临时性或过渡性
园路。

4. 根据路面的排水性能分类

（1）透水性路面。指下雨时，雨水能及时通过路面结构渗入地下，或者储存
在路面材料的空隙中，减少地面积水的路面。其做法既有直接采用吸水性好的面
层材料，也有将不透水的材料干铺在透水性基层上，包括透水混凝土、透水沥
青、透水性高分子材料以及各种粉粒材料路面、透水草皮路面和人工草皮路面
等。这种路面可减轻排水系统负担，保护地下水资源，有利于生态环境，但平整
度、耐压性往往存在不足，养护量较大，主要用于游步道、停车场、广场等处。

（2）非透水性路面。指吸水率低，主要靠地表排水的路面。不透水的现浇混
凝土路面、沥青路面、高分子材料路面以及各种在不透水基层上用砂浆铺贴砖、
石、混凝土预制块等材料铺成的园路都属于此类。这种路面平整度和耐压性较
好，整体铺装的可用作机动交通、人流量大的主要园路，块材铺筑的则多用作次
要园路、游步道、广场等。

5. 根据筑路形式分类

（1）平道。平坦园地中的道路，大多数园路采用这种修筑形式。

（2）坡道。在坡地上铺设的、纵坡度较大但不作阶梯状路面的园路。

（3）石梯磴道。坡度较陡的山地上所设的阶梯状园路称为磴道或梯道。

（4）栈道、廊道。建在绝壁陡坡、宽水窄岸处的半架空道路就是栈道。由长廊、长花架覆盖路面的园路，都可叫廊道。廊道一般布置在建筑庭园中。

（5）索道、缆车道。索道主要在山地风景区，是以凌空铁索传送游人的架空道路线。缆车道是在坡度较大、坡面较长的山坡上铺设的轨道，用钢缆牵引车厢运送游人。

二、园路的规划布局

1. 交通性及游览性

园路的组织交通功能应服从于游览要求，不以便捷为准则，而是根据地形的要求、景点的分布等因素来进行设置。

2. 园路的布局

（1）主次分明。园路在园林中是一个系统，应从全园的总体着眼，做到主次分明。园路的方向性要强，要起到"循游"和"回流"的作用，主要道路不仅在铺装上和宽度上要别于次要道路，而且在风景的组织上要给游人留下深刻的印象。

（2）因地制宜。园林道路系统必须根据地形地貌决定其形式。根据地形园林道路可设成带状、环状等，从游览的角度，园路最好设成环状，以避免走回头路，或走进死胡同。

（3）疏密适当。园路的疏密和景区的性质与园内的地形和游人的数量有关。一般安静休息区密度要小，文化活动区及各类展览区要大，游人多的地方可大，游人少的地方可小，总的说园路不宜过密。园路过密不但增加了投资，而且造成绿地分割过碎。一般情况下，道路的比重可控制在公园总面积的 10％～12％。

（4）曲折迂回。园路要求曲折迂回有两方面的原因：一方面是地形的要求。地形复杂的区域，要有山、有水、有大树，或有高大的建筑物。另一方面是功能和艺术的要求。为了增加游览路程，组织园林自然景色，道路在平面上应有适当的曲折，竖向上应随地形起伏。为了扩大景象空间，空间层次丰富，形成了时开时闭的辗转多变、含蓄多趣的空间景象。

3. 园路交叉口的处理

减少交叉口的数量，交叉口路面应分出主次。两条主要园路相交时，尽量正交，不能正交时，交角不宜过小并应交于一点；为避免游人过于拥挤，可形成小广场。两条道路成"丁"字形相交时，在道路交点处可布置对景。山路与山下主路交界时，一般不宜正交；有庄严气氛的要求时，可设纪念性建筑。凡道路交叉所形成的角度，其转角均要圆滑；两条相反方向的曲线路相遇时，在交接处要有相当距离的直线，切忌呈 S 形；在一眼所能见到的距离内，在道路的一侧不宜出现两个或两个以上的道路交叉口，尽量避免多条道路交接在一起。如果避免不了多条道路交接在一起，则需要在交接处形成一个广场。

4. 园路与建筑

与建筑相连的道路，一般情况下可将道路适当加宽或分出小路与建筑相连。游人量较大的建筑，可在建筑前形成集散广场，道路可通过广场与建筑相连。

5. 园路与种植

（1）与园路、广场有关的绿化形式有中心绿岛、回车岛，行道树，花钵、花坛、树坛，树阵，两侧绿化等。

（2）最好的绿化效果应该是林荫夹道。

（3）要考虑把"绿"引伸到园路、广场，相互交叉渗透最为理想。使用点状路面，如旱汀步、间隔铺砌；使用空心砌块，目前使用最多的砌块是植草砖。有一种空心砖可使绿地占铺砌面的 2/3 以上，可在园路、广场中嵌入花钵、花树坛、树阵。

（4）园路和绿地的高低关系。设计好的园路，常浅埋于绿地之内，隐藏于绿丛之中的。尤其是在山麓边坡外，园路一经暴露便会留下道路横行的痕迹，极不美观，因此设计者往往要求路比"绿"低，但不一定是比"土"低。由此带来的问题是汇水，这时园路单边式两侧距路 1m 左右要安排很浅的明沟，是降雨时汇水泻入的雨水口，在天晴时则是草地的一种起伏变化。

6. 山地园林道路

山地园林道路受地形的限制，宽度不宜过大，一般大路宽度为 2～3m，小路宽度则不大于 1.2m。当道路坡度在 6% 以内的时候，则可按一般道路处理，超过 6%～10% 的时候，就应顺等高线做成盘山道以减小坡度。山道台阶每 15～20 级最好有一段平坦的路面让人们休息。路面稍大的地面还可设置一定的设施供人们休息眺望。盘山道的来回曲折可以变换游人的视点和视角，使游人的视线产生变化，有利于组织风景画面。盘山道的路面常做成向内倾斜的单面坡，使游人行走有舒适安全的感觉。

山路的布置还要根据山的体量、高度、地形变化、建筑安排、绿化种植等情况综合安排。较大的山，山路应分出主次。主路可形成盘山路，次路可随地随形取其方便，小路则是穿越林间的羊肠小路。

7. 山地台阶

山地台阶是为解决园林地形的高差而设置的。它除了具有使用功能外，还有美化装饰的功能，特别是它的外形轮廓具有节奏感，常可作为园林小景。台阶通常附设于建筑出入口、水旁、岸壁和山路。台阶按材料划分有石、钢筋混凝土、塑石等。用天然石块砌成的台阶富有自然风格；用钢筋混凝土板做的外挑楼梯台阶空透轻巧；用塑石做的台阶色彩丰富，如台阶与花台、水池、假山、挡土墙、栏杆结合，更可为园林风景增色。台阶的尺度要适宜，一般踏面的宽度为 30～38cm，高度为 10～15cm。

三、路面的功能与设计要求

1. 功能要求

园路和多数城市道路的不同之处在于除了组织交通、运输，还有其景观上的要求：规划游览线路；提供休憩地面。园路、广场的铺装、线型、色彩等本身也是园林景观的一部分。

2. 设计要求

（1）各级园路应以总体设计为依据，确定路宽、平曲线和竖曲线的线形以及路面结构。

（2）园路宽度宜符合表5-1的规定。

表 5-1　园路宽度 （单位：m）

园路级别	公园总面积 A（hm^2）			
	$A<2$	$2≤A≤10$	$10≤A<50$	$A≥50$
主路	2.0～4.0	2.5～4.5	4.0～5.0	4.0～7.0
次路	—	—	3.0～4.0	3.0～4.0
支路	1.2～2.0	2.0～2.5	2.0～3.0	2.0～3.0
小路	0.9～1.2	0.9～2.0	1.2～2.0	1.2～3.0

（3）园路线形设计应符合下列规定。

①与地形、水体、植物、建筑物、铺装场地及其他设施结合，形成完整的风景构图。

②创造连续展示园林景观的空间或欣赏前方景物的透视线。

③路的转折、衔接通顺，符合游人的行为规律。

（4）主路纵坡宜小于8％，横坡宜小于3％，粒料路面横坡宜小于4％，纵、横坡不得同时无坡度。山地公园的园路纵坡应小于12％，超过12％应作防滑处理。主园路不宜设梯道，必须设梯道园路时，纵坡宜小于36％。主路为方便不同年龄和坐轮椅的游人通行，所以坡度不宜过大。

（5）支路和小路，纵坡宜小于18％。纵坡超过15％路段，路面应作防滑处理；纵坡超过18％，宜按台阶、梯道设计，台阶踏步数不得少于2级，坡度大于58％的梯道应作防滑处理，宜设置护栏设施。

（6）经常通行机动车的园路宽度应大于4m，转弯半径不得小于12m。

（7）园路在地形险要的地段应设置安全防护设施。

（8）通往孤岛、山顶等卡口的路段，宜设通行复线；必须沿原路返回的，宜适当放宽路面。应根据路段行程及通行难易程度，适当设置供游人短暂休憩的场所及护栏设施。

（9）园路及铺装场地应根据不同功能要求确定其结构和饰面。面层材料应与公园风格相协调，并宜与城市车行路有所区别。

（10）公园出入口及主要园路便于通过残疾人使用的轮椅，其宽度及坡度的设计应符合有关规定。公园游人出入口总宽度的下限见表5-2。

表 5-2　公园游人出入口总宽度下限

游人人均在园停留时间/h	售票公园/(m/万人)	不售票公园/(m/万人)
＞4	8.3	5.0
1～4	17.0	10.2
＜1	25.0	15.0

注：单位"万人"指公园游人容量。

（11）公园游人出入口宽度应符合下列规定。

①总宽度符合表5-2的规定。

②单个出入口最小宽度1.5m。

③举行大规模活动的公园，应另设安全门。

第二节　园路构造与结构

一、园路的构造

1. 路堑型

路堑型也称街道式，立道牙位于道路边缘，路面低于两侧地面和道路排水，其构造如图5-1所示。

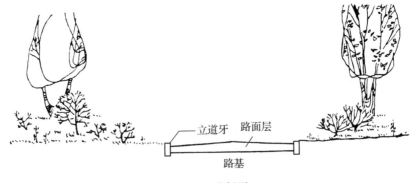

立道牙　路面层

路基

图 5-1　路堑型

2. 路堤型

路堤型也称公路式，平道牙位于道路靠近边缘处，路面高于两侧地面（明沟），利用明沟排水，其构造如图 5-2 所示。

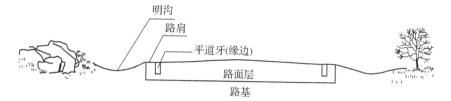

图 5-2 路堤型

3. 特殊型

特殊型包括步石、汀步、磴道、攀梯等，如图 5-3 和图 5-4 所示。

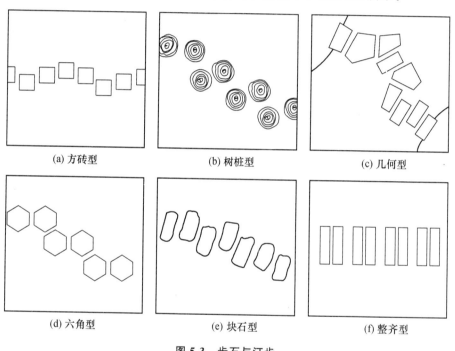

(a) 方砖型　　　　　(b) 树桩型　　　　　(c) 几何型

(d) 六角型　　　　　(e) 块石型　　　　　(f) 整齐型

图 5-3 步石与汀步

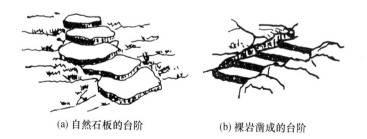

(a) 自然石板的台阶　　　　　(b) 裸岩凿成的台阶

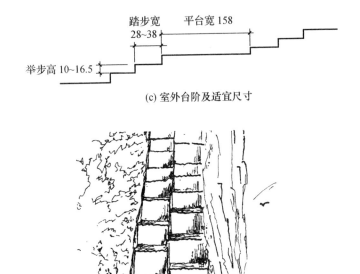

(c) 室外台阶及适宜尺寸

(d) 蹬道

图 5-4　台阶与蹬道（单位：mm）

二、园路结构

常见园路结构见表 5-3。

表 5-3　常见园路结构　　　　　　　　　　　　　（单位：mm）

编号	类　型	结构形式	说　　明
1	石板 嵌草路		（1）100 厚石板 （2）50 厚黄砂 （3）素土夯实 注：石缝 30～50 嵌草
2	卵石 嵌花路		（1）70 厚预制混凝土嵌卵石 （2）50 厚 M2.5 混合砂浆 （3）一步灰土 （4）素土夯实

续表

编号	类型	结构形式	说明
3	预制混凝土方砖路		(1) $500×500×100$，$C15$ 混凝土方砖 (2) 50 厚粗砂 (3) 150～250 厚灰土 (4) 素土夯实 注：胀缝加 $10×95$ 橡胶条
4	现浇水泥混凝土路		(1) 80～150 厚 $C15$ 混凝土 (2) 80～120 厚碎石 (3) 素土夯实 注：基层可用二渣（水泥渣、散石灰），三渣（水泥渣、散石灰、道砟）
5	卵石路		(1) 70 厚混凝土上栽小卵石 (2) 30～50 厚 $M2.5$ 混合砂浆 (3) 150～250 厚碎砖三合土 (4) 素土夯实
6	沥青碎石路		(1) 10 厚二层沥青表面处理 (2) 50 厚泥结碎石 (3) 150 厚碎砖或白灰、煤渣 (4) 素土夯实
7	羽毛球场铺地		(1) 20 厚 1：3 水泥砂浆 (2) 80 厚 1：3：6 水泥、白灰、碎砖 (3) 素土夯实
8	步石		(1) 大块毛石 (2) 基石用毛石或 100 厚混凝土板 (3) 素土夯实

编号	类型	结构形式	说明
9	块石汀步		（1）大块毛石 （2）基石用毛石或100厚水泥混凝土板 （3）素土夯实
10	荷叶汀步		现浇钢筋混凝土
11	透气透水性路面		（1）彩色异型砖 （2）石灰砂浆 （3）少砂水泥混凝土 （4）天然级配砂砾 （5）粗砂或中砂 （6）素土夯实

第三节　园桥设计概述

一、桥体的造型

1. 平桥

桥面平整，结构简单，平面形状为一字形，有木桥、石桥、钢筋混凝土桥等。桥边不做栏杆或只做矮护栏。桥体的主要结构部分是石梁、钢筋混凝土直梁或木梁，常见的平桥用平整石板、钢筋混凝土板作桥面而不用直梁的，平桥造型如图5-5所示。

园桥

扫码观看本视频

图 5-5　平桥

2. 亭桥

在桥面较高的平桥或拱桥上修建亭子就叫做亭桥，如图 5-6 所示。亭桥是园林水景中常用的一种景物，它既是供游人观赏的景物点，又是可停留其中向外观景的观赏点。

图 5-6　亭桥

3. 拱桥

常见有石拱桥和砖拱桥，也有少量钢筋混凝土拱桥。拱桥是园林中造景用桥的主要形式，如图 5-7所示。其材料易得，价格便宜，施工方便。桥体的立面形象比较突出，造型有很大变化，并且网形桥孔在水面的投影也十分好看，因此，拱桥在园林中应用极为广泛。

4. 栈桥和栈道

架长桥为道路是栈桥和栈道的

图 5-7　拱桥

根本特点。严格地讲，这两种园桥并没有本质上的区别，只是栈桥更多的是独立设置在水面上或地面上，如图 5-8 所示，而栈道则更多地依傍于山壁或岸壁。

图 5-8　栈桥

5. 平曲桥

基本情况和一般平桥相同，但桥的平面形状不为一字形，而是左右转折的折线形。根据转折数，可有三曲桥、五曲桥、七曲桥、九曲桥等，如图 5-9 所示。桥面转折多为 90°直角，但也可采用 120°钝角，偶尔还可用 150°转角。平曲桥最好的桥面设计是低而平。

图 5-9　平曲桥

6. 廊桥

这种园桥与亭桥相似，也是在平桥或平曲桥上修建风景建筑，但其建筑是采用长廊的形式，如图 5-10 所示。廊桥的造景作用和观景作用与亭桥一样。

图 5-10　廊桥

7. 吊桥

这是以钢索、铁链为主要结构材料（在过去有用竹索或麻绳的），将桥面悬吊在水面上的一种园桥形式。这类吊桥吊起桥面的方式又有两种，一种是全用钢索铁链吊起桥面，并作为桥边扶手，如图 5-11（a）所示；另一种是在上部用大直径钢管做成拱形支架，从拱形钢管上等距地垂下钢制缆索，吊起桥面，如图 5-11（b）所示。吊桥主要建设在风景区的河面上或山沟上面。

(a) 钢索铁链吊桥

(b) 钢管吊桥

图 5-11　吊桥

8. 浮桥

将桥面架在整齐排列的浮筒（或舟船）上，可构成浮桥，如图 5-12 所示。浮桥适用于水位常有涨落而又不便人为控制的水体中。

9. 汀步

这是一种没有桥面，只有桥墩的特殊的桥，也可说是一种特殊的路；是采用线状排列的步石、混凝土墩、砖墩或预制的汀步构件布置在浅水区、沼泽区、沙滩上或草坪上，形成的能够行走的通道，如图 5-13 所示。

图 5-12　浮桥

图 5-13　汀步

二、桥体结构形式

1. 板梁柱式

以桥柱或桥墩支撑桥体重量，以直梁按简支梁方式搭在桥柱两端上，桥板作桥面铺设在梁上，如图 5-14（a）所示。在桥孔跨度不大的情况下，也可不用桥梁，直接将桥板两端搭在桥墩上，铺成桥面。桥梁、桥面板一般用钢筋混凝土预制或现浇；如果跨度较小，也可用石梁和石板。

2. 悬臂梁式

桥梁从桥孔两端向中间悬挑伸出，在悬挑的梁头再盖上短梁或桥板，连成完整的桥孔，如图 5-14（b）所示。这种方式可以增大桥孔的跨度，以便于桥下行船。石桥和钢筋混凝土桥都能采用悬臂梁式结构。

3. 拱券式

桥孔由砖石材料拱券而成，桥体重量通过圆拱传递到桥墩，如图 5-14（c）所示。单孔桥的桥面也是拱形，基本上都属于拱桥。三孔以上的拱券式桥，其桥面多数做成平整的路面形式，也有把桥顶做成半径很大的微拱形桥面。

4. 悬索式

一般索桥的结构方式是以粗长的悬索固定在桥的两头，底面有若干根钢索排成一个平面，其上铺设桥板作为桥面；两侧各有一根至数根钢索从上到下竖向排列，并由许多下垂的钢丝绳相互串联一起，下垂钢丝绳的下端吊起桥板，如图 5-14（d）所示。

5. 桁架式

用铁制桁架作为桥体，桥体杆件多为受拉或受压的轴力构件，这种杆件取代了弯矩产生的条件，使构件的受力特性得以充分发挥。杆件的结点多为铰接。

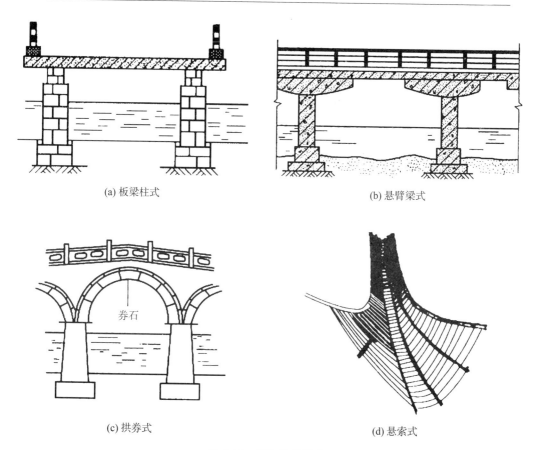

(a) 板梁柱式

(b) 悬臂梁式

(c) 拱券式

券石

(d) 悬索式

图 5-14　桥体结构形式

三、栈道的类别与结构

1. 栈道的类别

根据栈道路面的支撑方式和栈道的基本结构方式，栈道一般可分为立柱式、斜撑式和插梁式三种。

（1）立柱式。立柱式栈道适宜建在坡度较大的斜坡地带，如图 5-15（a）所示。其基本承重构件是立柱和横梁，架设方式基本与板梁柱式园桥相同，不同处是栈道的桥面更长。

（2）斜撑式。在坡度更大的陡坡地带，采用斜撑式修建栈道比较合适，如图 5-15（b）所示。这种栈道的横梁一端固定在陡坡坡面上或山壁的壁面上，另一端悬挑在外，梁头下面用一斜柱支撑，斜柱的柱脚也固定在坡面或壁面上，横梁之间铺设桥板作为栈道的路面。

（3）插梁式。在绝壁地带常采用这种栈道形式，如图 5-15（c）所示。其横梁的一端插入山壁上凿出的方形孔中并固定下来，另一端悬空，桥面板铺设在横梁上。

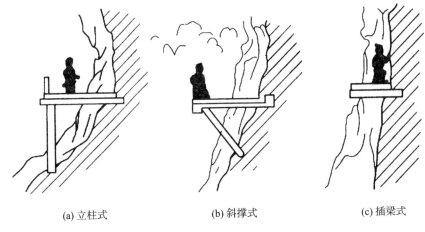

(a) 立柱式　　　　　　(b) 斜撑式　　　　　　(c) 插梁式

图 5-15　栈道的类别

2. 栈道的结构

栈道路面宽度的确定与栈道的类型有关。立柱式栈道路面设计宽度可为 1.5～2.5m；斜撑式栈道路面宽度可为 1.2～2.0m；插梁式栈道路面不宜太宽，0.9～1.8m 较合适。

（1）立柱与斜撑柱。立柱用石柱或钢筋混凝土柱，截面尺寸可取（180mm×180mm）～（250mm×250mm），柱高一般不超过柱径的 15 倍。斜撑柱的截面尺寸比立柱稍小，可取（150mm×150mm）～（200mm×200mm）。斜撑柱上端应预留筋头与横梁梁头相焊接，下端应插入陡坡坡面或山壁壁面。立柱和斜撑柱都用 C20 混凝土浇制。

（2）横梁。横梁的长度应是栈道路面宽度的 1.2～1.3 倍，梁的一端应插入山壁或坡面的石孔并稳实地固定下来。插梁式栈道的横梁插入山壁部分的长度，应为梁长的 1/4 左右。横梁的截面为矩形，宽高的尺寸可为（120mm×180mm）～（180mm×250mm）。横梁也用 C20 混凝土浇制，梁一端的下面应有预埋铁件与立柱或斜撑柱焊接。

（3）桥面板。桥面板可用石板或钢筋混凝土板铺设。铺石板时，要求横梁间距比较小，一般不大于 1.8m。石板厚度应在 80mm 以上。钢筋混凝土板可用预制空心板或实心板。空心板可按产品规格直接选用。实心钢筋混凝土板厚度常设计为 6cm、8cm、10cm，混凝土强度等级可用 C15～C20。栈道路面可以用 1：2.5 水泥砂浆抹面处理。

（4）护栏。立柱式栈道和部分斜撑式栈道可以在路面外缘设立护栏。护栏最好用直径 254mm 以上的镀锌钢管焊接制成，还可做成石护栏或钢筋混凝土护栏。作石护栏或钢筋混凝土护栏时，望柱、栏板的高度可分别为 900mm 和 700mm，望柱截面尺寸可为 120mm×120mm 或 150mm×150mm，栏板厚度可为 50mm。

四、汀步的类别与结构

1. 汀步的类别

汀步是用一些板块状材料按一定的间距铺装成的连续路面，板块材料可称为步石。这种路面具有简易、铺装灵活、造价低、适应性强，且富有情趣，可作永久性园路，也可作临时性便道。按照步石平面形状特点和步石排列布置方式，可把汀步分为规则式和自然式两类，见表5-4。

表5-4 汀步的分类

类　型	特　点
规则式汀步	步石形状规则整齐，并常常按整齐的形式铺装成园路。步石的宽度一般为400~500mm，步石与步石之间的净距宜为50~150mm。在同一条汀步路上，步石的宽度规格及排列间距都应当统一。常见的规则式汀步有以下三种： 墩式汀步：步石成正方形或长方形的矮柱状，排列成直线形或按一定半径排列成规则的弧线形。这种汀步显得稳实，宜布置在浅水中作为过道 板式汀步：以预制的铺砌板整齐地铺设成间断连续式园路，主要用于旱地，如布置在草坪上、泥地上、砂地上等 荷叶汀步：一般用在庭园水池中，步石面板形状为规则的圆形，属规则式汀步，但步石的排列却要排列为自然式
自然式汀步	步石形状不规则，常为某种自然物的形状。步石的形状、大小可以不一致，布置与排列方式不能规则整齐，要自然错落地布置。步石之间的净距也可以不统一，可在50~200mm范围内变动。常见的自然式汀步主要有以下两种： 自然山石汀步：选顶面较平整的片状自然山石，宽度为300~600mm，按照左右错落、自然曲折的方式布置成汀步园路。在草坪上，步石的下部1/3~1/2应埋入土中。在浅水区中，步石下部稍浸入水中，底部一定要用石片刹垫稳实，并用水泥砂浆与基座山石结合牢固 仿自然树桩汀步：步石被塑造成顶面平整的树桩形状，树桩按自然式排列，有大有小，有宽有窄，有聚有散，错落有致。一般布置在草坡上尤其能与环境协调，也可以布置在水池中，但与环境的协调性不及在草坡和草坪上

2. 汀步的结构

（1）板式汀步。板式汀步的铺砌板平面形状可以是正方形、长方形、圆形、梯形、三角形等。梯形和三角形铺砌板主要用来相互组合，组成板面形状有变化的规则式汀步路面。铺砌板宽度和长度可根据设计确定，其厚度常设计为 80～120mm。板面可以用彩色水磨石来装饰，不同颜色的彩色水磨石铺路板能够铺装成彩色的路面。

（2）荷叶汀步。步石由圆形面板、支撑墩（柱）和基础三部分组成。圆形面板应设计 2～4 种尺寸规格，如直径为 450mm、600mm、750mm、900mm 等。采用 C20 细石混凝土预制面板，面板顶面可仿荷叶进行抹面装饰。抹面材料用白色水泥加绿色颜料调成浅果绿色，再加绿色细石子，按水磨石工艺抹面。抹面前要先用铜条嵌成荷叶叶脉状，抹面完成后一并磨平。为了防滑，顶面一定不能磨得太光。荷叶汀步的支柱可用混凝土柱，也可用石柱，其设计按一般矮柱处理。基础要牢固，至少应埋深 300mm，其底面直径不得小于汀步面板直径的 2/3。

（3）仿树桩汀步。用水泥砂浆砌砖石做成树桩的基本形状，表面再用 1：2.5 或 1：3 的有色水泥砂浆抹面并塑造树根与树皮形象。树桩顶面仿锯截状做成平整面，用仿本色的水泥砂浆抹面。待抹面层稍硬时，用刻刀刻划出一圈圈的年轮环纹，清扫干净后再调制深褐色水泥浆抹进刻纹中。待抹面层完全硬化之后，打磨平整，使年轮纹显现出来。

第四节　园路铺装设计

一、铺装要求与砖铺路面

1. 铺装要求

（1）广场内同一空间，园路同一走向，用一种式样的铺装较好。

（2）一种类型铺装内可用不同大小、材质和拼装方式的块料来组成，关键是什么铺装用在什么地方。

（3）块料的大小、形状，除了要与环境、空间相协调，还要适于自由曲折的线型铺砌，这是施工的关键；表面粗细适度，粗要可行儿童车、走高跟鞋，细不致雨天滑倒跌伤。块料尺寸模数要与路面宽度相协调；使用不同材质块料拼砌，色彩、质感、形状等对比要强烈。

（4）块料路面的边缘要加固，损坏往往从这里开始。

（5）侧石问题。园路是否放侧石，各有己见，一般要依实际情况而定。

①看使用清扫机械是否需要有靠边。

②所使用砌块拼砌后，边缘是否整齐。

③侧石是否可起到加固园路边缘的作用。

④最重要的是园路两侧绿地是否高出路面，在绿化尚未成型时，须以侧石防止水土冲刷。

（6）宜多采用自然材质块料。接近自然，朴实无华，价廉物美，经久耐用。旧料、废料略经加工也可利用。

2. 砖铺路面

园林铺地多用青砖，风格朴素淡雅，施工简便，可以拼凑成各种图案，以席纹和同心圆弧放射式排列为多，如图 5-16 所示。砖铺地适用于庭院和古建筑物附近。因其耐磨性差，容易吸水，适用于冰冻不严重和排水良好之处；坡度较大和阴湿地段因易生青苔而行走不便故不宜采用。目前采用彩色水泥仿砖铺地，效果较好。

大青方砖规格为 500mm×500mm×100mm，平整、庄重、大方，多用于古典庭园。

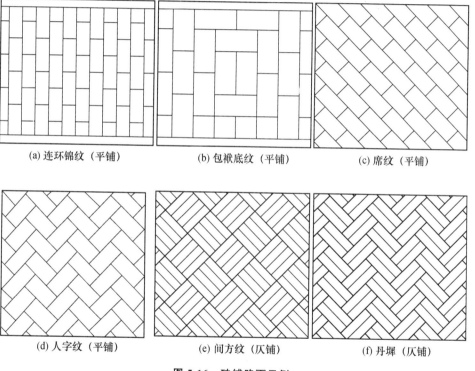

(a) 连环锦纹（平铺）　　(b) 包袱底纹（平铺）　　(c) 席纹（平铺）

(d) 人字纹（平铺）　　(e) 间方纹（仄铺）　　(f) 丹墀（仄铺）

图 5-16　砖铺路面示例

二、冰纹路面与嵌草路面

1. 冰纹路面

冰纹路面如图 5-17 所示。

2. 嵌草路面

（1）常见的嵌草路面如图 5-18 和图 5-19 所示。

(a) 块石冰纹

(b) 水泥仿冰纹

图 5-17 冰纹路面

图 5-18 仿木纹混凝土嵌草路

图5-19 梅花形纹混凝土嵌草路

（2）路面施工要点。

①放线。按路面设计的中心线，在地面上每隔 20～50m 钉一中心桩；弯道平曲线上应在曲头、曲中和曲尾各钉一中心桩。园路多呈自由曲线，应加密中心桩。并在各中心桩上标明桩号，再以中心桩为准，根据路面宽度及弯道加宽值定边桩，最后放出路面的平曲线。

②挖路槽。按路面的设计宽度，在路基的每侧放出 20cm 挖槽（放出 20cm 用于填筑路肩），路槽深度等于路面各层的厚度，槽底的横坡应与路面设计横坡一致。路槽挖好后，在槽底上洒水湿润后夯实。园路一般用蛙式夯夯压 2～3 遍即可，路槽整平度允许误差不大于 2cm。

③铺筑基层。根据设计要求准备基层材料并掌握其可松性。

④铺筑结合层。当园路采用块料路面时，需设置路面层与基层结合。

⑤铺筑面层。块料面层铺筑时应安平放稳，注意保护边角。

⑥道牙安装。有道牙的路面，道牙的基础应与路床同时挖填碾压，以保证密度均匀，具有整体性。

⑦构筑排水。对于先期的雨水口，园路施工（尤其是机具压实或车辆通行）时应注意保护。

三、碎料路面与块料路面

1. 碎料路面

（1）概念。碎料路面是指用碎石、卵石、瓦片、碎瓷等碎料拼成的路面，如图 5-20 和图 5-21 所示。

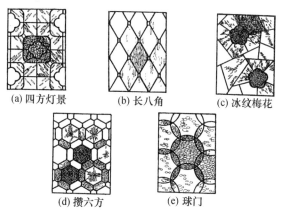

(a) 四方灯景　　(b) 长八角　　(c) 冰纹梅花

(d) 攒六方　　(e) 球门

图 5-20　碎料路面（一）

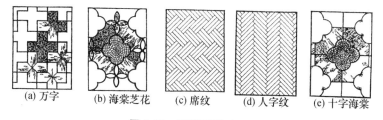

(a) 万字　　(b) 海棠芝花　　(c) 席纹　　(d) 人字纹　　(e) 十字海棠

图 5-21　碎料路面（二）

碎料路面示例如图 5-22 和图 5-23 所示。

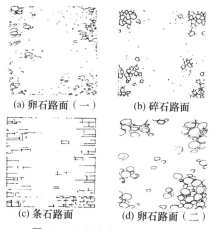

(a) 卵石路面（一）　　(b) 碎石路面

(c) 条石路面　　(d) 卵石路面（二）

图 5-22　碎料路面示例（一）

图 5-23 碎料路面示例（二）

（2）汀石。它是在水中设置步石，使游人可以平水而过，汀石适用于窄而浅的水面，如在小溪、涧、滩等地。为了游人的安全，石墩不宜过小，距离不宜过大，一般数量也不宜过多。桂林芦笛岩水榭前的一组荷叶汀步，与水榭建筑风格统一，比例适度，疏密相间，色彩为淡绿色，用混凝土制成，直径 1.5～3m 不等。在远山倒影的陪衬下，一片片荷叶紧贴水面，大大地丰富了人们游览的情趣，如图 5-24 和图 5-25 所示。

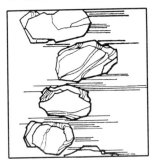

图 5-24 块石汀石

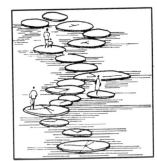

图 5-25 荷叶汀石

（3）步石。在自然式草地或建筑附近的小块绿地上，可以用一至数块天然石块或预制成圆形、树桩形、木纹板形等的铺块自由组合于草地之中。一般步石的数量不宜过多，块体不宜太小，两块相邻块体的中心距离应考虑人的跨越能力和不等距变化。这种步石易与自然环境协调，能取得轻松活泼的效果，如图 5-26 和图 5-27 所示。

图 5-26 仿树桩步石

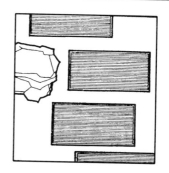

图 5-27 条纹步石

2. 块料路面

以大方砖、块石和制成各种花纹图案的预制水泥混凝土砖等筑成的路面,如图 5-28～图 5-36 所示。

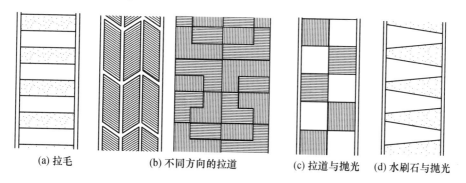

(a) 拉毛　　　(b) 不同方向的拉道　　　(c) 拉道与抛光　(d) 水刷石与抛光

图 5-28 块料路面的光影效果

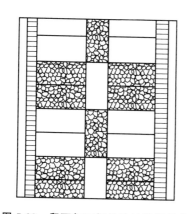

图 5-29 卵石与石板拼纹的块料铺装

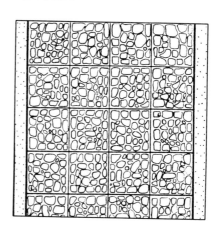

图 5-30 预制仿卵石磨平块料路

图 5-31　预制莲纹铺地

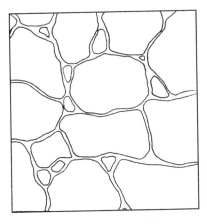

图 5-32　自然石板铺地

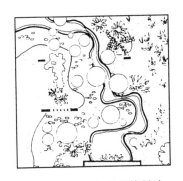

图 5-33　卵石与预制块料路

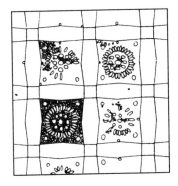

图 5-34　卵石块料拼纹路

图 5-35　卵石与砖拼纹路

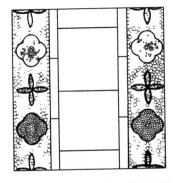

图 5-36　卵石、瓦片、砖拼纹路

四、乱石路与混凝土预制块铺路

1. 乱石铺路

乱石路是用天然块石大小相间铺筑的路面，采用水泥砂浆勾缝。石缝曲折自然，表面粗糙，具有粗犷、朴素、自然质感，如图 5-37 所示。冰纹路、乱石路也可用彩色水泥勾缝，增加色彩变化。

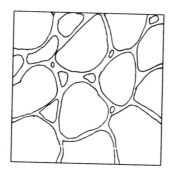

图 5-37　乱石路

2. 混凝土预制块铺路

预制混凝土方砖路是用预先模制成的混凝土方砖铺砌的路面，形状多变，图案丰富（如各种几何图形、花卉、木纹、仿生图案等）。也可添加无机矿物颜料制成彩色混凝土砖，色彩艳丽。路面平整、坚固、耐久，适用于园林中的广场和规则式路段上，也可做成半铺装留缝嵌草路面，如图 5-38 所示。

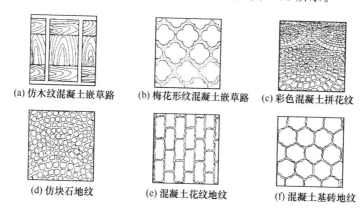

(a) 仿木纹混凝土嵌草路　　(b) 梅花形纹混凝土嵌草路　　(c) 彩色混凝土拼花纹

(d) 仿块石地纹　　(e) 混凝土花纹地纹　　(f) 混凝土基砖地纹

图 5-38　预制混凝土方砖路

第五节　园林广场的规划设计

一、园林广场的分类

1. 交通集散广场

它是主要园路的交叉口、出入口的放大。由点到面，以供游人集散。园林出入口的广场是主要园路的起点，因此，要处理好各种车辆的通行及停放，各类人员的出入停留。在艺术布局上要精心设计，巧于安排。大门建筑风格要与城市的整体风格、园林性质、内容相一致，建筑的体量要与周围的空间相协调。大门口的装饰性布置（花坛、草坪、雕塑、山石、树木、园灯和地面装饰等）要根据不同的艺术特点，精心安排和组织，使其既富于变化又协调美观并能充分反映该园的性质、特点和独特风貌。

在规划布局上，园林出入口广场的布置可采用先抑后扬或开门见山的方式。

主要园林建筑，如展厅、音乐茶座等场地的大小、形状，除考虑游人参观路线、休息停留的集散功能外，还要考虑场地与建筑的协调布局。场地中的景物（雕塑、纪念碑、喷泉等）布局既要与整体风格相协调，又要为较好的视觉条件留出相应的视距，以不同的方位、距离进行观赏。

2. 游憩活动广场

游憩活动广场应根据不同内容、不同要求进行布置，做到美观适用、各具特色。如打拳做操，应安排在离出入口处不远，空气新鲜，地面平整，并布置一定数量的长椅。集体活动则要布置在场地开阔、阳光充足、风景优美的草坪上。青少年活动则多布置在疏林草地。其他供游人休息散步、赏景拍照的场地则可以布置在有风景可赏的地方。并设亭、廊、花架、雕塑、花坛、假山、喷泉、园椅、园灯、小树丛等，供人们长时间地逗留休息。

3. 园务活动广场

园务活动广场既应与园务管理专用出入口、苗圃等地之间具有联系，又要与园林主要景观保持一定的距离，相对独立。最好能设障景，如树丛、竹林等。

二、园林广场绿地设计原则与树种选择原则

1. 广场绿地设计原则

（1）广场绿地布局应与城市广场总体布局统一，成为广场的有机组成部分，更好地发挥其主要功能，符合其主要性质要求。

（2）广场绿地的功能与广场内各功能区相一致，更好地配合该区功能的实现。

（3）广场绿地规划应具有清晰的空间层次，独立形成或配合广场周边建筑、地形等形成良好、多元、优美的广场空间体系。

（4）应考虑到与该城市绿化总体风格协调一致，结合地理区位特征，物种选择应符合植物区系规律，突出地方特色。

（5）结合城市广场环境和广场的竖向特点，以提高环境质量和改善小气候为目的，协调好风向、交通、人流等诸多元素。

（6）对城市广场场址上的原有大树应加强保护，保留原有大树有利于广场景观的形成，有利于体现对自然、历史的尊重，有利于对广场场所感的认同。

2. 广场树种选择的原则

（1）广场的土壤与环境。

①土壤。

②空气。

③光照和温度。

④空中、地下设施等。

（2）选择树种的原则。

①冠幅大，枝叶密。

②耐瘠薄土壤。

③具深根性。

④耐修剪。

⑤抗病虫害与污染。

⑥落果少或无飞毛。

⑦发芽早、落叶晚。

⑧耐寒、耐旱。

⑨寿命长。

（3）广场树种选择调查研究。

①调查研究本地区自然分布的树种，从而可以选择树种的范围。

②了解在本地区以外边缘地带生长的树种或是与本地区自然条件相似的其他国家、其他地区生长的树种，以便引种。

③整理和鉴定本地区的杂交种。

④观察城市内生长的树种情况。

三、城市广场规划设计的成果

1. 规划设计说明书

（1）方案特色（提炼为几句话，用黑体字强调）。

（2）现状条件分析（包括区域位置、用地规模、地形特色、现状建筑物和构筑物、周边道路交通状况、相邻地段建设内容及规模）。

（3）自然和人文背景分析。

（4）规划原则和总体构思（包括建设目标、指导思想、规划原则、总体构思）。

（5）用地布局（包括不同用地功能区主要建设内容和规模）。

（6）空间组织和景观设计（包括不同功能所要求的不同尺度空间的组织、不同空间的景观设计）。

（7）道路交通规划（包括道路等级、道路编号表、地上机动车流、地上人流、地上人流聚散场地、地上机动车和非机动车停车位、地下机动车流、地下商业停车等建筑位置及垂直交通位置、消防车道）。

（8）绿地系统规划（包括不同性质绿地，如草地、自然林地、疏林草地、林下广场、人工水体、自然水体、屋顶绿地等的组织）。

（9）种植设计（包括种植意向、苗木选择）。

（10）夜景灯光效果设计（包括设计意向、照明形式）。

（11）主要建筑物和构筑物设计（包括地上地下建筑功能及平面、立面、剖面说明，主要构筑物如雕塑、通风口、垂直交通出入口等）。

（12）各项专业工程规划及管网综合（包括给水排水、电力电信、热力燃气等）。

（13）竖向规划（包括地形塑造、高差处理、土方平衡表）。

（14）主要技术经济指标，一般应包括以下各项内容。

①总用地面积。

②总绿地面积、分项绿地面积（包括自然水体、人工水体、疏林草地、屋顶绿地、绿化停车场绿地、林荫硬地）、道路面积、铺装面积。

③总建筑面积、分项建筑面积（包括地下建筑面积、地上建筑面积等）。

④容积率、绿地率、建筑密度。

⑤地上地下机动车停车数、非机动车停车数。

（15）工程量及投资估算。

2. 方案阶段图纸（彩图）

（1）规划地段位置图。标明规划地段在城市中的位置以及和周围地区的关系。

（2）规划地段现状图。图纸比例为 1∶500～1∶2000，标明自然地形地貌、道路、绿化、水体、工程管线及各类用地建筑的范围、性质、层数、质量等（包括现状照片）。

（3）场地适宜性分析图。通过对场地内外自然和人工要素的分析，标明各地块主要特征以及建设适宜性。

（4）广场规划总平面表现图。图纸比例 1∶300～1∶1000，图上应标明规划建筑、草地、林地、道路、铺装、水体、停车、重要景观小品、雕塑的位置、范围以及相对高度（通过阴影）；应标明主要空间、景观、建筑、道路的名称。

（5）广场与场地周边环境联系分析图。从交通、视线、轴线、空间等方面分析广场与周边环境的关系。

（6）景点分布及场地文脉分析图。标明主要景点位置、名称、景观构思以及场景原型。

（7）功能布局与空间特色分析图。标明不同尺度、不同功能、不同性质空间的位置和范围，表示出各个景点的位置和规模。

（8）景观感知分析图。分别表示出广场上宏观、中观和微观三个不同尺度上的景观感知范围。

（9）广场场地及小品设施分布图。图纸比例自定，标明广场上硬地铺装、绿地、水体的范围；景观小品（含标志、灯具、坐椅、雕塑等）、服务性设施、垂直交通井、公共厕所、地下建筑出入口及通风口位置；地下建筑范围。

（10）广场夜间灯光效果设计图。图纸比例自定，标明广场上各种照明形式的布置情况、灯光色彩、照度等。

（11）道路交通规划图。图纸比例1：500～1：1000，图上应标明道路的红线位置、横断面，道路交叉点坐标、标高、坡向坡度、长度、停车场用地界线。

（12）交通流线分析图。标明地面地下人流车流、空中人流车流、地上地下机动车非机动车停车位置范围、地下车库人车出入口、地下建筑位置及出入口、各级聚散地范围。

（13）种植设计图。图纸比例1：300～1：500，标明植物种类、种植数量及规格，附苗木种植表。

（14）绿地系统分析图。标明各类绿地的位置、范围和关系。

（15）竖向规划图。图纸比例1：500～1：1000，标明不同高度地块的范围、相对标高以及高差处理方式。

（16）广场纵、横断面图。图纸比例1：300～1：500，应反映出广场的尺度比例、高差变化、地面地下空间利用、周边道路、乔木绿化等，标明重要标高点。

（17）主要街景立面图。图纸比例1：300～1：500，标明沿街建筑高度、色彩、主要构筑物高度。

（18）广场内主要建筑物和构筑物方案图。主要建筑地面层平面，地下建筑负一层平面，主要构筑物平、立、剖面图。

（19）综合管网规划图。图纸比例1：500～1：1000。

（20）表达设计意图的效果图或图片。一般应包括总体鸟瞰图，夜景效果图，重要景点效果图，特色景点效果图，反映设计意图的局部放大平、立、剖面图及相关图片、重要建筑物和构筑物效果图。

3. 成果递交图纸

（1）规划地段位置图。标明规划地段在城市中的位置以及和周围地区的关系。

（2）规划地段现状图。图纸比例为1：500～1：2000，标明自然地形地貌、道路、绿化、水体、工程管线及各类用地建筑的范围、性质、层数、质量等。

（3）广场规划总平面图。图纸比例1：300～1：1000，图上应标明规划建筑、草地、林地、道路、铺装、水体、停车、重要景观小品、雕塑的位置、范围；应标明主要空间、景观、建筑、道路的尺寸和名称。

（4）道路交通规划图。图纸比例1：500～1：1000，图上应标明道路的红线位置、横断面，道路交叉点坐标、标高、坡向坡度、长度、停车场用地界线。

（5）竖向规划图。图纸比例1：500～1：1000，标明不同高度地块的范围、相对标高以及高差处理方式。

（6）种植设计图。图纸比例1：300～1：500，标明植物种类、种植数量及规格，附苗木种植表。

（7）综合管网规划图。图纸比例1：500～1：1000。

（8）广场小品设施分布图。图纸比例1：300～1：1000，标明景观小品（含标志、灯具、坐椅、雕塑等）、服务性设施、垂直交通井、公共厕所、通风口名称及位置；地下建筑范围。

（9）广场纵、横断面图。图纸比例1：300～1：500，应反映出广场的尺度比例、高差变化、地面地下空间利用、周边道路、乔木绿化等，标明重要标高点。

（10）主要街景立面图。图纸比例1：300～1：500，标明沿街建筑高度、色彩、主要构筑物高度。

（11）广场内主要建筑物和构筑物方案图。主要建筑地面层平面、地下建筑负一层平面、主要构筑物平立剖面图。

4. 模型

（1）总体模型比例为1：300～1：600，重要局部模型比例为1：50～1：300。

（2）总体模型应能反映出广场内各个空间的尺度关系、重要高差处理、绿地水体硬地等不同性质基面、绿化围合关系、广场与周边道路建筑环境的关系；局部模型应能反映出质感、动感、空间尺度比例等。

第 六 章

园林绿化种植设计

第一节 绿化种植设计概述

一、乔灌木种植设计

1. 孤植

乔灌木种植

扫码观看本视频

乔木的孤立种植类型，孤植的树木称孤植树或孤立树，同一树种两三株紧密栽植在一起（株距不超过1.5m），远看和单株栽植的效果相同的也称孤植树。

孤植树的主要功能是构图艺术上的需要，常作为局部空旷地段的主景，也可庇荫。

孤植树主要表现植物的个体美，呈现挺拔繁茂、雄伟壮观的植物景观。

体形高大者，如银杏、悬铃木、国槐等，给人以雄伟、浑厚的感觉；轮廓清晰、端庄且富于变化；姿态优美，树枝具有丰富的线条，如雪松、南洋杉、合欢、垂柳、白桦、朴树、白皮松、黄山松、鸡爪槭等；开花繁密，色彩艳丽的树木，如凤凰木、木棉、梅花、木兰、海棠、樱花、碧桃、山楂、木瓜、紫薇等，开花时给人华丽、浓艳、绚丽缤纷的感觉；浓郁芳香，白兰、桂花、梅花给人以暗香浮动、沁人心脾的美感；苹果、山楂、柿树则有果实累累、丰收的喜悦；叶形或叶色奇特者，乌桕、枫香、黄栌、银杏、无患子、红叶李、鸡爪槭等有霜叶照明、秋光明静的艺术感染力。

孤植树是园林种植构图中的主景，因而四周要空旷，使树木能够向四周伸展。在孤植树的四周要安排最适观赏的视距。在树高的3～10倍距离内，不要有别的景物阻挡视线。常布置的地点有开阔的大草坪或山谷空地草地。以草地作背景，突出树木的姿态、色彩，并与周围的树群、景物取得均衡、呼应；开阔水边，如湖畔、河畔、江畔；以明朗的水色为背景，同时还可以使游人在树冠的庇荫下欣赏远景，如南方水边常见到的大榕树，北方桥头、岸边多见的大柳树；也可以在透视辽阔的高地、山岗、山坡、山顶上配置孤植树，一方面可供游人乘凉、眺望，另一方面，可以很好地丰富山岗、高地的天际线，如黄山的迎客松；在桥头、自然园路、河溪转弯处配置孤植树，使景观更具自然趣味；建筑院落或广场中心配置孤植树，使园林更富生命力。

作为丰富天际线以及种植在水边的孤植树，必须选用体形巨大、轮廓丰富、色彩与蓝天、绿水有对比的树种，如榕树、枫香、漆树、银杏、乌桕、白皮松、国槐等；小型林地、草地的中央，孤植树的体形应是小巧玲珑、色彩艳丽、线条优美的树种，如红叶李、玉兰、碧桃、梅花等；在背景为密林或草地的场合，最好应用花木或彩叶树为孤植树。姿态、线条色彩突出的孤植树，常作为自然式园林的诱导树、焦点树。如桥头、道路转弯等。与假山石相配的孤植树，应是原产我国盘曲苍古的传统树种，姿态、线条与透漏生奇的山石调和一致，如黑松、罗汉松、梅花、紫薇等。为尽快达到孤植树的景观效果，设计时应尽可能利用绿地中已有的成年大树或百年大树。

2. 对植

乔木和灌木以相互呼应的情态种植在构图轴线的两侧称对植。

（1）规则式。经常应用在规则式构图中，在园门、进出口的两侧，街道两旁的行道树是属于对称栽植的延续和发展。其最简单的形式是用两棵大小、形态相同的乔灌木栽植在构图中轴线两侧。树种统一，与对称轴线的垂直距离相等。

（2）自然式。多用在自然式园林进出口两侧以及桥头、石级蹬道、建筑物门口、河流进出口。非对称栽植时，同一树种的体形大小、姿态要有差异。与对称轴线的垂直距离，大单株的距离要近，小单株的距离要远。左右呼应，彼此取得动势均衡。

3. 行植

乔木和灌木按一定的株行距成行成排地种植称行植。

行植宜选用树冠形体比较整齐的树种，形成的景观整齐、单纯、气势宏大，行植具有施工、管理方便的优点。

4. 丛植

两株到十几株乔木或灌木成丛地种植在一起称丛植，丛植而成的集合体称树丛。

树丛在功能上除作为组成园林空间构图的骨架外，在园林中还常做主景，起到吸引游人视线、诱导方向、兼起对景作用。在古典园林中，树丛常与山石组合，设置在廊亭或房屋之角，起到装饰配景和障景的作用。树丛还可与孤植树一样，配置在草地的边缘，道路的两侧、水边、道路的交叉处。

几个树丛组合在一起，称为树丛组。道路可从丛间通过，用树丛组合成小空场或草地的半闭锁空间作为休息和娱乐的场所。树丛组也常设在林缘、山谷等地的入口处对植或成为夹景，起到了装饰作用。

（1）两株配合。要遵循矛盾统一、对比均衡的法则，使两株成为对立的统一。最好采用同一树种，或外形十分相似的两个树种。两株树的间距应小于两树冠径之和，过大就形成分离而不能成为一个和谐的统一整体了。

（2）三株配合。最好为同一树种或相似的两个树种，一般不采用三个树种。配置时树木的大小、姿态应有对比差异。同一树种，大单株和小单株为一组，中单株为另一组。两小组在动势上要有呼应，成为不可分割的一个整体。两种树木相配，最好同为常绿或落叶，同为乔木或灌木，小单株和大单株为一组，或大单株与中单株为一组，这样使两小组既有变化又有统一。

三株树的配合最忌将三株树栽在同一直线上，或栽成等边三角形。若大单株为一组，中小单株为一组，也显得过于呆板。

（3）四株配合。四株树的配合仍采用姿态、大小不同的同一树种，或最多为两个树种，最好同为乔木或灌木。按照 3：1 分组，大单株和小单株都不能单独成为一组。最基本的平面形式为不等边四边形或不等边三角形。

（4）五株树丛组合。可以是一个树种或两个树种，分成 3：2 或 4：1，若为两个树种，其中一组为两株或三株，分在两个组内，三株一组的组合原则与三株树丛的组合相同，两株一组的组合原则与两株树丛的组合相同。但是两组之间的距离不能太远，彼此之间要有呼应和均衡感。平面布置可以是不等边三角形，不等边四边形，或不等边五边形。

（5）六株以上的配合。六株以上的配合实际上就是二株、三株、四株、五株配合的几个基本形式的相互组合。

5. 群植

由 20～30 株以上的乔灌木混合栽植的群体。树群与树丛的不同点在于植株数量多，种植面积大，所表现的是群体美，对单株要求不严格。树群的规模不可过大，一般长度不大于 60m，长宽比不大于 3：1，树种不宜过多。树群常与树丛共同组成园林的骨架，布置在林缘、草地、水滨、小岛等地成为主景。

（1）单纯树群。由同一种树木组成，林下常用阴生多年生花卉做地被植物。

（2）混交树群。由大小乔、灌木和多年生花卉组合而成。混交树群在外貌上要有季相变化，有春花、秋实、夏茂、冬绿四季景观变化。树群内部的组合必须符合生态要求。东、南、西三面为阳性树木，北面和乔木的下方是阴生或半阴生树木，林下是阴生多年生花卉。从观赏的角度讲，常绿树在中央做背景，落叶树在外缘，叶、花艳丽的在景观的最外层。整个树群高低参差，林冠线起伏错落，水平轮廓有丰富的曲折变化。

6. 绿篱

（1）依形式分。

①不加人工修剪的自然式。

②人工修剪整形的规则式。

（2）依观赏特性分。

①绿篱。

②花篱。

③果篱。

④刺篱。

（3）依绿篱的高度分。

①高篱（1.5m以上）。

②中篱（1m左右）。

③矮篱（1m以下）。

植物材料绿篱植物应具有分枝强、枝繁叶茂、花果艳丽、经久不凋等特点。适用作绿篱的植物有很多，如大叶黄杨、女贞、侧柏、千头柏、海桐、小叶女贞、蔷薇、木槿、金钟、凤尾竹等。

二、花卉种植设计

1. 花坛与花镜

（1）花坛类型。

①花丛式。利用高低不同的花卉植物，配置成立体的花丛，以花卉本身或者群体的色彩为主题，当花卉盛开的时候，有层次有节奏地表现出花卉本身群体的色彩效果。花丛式花坛的植物主要以草花为主，要求开花繁茂、花期一致、花期较长、花色艳丽、花序分布成水平展开，开花时枝叶全为花序所掩盖。一般都采用观赏价值较高的一二年生花卉，如三色堇、金盏菊、鸡冠花、一串红、半支莲、雏菊、翠菊等。花丛式花坛外形可以丰富，但内部种植应力求简洁。

②模纹式。用不同色彩的观叶植物和花叶兼美的花卉植物，互相对比所组成的各种华丽复杂的图案、纹样、文字、肖像是模纹花坛所表现的主题。模纹花坛所选用的花卉植物，要求细而密、繁而短、萌发性强、极耐修剪、植株短小的观叶植物，一般常用雀舌黄杨、五色苋、石莲花、景天、四季海棠等。模纹花坛外形简单但内部纹样应该丰富。

（2）花境的布置和设计。建筑物的墙基也可称之为基础栽植。以墙面为背景的单面观赏花境其色彩、植株的高度均应与建筑取得协调。当建筑的高度不超过4～6层的时候，在建筑物与道路之间的空地上，用花境作为基础栽植，可以缓和建筑与地面形成夹角的强烈对比。当超过6层以上时，花境起不到以上作用。同时花境与建筑的高度对比悬殊，在装饰上也不相称。

以植篱、树墙为背景，花境可以装饰植篱和树墙单调的立面基部，二者交相辉映。

在交通道路布置中，花境的装饰性是从属于道路的。在公园花路的布置上，以花境的观赏性为主。

花架、绿廊、游廊的布置与花境配合可以大大提高园林的风景效果。

花境的平面设计与花坛的设计相同。花境的种植施工图一般不需要立面图，只需要平面图，比例为1：40～1：50，在平面图上把花卉所占的位置用线条圈起来，标出名称、数量，或直接写上学名。

（3）花境植物的选择。花境植物应该是花期长、花叶兼美、管理简易、适应性强、能够露天越冬的多年生花卉。因此，所有的宿根花卉、球根花卉、花灌木都可以作为花境的种植材料。花境所表现的是植物群落的水平和垂直综合的自然景观。

花期配合。要求四季美观，能不必经常更换而持续开花，随不同季节交替变化。

体形配合。使不同大小、高矮、形态互相参差，形成一定的变化，杂而不乱。花境的花卉植物通常是5～6种或10多种自然混合而成。

色彩配合。植物间的色彩配合要有主次。植物与背景的色彩配合应有对比协调。

2. 花台、花丛、花群、花池

（1）花台。花台的形式因环境、风格而异。有盆景式，即以松、竹、梅、杜鹃、牡丹等传统植物为主，配饰以山石、小草，着重于花卉的姿态、风韵，不追求色彩的华丽。花坛式，以栽植草花做整形式布置，多选择株形较矮，繁密匍匐或枝叶下垂于台壁的花卉，如芍药、萱草、玉簪、鸢尾、兰花、天门冬、玉带草、牡丹、杜鹃、迎春等。因花台面积较小，一般只种1～4种花。

（2）花丛。几株至十几株花卉成丛栽植在一起称为花丛。花丛在园林绿地中应用极为广泛。它可以布置在大树脚下、岩石旁、小溪边、自然式的草坪中和悬崖上。花丛所表现的不仅在于它的色彩美，而且还有它的姿态美。适合作花丛的植物有多年生宿根花卉、球根花卉、花灌木、藤木等很多，如小菊、芍药、荷包牡丹、鸢尾、石竹、百合、萱草等。

（3）花群。花群是由几十株乃至几百株花卉种植在一起，形成一群。花群可以布置在林缘、自然式的草地内、草地边缘、水边或山坡上。

（4）花地。花地所占的面积更大，远远超过花群，所形成的景色十分壮观。在风景园林中常布置在坡地上、林缘、林中空地以及疏林草地内。

三、垂直绿化

1. 垂直绿化的形式

（1）立面式（方栅式）。成行种植攀缘植物，形成直立的绿化立面，如常见的墙壁、方栅栏、竹篱、阳台等。

（2）棚架式。利用攀缘植物造成水平和垂直的绿面，如房前屋后的豆棚瓜架，这种形式绿荫效果好，便于人们活动、休息。

（3）绿廊式。沿屋檐、道路搭棚架、立支柱栽植攀缘植物，使绿化棚架构成绿廊，廊下人行活动。

2. 植物材料

用于垂直绿化的植物材料，应具备攀附能力强、适应性强、管理粗放、花叶繁茂等特点。

（1）缠绕类。茎干本身螺旋状缠绕上升，如金银花、五味子、紫藤、牵牛花、蛇葡萄、三叶木通、猕猴桃。

（2）攀附类。借助于感应器官变态的叶、叶柄、卷须、枝条等攀缘生长，如爬山虎、常春藤、凌霄、葡萄等。

（3）钩刺类。变态的钩刺附属其他物体帮助上升，如木香、蔷薇等。

四、草坪种植设计

1. 草坪的分类

（1）按用途分类。

草坪种植

扫码观看本视频

①观赏草坪。以观赏为主要目的，封闭管理，不许游人进入。要求茎叶细、观赏价值高，观赏期长。

②游息草坪。供游人游息、散步、小型体育锻炼的场所。面积较大，分布于大片平坦或山丘起伏的地段、树丛、树群之间。要求草坪耐践踏、茎叶不易污染。

③体育运动草坪。供足球、网球、高尔夫球等运动的场地。要求耐践踏、表面平整，草高在4～6cm，并有均匀的弹性。

④疏林草坪。在森林公园、风景区等地稀疏乔木林下布置的草坪。

⑤防护性草坪。在坡地、岸边、公路旁为防止水土流失而铺设的草坪。

⑥飞机场草坪。用于机场的水土保持及明确标志。

⑦牧草地多设在大型风景区、森林公园，为食草动物的基地。

（2）按植物组合分类。

①单纯草坪。以一种草种组成的草坪，要求叶丛低矮、稠密、叶色整齐美观。但养护管理要求精细，花费人工较多。

②混合草坪。两种以上草种混合而成，可优势互补，能延长草坪的绿色期，提高草坪的使用效率和功能。

③缀花草坪。混种有花丛的草坪，花丛一般不超过草坪总面积的1/3。缀花草坪主要用于观赏草坪、疏林草坪、游息草坪和防护性草坪。

（3）按规划布置分类。

①自然式草坪。平面构图为曲线，充分利用自然地形的起伏，造成具有开朗或闭锁的原野草地风光。多用于游息草坪和疏林草坪，再适当点缀一些树丛、树群、孤植树类，即可增加景色变化，又可减少草坪枯黄季的单调感和分割空间。

②规则式草坪。在外形上具有整齐的几何轮廓，平面构图为直线，一般多用于规则式的园林中，或做花坛、道路的边饰物，布置在雕像、纪念碑、建筑物的周围起衬托作用。地形平坦，多用于观赏草坪。

2. 草坪草种的选择

（1）草坪植物的特性。

①耐践踏性。指单位面积内，每天最多允许践踏的次数。在适度践踏的情况下，草的节间变短，高度减低，草的干物质质量和鲜草的质量增加，分蘖增加，叶片数增加，匍匐枝、根的数量增加。草皮变的低矮、致密、厚实。但如果踏压过度，则草坪就会受到破坏。

②抗性。指草坪的抗旱性、抗寒性、耐热性、抗裂性等，指维持草种正常生长所能忍受的最高、最低温度和草坪草种观赏价值与自身群体生命力之间的关系。

③绿色期。绿色期是北方园林比较关心的问题，关系到草坪的观赏特性和观赏期。

（2）草种的选择。

①冷地型草种。主要分布在寒温带、温带及暖温带地区。生长发育的最适温度为 15～24℃，其主要特征是耐寒冷，喜湿润冷凉的气候，抗热性差，春、秋两季生长旺盛，夏季生长缓慢，呈半休眠状态。生长主要受季节炎热强度和持续时间以及干旱环境的影响。这类草种茎叶幼嫩时抗热、抗寒能力比较强，可通过修剪、浇水来提高草种适应环境的能力。常见的有草地早熟禾、小羊胡子草、匍匐剪股颖等。

②暖地型草种。主要分布在热带、亚热带地区，生长适宜温度为 26～32℃，其主要特征为早春开始返青复苏，入夏后生长旺盛，霜降后，茎叶枯萎退绿，具有耐寒性差。常见的有结缕草、中华结缕草、细叶结缕草、野牛草、狗牙根等。

五、城市园林绿化植物的选择

城市园林绿化树种的选择原则如下。

（1）以乡土树种为主。由于生态因素的地域差别，不同的城市以及城市的不同地区，适于用作园林绿化的植物是不同的。

（2）抗性强的植物优先选择。

（3）速生与慢生树种相结合。

（4）常绿和落叶植物结合，针叶和阔叶树结合。

（5）与园林绿地的功能相适应。

如行道树的选择应该注重考虑以下特点：

①适应多种土壤，耐干旱、耐瘠薄，抗污染性强，病虫害少。

②易繁殖，易移栽，耐修剪，寿命长，不易萌发根蘗。

③出芽早，落叶晚，绿化展叶期长。

④落果少，不飞絮，无异香恶臭，不妨碍街道环境卫生。

⑤枝繁叶茂，冠幅较大。

⑥树形、叶形美观。

（6）尽可能具有一定经济价值。

（7）注重植物的生物学与生态学特性。

第二节　公园种植设计

一、一般规定

（1）公园的绿化用地应全部用绿色植物覆盖。

（2）种植设计应以公园总体设计对植物组群类型及分布的要求为根据。

（3）植物种类的选择应符合下列规定。

①适应栽植地段立地条件的当地适生种类。

②林下植物应具有耐阴性，其根系发展不得影响乔木根系的生长。

③垂直绿化的攀缘植物依照墙体附着情况确定。

④具有相应抗性的种类。

⑤适应栽植地养护管理条件。

⑥改善栽植地条件后可以正常生长的、具有特殊意义的种类。

（4）绿化用地的栽植土壤应符合下列规定。

①栽植土层厚度符合相关的数值，且无大面积不透水层。

②废弃物污染程度不会影响植物的正常生长。

③酸碱度适宜。

④物理性质符合表 6-1 的规定。

表 6-1　土壤物理性质指标

指　标	土层深度范围（cm）	
	0～30	30～110
质量密度/（g/cm³）	1.17～1.45	1.17～1.45
总孔隙度（%）	>45	45～52
非毛管孔隙度（%）	>10	10～20

⑤凡栽植土壤不符合以上要求必须进行土壤改良。

（5）铺装场地内的树木其成年期的根系伸展范围，应采用透气性铺装。根系伸展范围以成年树所需为定，现行采用的透气性铺装有透气性铺装块，有孔洞的预制混凝土砖及干砌材料等。

（6）公园的灌溉设施应根据气候特点、地形、土质、植物配置和管理条件设置。

（7）乔木、灌木与各种建筑物、构筑物及各种地下管线的距离，应符合表 2-19 和表 2-20 的规定。

（8）苗木控制应符合下列规定。

①规定苗木的种名、规格和质量。

②根据苗木生长速度提出近、远期不同的景观要求，重要地段应兼顾近、远期景观，并提出过渡的措施。

③预测疏伐或间移的时期。鉴于园林植物从设计定植到长成预想的效果需要较长的时间。在景观及功能上，不同规格、质量的苗木发挥的作用差别很大。

（9）郁闭度控制。

①风景林地应符合表 6-2 的规定。

表 6-2　风景林郁闭度

类　型	开放当年标准	成年时期标准
密林	0.3～0.7	0.7～1.0
疏林	0.1～0.4	0.4～0.6
疏林草地	0.07～0.20	0.1～0.3

②风景林中各观赏单元应另行计算，丛植、群植近期郁闭度应大于 0.5；带植近期郁闭度宜大于 0.6。

（10）观赏特征控制。

①孤植树、树丛。选择观赏特征突出的树种，并确定其规格、分枝点高度、姿态等要求；与周围环境或树木之间应留有明显的空间；提出有特殊要求的养护管理方法。

②树群。群内各层应能显露出其特征部分。

（11）视距控制。

①孤立树、树丛和树群至少有一处欣赏点，视距为观赏面宽度的 1.5 倍和高度的 2 倍。

②成片树林的观赏林缘线视距为林高的 2 倍以上。

（12）风景林郁闭度开放当年的标准。

（13）单行整形绿篱的地上生长空间尺度符合表 6-3 的规定，双行种植时，其宽度按表 6-3 规定的值增加 0.3～0.5m。

表 6-3　各类单行绿篱空间尺度　　　　　　　　　　（单位：m）

类　型	地上空间高度	地上空间宽度
树　墙	>1.60	>1.50
高绿篱	1.20～1.60	1.20～2.00
中绿篱	0.50～1.20	0.80～1.50
矮绿篱	0.50	0.30～0.50

二、集中场所及展览区的要求

1. 游人集中场所

（1）游人集中场所的植物选用应符合下列规定。

①在游人活动范围内宜选用大规格苗木。

②严禁选用危及游人生命安全的有毒植物。

③不应选用在游人正常活动范围内枝叶有硬刺或枝叶形状呈尖硬剑、刺状以及有浆果或分泌物坠地的种类。

④不宜选用有挥发物或花粉能引起明显过敏反应的种类。

（2）集散场地种植设计的布置方式应考虑交通安全视距和人流通行，场地内的树木枝下净空应大于 2.2m。

（3）儿童游戏场的植物选用应符合下列规定。

①乔木宜选用高大荫浓的种类，夏季庇荫面积应大于游戏活动范围的 50%；乔木选用高大荫浓的树种，目的为减少儿童攀爬的可能性和加强绿化效果。

②活动范围内灌木宜选用萌发力强、直立生长的中高型种类，树木枝下净空应大于 1.8m。

（4）露天演出场观众席范围内不应布置阻碍视线的植物，观众席铺栽草坪应选用耐践踏的种类。

（5）停车场的种植应符合下列规定。

①树木间距应满足车位、通道、转弯、回车半径的要求。

②庇荫乔木枝下净空的标准。

大、中型汽车停车场：大于 4.0m；小汽车停车场：大于 2.5m；自行车停车场：大于 2.2m。

③场内种植池宽度应大于 1.5m，并应设置保护设施。

（6）成人活动场的种植应符合下列规定。

①宜选用高大乔木，枝下净空不低于 2.2m。

②夏季乔木庇荫面积宜大于活动范围的 50%。

（7）园路两侧的植物种植。

①通行机动车辆的园路，车辆通行范围内不得有低于 4.0m 高度的枝条。

②方便残疾人使用的园路边缘种植的应符合下列规定。

不宜选用硬质叶片的丛生型植物；路面范围内，乔、灌木枝下净空不得低于 2.2m；乔木种植点距路缘应大于 0.5m。

2. 动物展览区

（1）动物展览区的种植设计，应符合下列规定。

①有利于创造动物的良好生活环境。

②不致于造成动物逃离。

③创造有特色的植物景观和游人参观休憩的良好环境。

④有利于卫生防护隔离。

⑤创造良好的生活环境，如遮阴、防风沙、隔离不同动物间的视线等。

⑥在攀缘能力较强的动物运动场内植树，要防止动物沿树木攀登逃跑。

⑦创造原动物生长地的植物景观和为游人欣赏动物创造良好的视线、背景、遮阴条件等。

⑧隔离某些动物发出的噪声和异味，以免影响附近环境。

（2）动物展览区的植物种类选择应符合下列规定。

①有利于模拟动物原产区的自然景观。

②动物运动范围内应种植对动物无毒、无刺、萌发力强、病虫害少的种类。

（3）在笼舍、动物运动场内种植植物，应同时提出保护植物的措施。

3. 植物园展览区

（1）植物园展览区的种植设计应将各类植物展览区的主题内容和植物引种驯化成果、科普教育、园林艺术相结合。

（2）展览区展示植物的种类选择应符合下列规定。

①对科普、科研具有重要价值。

②在城市绿化、美化功能等方面有特殊意义。

（3）展览区配合植物的种类选择应符合下列规定。

①能为展示种类提供局部良好的生态环境。

②能衬托展示种类的观赏特征或弥补其不足。

③具有满足游览需要的其他功能。

（4）展览区引入植物的种类应是本园繁育成功或在原始材料圃内生长时间较长、基本适应本地区环境条件者。

第三节　园林绿化规划设计

一、园林绿地的构图

1. 园林绿地构图的特点

（1）园林是一种立体空间艺术。

（2）园林绿地构图是综合的造型艺术。

（3）园林绿地构图受时间变化影响。

（4）园林绿地构图受地区自然条件的制约性很强。

2. 基本要求

（1）园林绿地构图应先确定主题思想，即"意在笔先"，还必须与园林绿地的实用功能相统一，要根据园林绿地的性质、功能用途确定其设施与形式。

（2）要根据工程技术、生物学要求和经济上的可能性进行构图。

（3）按照功能进行分区、各区要各得其所，景色分区要各有特色，化整为零，园中有园，互相提携又要多样统一，既分隔又联系，避免杂乱无章。

（4）各园都要有特点、有主题、有主景，要主次分明，主题突出，避免喧宾夺主。

（5）要根据地形地貌的特点，结合周围的景色环境，巧于因借，做到"虽由人做，宛如天开"，避免矫揉造作。

二、园林绿地构图的基本规律

1. 统一与变化

（1）对比与调和。对比、调和是艺术构图的一个重要手法，它是运用布局中的某一因素（如体量、色彩等）中，两种程度不同的差异，取得不同艺术效果的表现形式，或者说是利用人的错觉来互相衬托的表现手法。差异程度显著的表现称对比，能彼此对照，互相衬托，更加鲜明地突出各自的特点；差异程度较小的表现称为调和，使彼此和谐，互相联系，产生完整的效果。园林景色要在对比中求调和，在调和中求对比，使景观既丰富多彩、生动活泼，又突出主题，风格协调。对比的手法有形象的对比、体量的对比、方向的对比、开闭的对比、明暗的对比、虚实的对比、色彩的对比、质感的对比。

（2）韵律节奏。韵律节奏就是艺术表现中某一因素作有规律的重复，有组织的变化。重复是获得韵律的必要条件，只有简单的重复而缺乏有规律的变化会令人感到单调、枯燥，所以韵律节奏是园林艺术构图多样统一的重要手法之一。园林绿地构图的韵律节奏方法很多，常见的有简单韵律、交替韵律、渐变韵律、起伏曲折韵律、拟态韵律、交错韵律。

（3）主与从。

①组织轴线。主体位于主要轴线上，安排在中心位置或最突出的位置，从而分清主次。

②运用对比手法，互相衬托，突出主体。

（4）重点与一般。重点与一般常用的处理方法如下。

①以重点处理来突出表现园林功能和艺术内容的重要部分，使形式更有力地表达内容，如主要入口，重要的景观、道路和广场等。

②以重点处理来突出园林布局中的关键部分，如主要道路交叉转折处和结束部分等。

③以重点处理打破单调，加强变化或取得一定的装饰效果，如在大片草地、水面部分，在边缘或地形曲折起伏处做重点处理等。

（5）联系与分隔。

①园林景物的体形和空间组合的联系与分隔，主要决定于功能使用的要求，

以及建立在这个基础上的园林艺术布局的要求，为了取得联系的效果，常在有关的园林景物与空间之间安排一定的轴线和对应的关系，形成互为对景或呼应，利用园林中的树木种植、土丘、道路、台阶、挡土墙、水面、栏杆、桥、花架、廊、建筑门窗等作为联系与分隔的构件。

②立面景观的联系与分隔，是为了达到立面景观完整的目的。

2. 均衡与稳定

（1）均衡。

①对称均衡。对称均衡的布局常给人庄重严整的感觉，规则式的园林绿地采用较多，如纪念性园林，公共建筑的前庭绿化等，有时在某些园林局部也运用。

对称均衡小至行道树的两侧对称、花坛、雕塑、水池的布置，大至整个园林绿地建筑、道路的布局。对称均衡布局的景物常常过于呆板而不亲切。

②不对称均衡。在园林绿地的布局中，由于受功能、组成部分、地形等各种复杂条件制约，往往很难也没有必要做到绝对对称，在这种情况下常采用不对称均衡的手法。

不对称均衡的布置要综合衡量园林绿地构成要素的虚实、色彩、质感、疏密、线条、体形、数量等给人产生的体量感觉，切忌单纯考虑平面的构图。不对称均衡的布置小至树丛、散置山石、自然水池，大至整个园林绿地、风景区的布局，给人以轻松、自由、活泼变化的感觉。因此，广泛应用于一般游息性的自然式园林绿地中。

（2）稳定。

园林布局中稳定是指园林建筑、山石和园林植物等上下、大小所呈现的轻重感的关系而言。在园林布局上，往往在体量上采用下面大，向上逐渐缩小的方法来取得稳定、坚固感，如我国古典园林中的塔和阁；另外在园林建筑和山石处理上也常利用材料、质地不同的质感来获得稳定感，如在建筑的基部墙面多用粗石和深色的表面来处理，而上层部分采用较光滑或色彩较浅的材料，在土山带石的土丘上，也往往把山石设置在山麓部分而给人以稳定感。

3. 比拟联想、比例与尺度

（1）比拟联想的方法。

①概括名山大川的气质，模拟自然山水风景，创造"咫尺山林"的意境，使人有"真山真水"的感受，联想到名山大川、天然胜地。

②运用植物的姿态、特征，给人以不同的感染，产生比拟联想。如松、竹、梅有"岁寒三友"之称，梅、兰、竹、菊有"四君子"之称，在园林绿地中适当运用，增加意境。

③运用园林建筑、雕塑造型产生的比拟联想，如蘑菇亭、月洞门、水帘洞等。

④遗址访古产生的联想。

⑤风景题名、题咏、对联、匾额、摩崖石刻所产生的比拟联想。题名、题

咏、题诗能丰富人们的联想，提高风景游览的艺术效果。

（2）比例与尺度。园林绿地是由园林植物，园林建筑，园林道路场地，园林水体、山、石等组成，它们之间都有一定的比例与尺度关系。

比例包含两方面的意义：一方面是指园林景物、建筑整体或者它们的某个局部构件本身的长、宽、高之间的大小关系；另一方面是园林景物、建筑物整体与局部、或局部与局部之间空间形体、体量大小的关系。尺度是景物、建筑物整体和局部构件与人或人所习见的某些特定标准的大小关系。园林绿地构图的比例与尺度都要以使用功能和自然景观为依据。

4. 空间组织

（1）开敞空间与开朗风景。人的视平线高于四周景物的空间是开敞空间，开敞空间中所见的风景是开朗风景。开敞空间中，视线可延伸到无穷远处，视线平行向前，视觉不易疲劳。

（2）闭锁空间与闭锁风景。人的视线被四周屏障遮挡的空间是闭锁空间，闭锁空间中所见的风景是闭锁风景，屏障物之顶部与游人视线所成角度越大，则闭锁性越强，反之成角越小，闭锁性也越弱。这也与游人和景物的距离有关，距离越小，闭锁性越强，距离越大，闭锁性越弱。闭锁风景，近景感染力强，四周景物琳琅满目，但久赏易感闭塞，易觉疲劳。

（3）纵深空间与聚景。在狭长的空间中，如道路、河流、山谷两旁有建筑、密林、山丘等景物阻挡视线，这狭长的空间叫纵深空间；视线的注意力很自然地被引导到轴线的端点，这种风景叫聚景。园林中的空间构图，不要片面强调开朗，也不要片面强调闭锁。同一园林中，既要有开朗的局部，也要有闭锁的局部，开朗与闭锁综合应用，开中有合，合中有开，两者共存相得益彰。

（4）空间展示程序与导游线。风景视线是紧相联系的，要求有戏剧性的安排，音乐般的节奏，既有起景、高潮、结景空间，又有过渡空间，使空间主次分明，开、闭、聚适当，大小尺度相宜。

（5）空间的转折。空间转折有急转与缓转之分。在规则式园林空间中常用急转，如在主轴线与副轴线的交点处。在自然式园林空间中常用缓转，缓转有过渡空间，如在室内外空间之间设有空廊、花架之类的过渡。两空间分隔有虚分与实分。两空间干扰不大，须互通气息者可虚分，如用疏林、空廊、漏窗、水面等。两空间功能不同、动静不同、风格不同宜实分，可用密林、山阜、建筑、实墙来分隔。虚分是缓转，实分是急转。

三、城市绿地的功能、分类与指标

城市绿地的概念有广义和狭义之分。狭义的"城市绿地"是指城市中人工种植花草树木形成的绿色空间；广义的"城市绿地"是在城市规划区内被植被覆盖的土地、空旷地和水体的总称，天然植被覆盖的墟地、丘陵、旷野等空旷地和水体的总称。

我国的城市绿地是指城市中以绿地为主的各级公园、庭园、小游园、街头绿地、道路绿化、居住区绿地、专用绿地、交通绿地、风景绿地、生产防护绿地。

1. 城市绿地功能

绿地作为城市景观的一个元素，是城市中唯一接近于自然的生态系统，它对保障一个可持续的城市环境，维护居民的身心健康有着至关重要的作用。

2. 生态环境功能

生态环境功能包括：调节光照；调节温度、湿度；净化空气；减弱噪声和放射性污染；保持水分；美化功能和游憩功能。

此外，城市绿地还有吸附尘土、防风沙、涵养水源、增加城市中的水土气循环、增加降雨、遮阳、缓解城市热岛效应的作用。

3. 城市绿地的分类

（1）公共绿地。

（2）居住绿地。

（3）交通绿地。

（4）附属绿地。

（5）生产防护绿地。

（6）风景区绿地。

4. 城市绿地的衡量指标

判断一个城市绿化水平的高低，首先要看该城市拥有绿地的数量；其次要看该城市绿地的质量；第三要看该城市的绿化效果，即自然环境与人工环境的协调程度。

目前，我国城市中所采用的城市绿地数量的衡量指标主要有两个：一是绿化覆盖率；二是人均园林绿地面积。

绿化覆盖率是指城市中乔木、灌木和多年生草本植物所覆盖的面积占全市总面积的百分比。其中乔木和灌木的覆盖面积按树冠的垂直投影估算；乔灌木下生长的草本植物不再重复计算。利用遥感和航测等现代科学技术可以准确地测出一个城市的绿地面积，从而计算出绿化覆盖率。

按照植物学原理，一个城市的绿化覆盖率只有在 30% 以上才能满足自身调节的需要。依此计算每个城市居民平均需要 $10\sim15m^2$ 绿地；而工业运输耗氧量大约是人体的 3 倍。因此，整个城市要保持二氧化碳与氧气的平衡就必须保证人均 $60m^2$ 的绿地。

第四节　城市道路绿化规划设计

一、一般规定

1. 基本原则

（1）道路绿化应以乔木为主，乔木、灌木、地被植物相结合，不得裸露土壤。

(2) 道路绿化应符合行车视线和行车净空要求。

①行车视线要求。其一，在道路交叉口视距三角形范围内和弯道内侧的规定范围内种植的树木不影响驾驶员的视线通透，保证行车视距；其二，在弯道外侧的树木沿边缘整齐连续栽植，预告道路线形变化，诱导驾驶员行车视线。

②行车净空要求。道路设计规定在各种道路的一定宽度和高度范围内为车辆运行的空间，树木不得进入该空间。具体范围应根据道路交通设计部门提供的数据确定。

(3) 绿化树木与市政公用设施的相互位置应统筹安排，并应保证树木有需要的立地条件与生长空间。

(4) 植物种植应适地适树，并符合植物间伴生的生态习性；不适宜绿化的土质，应改善土壤进行绿化。

(5) 修建道路时，宜保留有价值的原有树木，对古树名木应予以保护。

(6) 道路绿地应根据需要配备灌溉设施；道路绿地的坡向、坡度应符合排水要求并与城市排水系统结合，防止绿地内积水和水土流失。

(7) 道路绿化应远近期结合。

2. 主要功能

(1) 庇荫。

(2) 滤尘。

(3) 减弱噪声。

(4) 美化城市。

(5) 改善道路沿线的环境质量。

二、城市道路绿化设计的基本术语

1. 道路绿地

道路绿地指道路及广场用地范围内的可进行绿化的用地。

道路绿地的类型。

(1) 道路绿带。

(2) 交通岛绿地。

(3) 广场绿地。

(4) 停车场绿地

2. 道路绿带

道路绿带指道路红线范围内的带状绿地。

道路绿带的类型。

(1) 分车绿带。

(2) 行道树绿带。

（3）路侧绿带。

3. 分车绿带

分车绿带指车行道之间可以绿化的分隔带，其位于上下行机动车道之间的为中间分车绿带；位于机动车道与非机动车道之间或同方向机动车道之间的为两侧分车绿带。

4. 行道树绿带

行道树绿带指布设在人行道与车行道之间，以种植行道树为主的绿带。

5. 路侧绿带

路侧绿带指在道路侧方，布设在人行道边缘至道路红线之间的绿带。

6. 交通岛绿地

交通岛绿地指可绿化的交通岛用地。

交通岛绿地的类型。

（1）中心岛绿地。

（2）导向岛绿地。

（3）立体交叉绿岛。

7. 中心岛绿地

中心岛绿地指位于交叉路口上可绿化的中心岛用地。

8. 导向岛绿地

导向岛绿地指位于交叉路口上可绿化的导向岛用地。

9. 立体交叉绿岛

立体交叉绿岛指互通式立体交叉干道与匝道围合的绿化用地。

10. 广场、停车场绿地

广场、停车场绿地指广场、停车场用地范围内的绿化用地。

11. 道路绿地率

道路绿地率指道路红线范围内各种绿带宽度之和占总宽度的百分比。道路绿地相关名词术语如图 6-1 所示。

12. 园林景观路

园林景观路指在城市重点路段，强调沿线绿化景观，体现城市风貌、绿化特色的道路。

13. 装饰绿地

装饰绿地指以装点、美化街景为主，不让行人进入的绿地。

14. 开放式绿地

开放式绿地指绿地中铺设游步道，设置坐凳等，供行人进入游览休息的绿地。

15. 通透式配置

通透式配置指绿地上配植的树木，在距相邻机动车道路面高度 0.9～3.0m

范围内，其树冠不遮挡驾驶员视线为宜的配置方式。

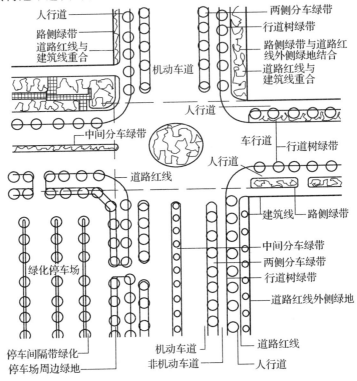

图 6-1　道路绿地名称示意

三、道路绿化类型

1. 三板四带式

中间为快车道，两侧为慢车道，再外侧为人行道。快慢车道之间及慢车道与人行道之间均有 4 条绿带，列植大乔木 4～6 行。这种类型的优点为：覆盖成荫早，护荫降温能力强，管理方便。缺点是隔车带较窄，树木生长和配置方式受一定限制，如图 6-2 所示。

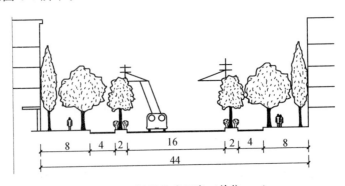

图 6-2　三板四带式示意（单位：m）

2. 四板五带式

道路的路幅在 60m 以上，中间为较宽的林带，两侧为车行道，车行道又被隔车绿带分为快车道和慢车道，再外侧为人行道，每边人行道还可种植两排行道树，共可列植 8 行大乔木，如图 6-3 所示。

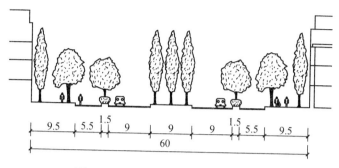

图 6-3　四板五带式示意（单位：m）

3. 一板二带式

这是常见的一种类型，路幅较窄的道路多用此形式。中间为车行道，两侧为人行道，人行道可植 2～4 排行道树。一板二带式用地最省，但树木配置比较单调，树木与架空线路的矛盾不易解决，如图 6-4 所示。

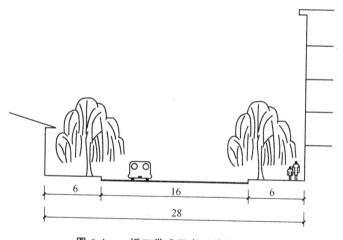

图 6-4　一板二带式示意（单位：m）

4. 一板四带式

中间为车道，两侧为宽阔的人行道，人行道上有带状绿地。由于人行道上有绿地，树木花草的布置方式可以丰富多样，有利于装点市容。绿带分置两侧，对道路两侧建筑的卫生防护功能相应增强。人行道宽、电杆位置与乔木分列，有利于避免架空线与树木之间的矛盾。此类型的主要缺点是：在车道宽的情况下，林荫道难于形成，盛夏时车道易受到暴晒，如图 6-5 所示。

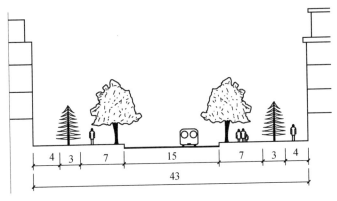

图 6-5 一板四带式示意（单位：m）

5. 二板三带式

车道两条，外侧为人行道。车道与车道中间可绿化的地带较宽，在栽植 2 排以上的大乔木后，还可布置常绿树、灌木花卉和铺种草皮。有些道路的中间绿带宽达 50m，除种植林带外，还设有散步道、座椅、棚架、水池、花坛等，形成绵延数公里长的花园林荫道，如图 6-6 所示。现在许多城市均以此为发展方向。

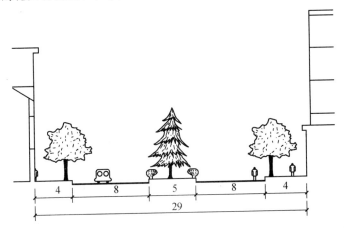

图 6-6 二板三带式示意（单位：m）

四、道路绿化规划

1. 道路绿地率指标

（1）在规划道路红线宽度时，应同时确定道路绿地率。

（2）道路绿地率应符合下列规定。

①园林景观道路绿地率不得小于 40％。

②红线宽度大于 50m 的道路绿地率不得小于 30％。

③红线宽度在 40～50m 的道路绿地率不得小于 25％。

④红线宽度小于 40m 的道路绿地率不得小于 20%。

2. 道路绿地布局与景观规划

(1) 道路绿地布局。

①种植乔木的分车绿带宽度不得小于 1.5m；主干路上的分车绿带宽度不宜小于 2.5m；行道树绿带宽度不得小于 1.5m。

②主、次干路中间分车绿带和交通岛绿地不得布置成开放式绿地。

③路侧绿带宜与相邻的道路红线外侧的其他绿地相结合。

④人行道毗邻商业建筑的路段，路侧绿带可与行道树绿带合并。

⑤道路两侧环境条件差异较大时，宜将路侧绿带集中布置在条件较好的一侧。

(2) 道路绿化景观规划。

①在城市绿地系统规划中，应确定园林景观路与主干路的绿化景观特色。

②同一道路的绿化宜有统一的景观风格，不同路段的绿化形式可有所变化。

③同一路段上的各类绿带，在植物配置上应相互配合，并应协调空间层次、树形组合、色彩搭配和季相变化的关系；同一条路段上分布有多条绿带，各绿带的植物配置应相互配合，使道路绿化有层次、有变化、景观丰富，也能较好地发挥绿化的隔离防护作用。

④毗邻山、河、湖、海的道路，其绿化应结合自然环境，突出自然景观特色。

3. 树种和地被植物的选择

(1) 道路绿化应选择适应道路环境条件、生长稳定、观赏价值高和环境效益好的植物种类。

(2) 寒冷积雪地区的城市，分车绿带、行道树绿带种植的乔木，应选择落叶树种。

(3) 行道树应选择深根性、分枝点高、冠大荫浓、生长健壮、适应城市道路环境条件，且落果对行人不会造成危害的树种。

(4) 花灌木应选择花繁叶茂、花期长、生长健壮和便于管理的树种。

(5) 绿篱植物和观叶灌木应选用萌芽力强、枝繁叶密、耐修剪的树种。

(6) 地被植物应选择茎叶茂密、生长势强、病虫害少和易管理的木本或草本观叶、观花植物。其中草坪地被植物尚应选择萌蘗力强、覆盖率高、耐修剪和绿色期长的种类。

4. 分车绿带设计

(1) 分车绿带的植物配置应形式简洁，树形整齐，排列一致。乔木树干中心至机动车道路缘石外侧距离不宜小于 0.75m。

(2) 中间分车绿带应阻挡相向行驶车辆的眩光，在距相邻机动车道路面高度 0.6～1.5m 范围内，配置植物的树冠应常年枝叶茂密，其株距不得大于冠幅的 5 倍。

（3）两侧分车绿带宽度大于或等于 1.5m 的，应以种植乔木为主，并宜将乔木、灌木、地被植物相结合。

（4）被人行横道或道路出入口断开的分车绿带，其端部应采取通透式配置。

5. 行道树绿带设计

（1）行道树绿带种植应以行道树为主，并宜将乔木、灌木、地被植物相结合，形成连续的绿带。

（2）行道树定植株距，应以其树种壮年期冠幅为准，最小种植株距应为 4m。行道树树干中心至路缘石外侧最小距离宜为 0.75m。

（3）种植行道树其苗木的胸径，快长树不得小于 5cm，慢长树不宜小于 8cm。

（4）在道路交叉口视距三角形范围内，行道树绿带应采用通透式配置。

6. 路侧绿带设计

（1）路侧绿带应根据相邻用地性质、防护和景观要求进行设计，并应保持在路段内的连续与完整的景观效果。

（2）路侧绿带宽度大于 8m 时，可设计成开放式绿地。其绿化用地面积不得小于该段绿带总面积的 70%。

（3）濒临江、河、湖、海等水体的路侧绿地，应结合水面与岸线地形设计成滨水绿带。滨水绿带的绿化应在道路和水面之间留出透景线。

（4）道路护坡绿化应结合工程措施栽植地被植物或攀缘植物。

7. 交通岛绿地设计

（1）交通岛周边的植物配置宜增强导向作用，在行车视距范围内应采用通透式配置。

（2）中心岛绿地应保持各路口之间的行车视线通透，布置成装饰绿地。

（3）立体交叉绿岛应种植草坪等地被植物。

（4）导向岛绿地应配置地被植物。

8. 广场绿化设计

（1）广场绿化应根据各类广场的功能、规模和周边环境进行设计。广场绿化应有利于人流、车流集散。

（2）公共活动广场周边宜种植高大乔木。集中成片绿地不应小于广场总面积的 25%，并宜设计成开放式绿地，植物配置宜疏朗通透。

（3）车站、码头、机场的集散广场绿化应选择具有地方特色的树种。集中成片绿地不应小于广场总面积的 10%。

（4）纪念性广场应用绿化衬托主体纪念物，创造与纪念主题相应的环境气氛。

9. 停车场绿化设计

（1）停车场周边应种植高大庇荫乔木，并宜种植隔离防护绿带；在停车场内宜结合停车间隔带种植高大庇荫乔木。

在停车间隔带中种植乔木可以更好地为停车场庇荫，不妨碍车辆停放，有效地避免车辆曝晒。此类停车场绿化对提高城市绿化覆盖率和改善城市生态环境具有重要作用。

（2）因行道树种具有深根性、分枝点高、冠大荫浓等特点，停车场种植的庇荫乔木可选择行道树种。其树木枝下高度应符合停车位净高度的规定：小型汽车为 2.5m；中型汽车为 3.5m；载货汽车为 4.5m。

10. 道路绿化与架空线

（1）在分车绿带和行道树绿带上方不宜设置架空线。必须设置时，应保证架空线下有不小于 9m 的树木生长空间。架空线下配置的乔木应选择开放形树冠或耐修剪的树种。

（2）树木与架空电力线路导线的最小垂直距离应符合表 6-4 的规定。

表 6-4　树木与架空电力线路导线的最小垂直距离

线路电压（kV）	<1	1～10	35～110	220	330	500	750	1000
最小垂直距离（m）	1.0	1.5	3.0	3.5	4.5	7.0	8.5	16.0

11. 道路绿化与地下管线

（1）新建道路或经改建后达到规划红线宽度的道路，其绿化树木与地下管线外缘的最小水平距离宜符合表 6-5 的规定。行道树绿带下方不得敷设管线。

（2）当遇到特殊情况不能达到表 6-5 中规定的标准时，其绿化树木根颈中心至地下管线外缘的最小距离可采用表 6-6 的规定。

表 6-5　树木与地下管线外缘最小水平距离　　（单位：m）

名　称	新植乔木	现状乔木	灌木或绿篱
电力电缆	1.5	3.5	0.5
通信电缆	1.5	3.5	0.5
给水管	1.5	2.0	—
排水管	1.5	3.0	—
排水盲沟	1.0	3.0	—
消防龙头	1.2	2.0	1.2
燃气管道（低中压）	1.2	3.0	1.0
热力管	2.0	5.0	2.0

注：乔木与地下管线的距离是指乔木树干基部的外缘与管线外缘的净距离。灌木或绿篱与地下管线的距离是指地表处分蘖枝干中最外的枝干基部外缘与管线外缘的净距离。

表 6-6　树木根颈中心至地下管线外缘最小距离　　　　　（单位：m）

管线名称	距乔木根颈中心距离	距灌木根颈中心距离
电力电缆	1.0	1.0
电信电缆（直埋）	1.0	1.0
电信电缆（管道）	1.5	1.0
给水管道	1.5	1.0
雨水管道	1.5	1.0
污水管道	1.5	1.0

12. 道路绿化与其他设施

树木与其他设施的最小水平距离应符合表 6-7 的规定。

表 6-7　树木与其他设施最小水平距离　　　　　（单位：m）

设施名称	距乔木中心距离	距灌木中心距离
低于 2m 的围墙	1.0	—
挡土墙	1.0	—
路灯杆柱	2.0	—
电力、电信杆柱	1.5	—
消防龙头	1.5	2.0
测量水准点	2.0	2.0

第七章

园林建筑及小品设计

第一节　园林建筑设计

亭

扫码观看本视频

一、亭的设计

1. 布局形式

亭的形式和特点见表 7-1。

表 7-1　亭的形式和特点

名　称	形式和特点
山　亭	设置在山顶和人造假山石上，多属于标志性建筑
靠山半亭	靠山体、假山建造，显露半个亭身，多用于中式园林
靠墙半亭	靠墙体建造，显露半个亭身，多用于中式园林
桥　亭	建在桥中部或桥头，具有遮风避雨和观赏功能
廊　亭	与廊连接的亭，形成连续景观的节点
群　亭	由多个亭有机组成，具有一定的体量和韵律
凉　亭	以木制、竹制或其他轻质材料建造，多用于盘结悬垂类蔓生植物，亦常作为外部空间通道使用

2. 位置选择

（1）亭是供人游息的，要能遮阳避雨，便于游人观赏风景。

（2）亭建成后，成为园林风景的重要组成部分，所以亭的设计要和周围环境相协调，这往往能起到画龙点睛的作用。造亭的位置可以是山地、水边、平地等。

3. 设计要求

每个亭都应各有特点，不能千篇一律，观此知彼。一般亭只是休息、点景用，体量上不论平面、立体都不宜过大过高，而宜小巧玲珑。亭子直径一般为 3.5～4m，小的亭子直径为 3m，大的不宜超过 5m。亭的色彩要根据风俗、气候与爱好决定，如南方多用黑褐较暗的色彩，北方多用鲜艳色彩。在建筑物不多的园林中以淡雅色调较好。

4. 平面

单体的亭有三角形、正方形、长方形、正六角形、长六角形、正八角形、圆形、扇形、梅花形、"十"字形等，基本上都是规则几何形体的周边。组合的亭有双方形、双圆形、双六角形或三座组合、五座组合的，也有与其他建筑在一起的半面亭。亭的入口可分为终点式的一个入口和穿过式的两个入口两种。亭的立面可以按柱高和面阔的比例来确定。

5. 立面类型

(1) 平顶、斜坡、曲线各种新式样。要注意园亭平面和组成均甚简洁，观赏功能又强，因此屋面变化无妨多一些，如做成折板、弧形、波浪形，或者用新型建材、瓦、板材。或者强调某一部分构件和装修，来丰富园亭外立面。

(2) 仿自然、野趣的式样。目前用得多的是竹、松木、棕榈等植物或木结构，真实石材或仿石结构，用茅草作顶也非常有表现力。

(3) 帐幕等新式样。应用自然柔和的曲线日渐增多。

二、廊的设计

1. 廊的作用

廊是建筑物前后的出廊，是室内外过渡的空间，是连接建筑之间的有顶建筑物。可供人在内行走，起导游作用，也可停留休息赏景。廊同时也是划分空间，组成景区的重要手段，本身也可成为园中之景。现在的廊，一是作为公园中长形的休息、赏景的建筑，二是和亭台楼阁组成建筑群的一部分。在功能上除了休息、赏景、遮阳、避雨、导游、组织划分空间之外，还常设有宣传、小卖部、摄影内容。

2. 廊的形式

(1) 按断面形式分类。

①双面画廊，无柱无墙。

②单面半廊，一面开敞，一面沿墙设各式漏窗门洞。

③暖廊，北方常见，在廊柱间装花格窗扇。

④复廊，廊中设有漏窗墙，两面都可通行。

⑤层廊，常用于地形变化之处，联系上层建筑，古典园林也常以假山通道作上下联系。

(2) 按位置分类。有爬山廊、廊桥、堤廊等几种。

(3) 按平面分类。有直廊、曲廊、围廊等几种形式。

3. 廊的设计

(1) 从总体考虑应选择自由开朗的平面布局，活泼多变的外形，易于表达园林建筑的气氛。

（2）廊是长形观景建筑物，因此考虑游览路线上的动态效果成为主要因素，是廊设计成败的关键。廊的各种组成，墙、门、洞等是根据廊外的各种自然景观，通过廊内游览观赏路线来布置安排以形成廊的对景、框景，空间的动与静、延伸与穿插，道路的曲折迂回。

（3）廊从空间上分析，可以讲是"间"的重复，要充分注意这种特点，有规律地重复，有组织地变化，形成韵律、产生美感。

（4）廊从立面上看，突出表现了"虚实"的对比变化，从总体上说是以虚为主，这主要是功能上的要求。廊作为休息赏景建筑，需要开阔的视野。廊又是景色的一部分，需要和自然空间互相延伸，融合于自然环境中。

（5）廊的宽度和高度设定应按人的尺度比例关系加以控制，避免过宽过高，一般高度宜在 2.2～2.5m 之间，宽度宜在 1.8～2.5m 之间。居住区内建筑与建筑之间的连廊尺度控制必须与主体建筑相适应。

（6）柱廊是以柱构成的廊式空间，是一个既有开放性，又有限定性的空间，能增加环境景观的层次感。柱廊一般无顶盖或在柱头上加设装饰构架，靠柱子的排列产生效果，柱间距较大，纵列间距 4～6m 为宜，横列间距 6～8m 为宜。柱廊多用于广场、居住区主入口处。

三、水榭的设计

1. 构造类型

（1）从平面上看，有一面临水、两面临水、三面临水、四面临水等形式。

（2）从剖面上看，有实心平台、悬空平台、挑出平台等形式。

2. 与水面、池岸的关系

（1）尽可能突出水面。

（2）强调水平线条，与水体协调。

（3）尽可能贴近水面。

3. 与园林整体空间的关系

水榭与环境的关系处理也是水榭设计的重要方面，水榭与环境关系主要体现在水榭的体量大小、外观造型上与环境的协调，进一步分析还可体现在水榭装饰装修、色彩运用等方面与环境的协调。水榭在造型、体量上应与所处环境协调统一。

四、花架的设计

1. 运用特点及位置选择

凡适合布置亭、廊、榭的地方均可考虑布置花架，但花架的造型因植物的影响变化较大，因而不适合用作建筑环境中的主景或是在景观功能上起控制作用的主体景物。花架也可依附建筑进行布置，挑檐式花架常用来代替建筑周围的檐廊。

2. 常见形式

（1）单片式。一般高度可随植物高低而定，建在庭园或天台花园上为攀援植物支架。可制成预制单元，任意拼装。

（2）独立式。花架的支撑和传力通过刚架结构来实现，造型的灵活度大，别致新颖，常用混凝土、钢材、铝合金等材料。

（3）直廊式。花架的常见形式，柱上架梁，梁上再架格条（枋），格条两端挑出。常见梁架式花架有双臂花架、单臂花架、伞形花架等。常用的材料有竹、木、砖石、钢材、混凝土等。

（4）组合式。这是一种与园林建筑小品（如亭、廊、景门、景窗、景墙、隔断等）融为一体的花架形式。组合式花架的造型更丰富，空间划分与组景的作用更强，弥补了单纯花架功能上的不足。

3. 设计要点

（1）与攀缘植物的配合表现。

①花架的结构、材料、造型在设计时必须考虑所攀附的植物材料特点（植物的攀缘方式、生长习性）。

②植物攀附后与花架实质上成为一个整体，景观效果的取得来自建筑和植物的完美结合，两者必须综合考虑。

（2）高度。根据花架所处的位置及周围环境而定，一般为 2.8～3.5m，有时可根据构景的需要适当放大或缩小尺度。

（3）开间与进深。花架相邻两个柱子间的距离称为开间，花架的跨度称为进深。花架的开间和进深也与花架在园林或园林局部所处的地位及周围环境息息相关，并与花架所用材料和结构有关，一般的混凝土双臂花架，开间和进深通常在 2.5～3m 之间，有些情况下，花架的进深可达 6～8m。

（4）材料。

①混凝土材料是最常见的材料。基础、柱、梁皆可按设计要求，唯花架板量多而距近，且受木构断面影响，宜用光模、高强度等级混凝土一次捣制成型，以求轻巧挺薄。

②金属材料，常用于独立的花柱、花瓶等。造型活泼、通透、多变、现代、美观，唯需经常养护油漆，且阳光直晒下温度较高。

③玻璃钢、CRC 等，常用于花钵、花盆。

第二节　园林小品设计

一、出入口的设计

1. 大门面貌

园林出入口常有主要、次要及专用三种。主要入口即大门、正门，是多数游人出入的地方，门内外应留有足够的缓冲场地，以便于集散人流。大门的形式和入口设计示例如图 7-1 和图 7-2 所示。

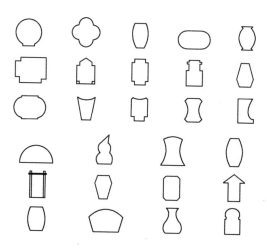

图 7-1 大门形式

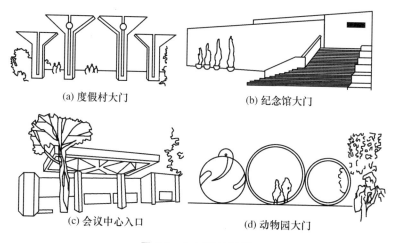

(a) 度假村大门   (b) 纪念馆大门

(c) 会议中心入口   (d) 动物园大门

图 7-2 入口设计示例

2. 大门设计的注意要点

（1）入口应反映建筑的性质和特色。

（2）入口必须与环境相协调。

（3）大门的形式多样，有盖顶或无盖顶，古典或现代，甚至两根柱也可成为大门。有消防要求的入口须能通过消防车。

（4）运用地方特色和建筑符号，大门可以表达很多内涵和意义。

二、景窗的设计

景窗的立面形式与设计示例，如图7-3和图7-4所示。

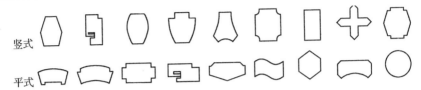

竖式

平式

图7-3　景窗立面形式

图7-4　景窗设计示例

三、围（景）墙的设计

1. 围墙的分类

（1）竹木围墙。竹篱笆是过去最常见的围墙。

（2）砖墙。墙柱间距3～4m，中开各式漏花窗。优点是既能节约材料又易施工、管养，缺点是较为闭塞。

（3）混凝土围墙。

①以预制花格砖砌墙，花型富有变化但易爬越。

②混凝土预制成片状，可透绿也易管养。混凝土墙的优点是一劳永逸，缺点是不够通透。

（4）金属围墙。

①以型钢为材的断面有几种，表面光洁，优点是耐韧性强，易弯但不易折断，缺点是每2～3年要油漆一次。

②以铸铁为材可做各种花型，优点是不易锈蚀又经济实惠，缺点是性脆且光滑度不够。订货时要注意所含成分不同。

③锻铁、铸铝材料。特点是质优而价高，可放在局部花饰中或室内使用。

④各种金属网材，如镀锌、镀塑铝丝网、铝板网、不锈钢网等。

2. 设计要求

（1）能不设围墙的地方尽量不设，让人接近自然，爱护绿化。

（2）能利用空间的办法使自然的材料达到隔离的目的。高差的地面、水体的两侧、绿篱树丛都可以达到隔而不分的目的。

（3）要设置围墙的地方，能低尽量低，能透尽量透，只有少量需掩饰的隐私处，才用封闭的围墙。

（4）处于绿地之中的围墙，不仅能成为园景的一部分，还可以减少与人接触的机会，并且由围墙向景墙转化。

3. 围墙设计示例

围墙设计示例如图 7-5 和图 7-6 所示。

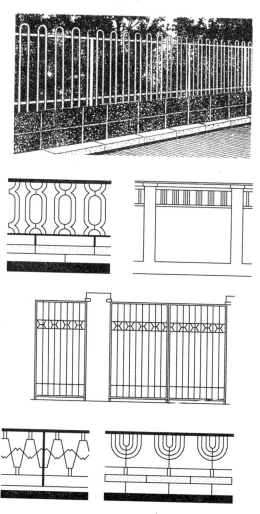

图 7-5　围墙设计示例（一）

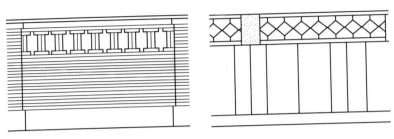

图7-6 围墙设计示例（二）

四、花格的设计

1. 砖花格、花墙

砌筑砖花格、花墙的砖要求质地坚固，大小一致，平直方整。一般多用1：3水泥砂浆砌筑，其表面可做成清水或抹灰的墙面。

砖花墙的厚度有120mm和240mm两种。120mm厚砖花墙的砌筑面积不大于1500mm×3000mm；240mm厚砖花墙的砌筑面积不大于2000mm×3500mm，砖花墙必须与实墙、柱连接牢固。其设计示例如图7-7～图7-9所示。

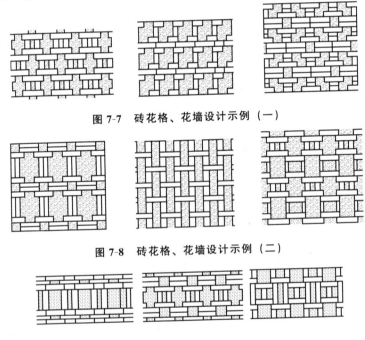

图7-7 砖花格、花墙设计示例（一）

图7-8 砖花格、花墙设计示例（二）

图7-9 砖花格、花墙设计示例（三）

2. 瓦花格

瓦花格具有生动、雅致、变化多样的特色，多用在围墙、漏窗、屋脊等部位，以白灰麻刀或青灰砌结，高度不宜过高，顶部宜加钢筋砖带或混凝土压顶。

其设计示例如图 7-10 和图 7-11 所示。

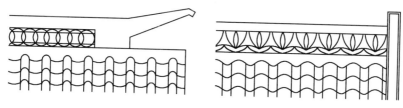

图 7-10 瓦花格屋脊

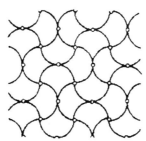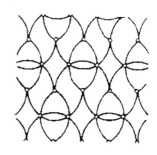

图 7-11 几种瓦花格

3. 混凝土、水磨石花格

（1）混凝土花格制作。

①花格用的模板要求表面光滑，不易损坏，容易拆卸。模板宜做成活动插楔以利于重复使用，浇筑前须涂脱模剂，如废机油或灰水等，以便脱模。

②用 1∶2 水泥砂浆一次浇成，若花格厚度大于 25mm 时亦可用 C20 细石混凝土，均应浇筑密实。在混凝土初凝时脱模，不平整或有砂眼处用纯水泥浆修光。

③用 1∶2 水泥砂浆拼砌花格，但拼装最大宽度及高度均应不大于 3000mm，否则需加梁柱固定。

④花格表面使用白色胶灰水刷面，有水泥色刷面及无光油涂面等做法。

混凝土花格制作，如图 7-12 和图 7-13 所示。

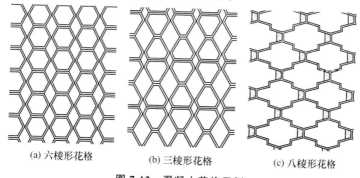

(a) 六棱形花格　　　(b) 三棱形花格　　　(c) 八棱形花格

图 7-12 混凝土花格示例

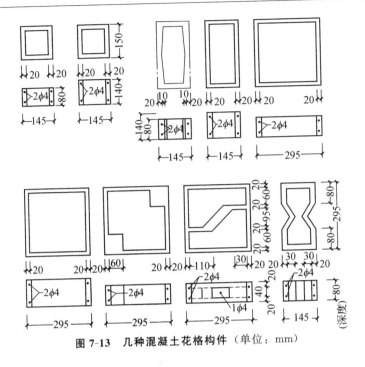

图 7-13　几种混凝土花格构件（单位：mm）

（2）水磨石花格制作。

①同模板制作与混凝土花格。

②水磨石花格用 1：1.25 的白水泥或配色水泥大理石屑（可配所需颜色，石屑粒径 2～4mm）一次浇筑。初凝后可以进行粗磨（一般水磨为三粗三细），每次粗磨后用同样水泥浆填补空隙。拼装后用醋酸加适量清水进行细磨至光滑并用白蜡罩面。

③砌筑及拼装同混凝土花格。

水磨石花格制作如图 7-14～图 7-16 所示。

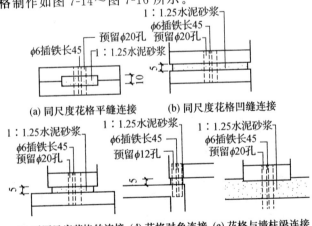

图 7-14　水磨石花格连接（单位：mm）

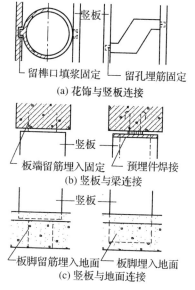

(a) 花饰与竖板连接

(b) 竖板与梁连接

(c) 竖板与地面连接

图 7-15 几种水磨石花饰及竖板连接节点

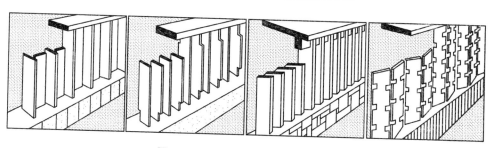

图 7-16 几种水磨石竖板排列示例

4. 木花格

木花格在古建筑中应用较多，是一种常见的图案组合，如图 7-17 所示。常用的榫及榫孔类型如图 7-18 所示，其榫接示例如图 7-19～图 7-21 所示。

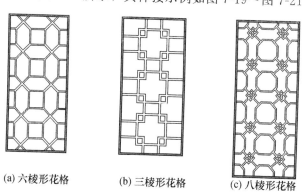

(a) 六棱形花格　　(b) 三棱形花格　　(c) 八棱形花格

图 7-17 混凝土花格示例

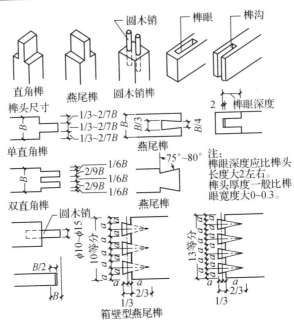

图 7-18　榫及榫孔类型（单位：mm）

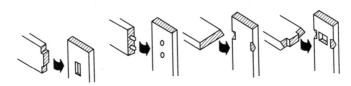

图 7-19　丁字榫接

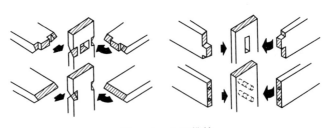

图 7-20　十字榫接

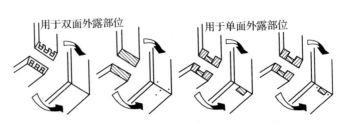

图 7-21　角榫接

5. 竹花格

竹花格（图7-22）多出现在产竹区，在设计和施工时应注意以下几点。

（1）竹材用于装修及花格时，应选用竹竿匀称，质地坚硬，竹身光洁且直径在 10～50mm 之间的竹材，如广东及四川地区的茶杆竹。

（2）竹材易生虫，在制作前应作防蛀处理，如经石灰水泡浸等。

（3）竹材表面可涂清漆，烧成斑纹、斑点，刻花刻字等。

（4）竹的结合方法，通常以竹销（或钢销）为主，也有用烘弯结合，胶结合等。

（5）竹与木料结合有穿孔入榫或竹钉（或铁钉）固定，一般从竹枝、竹片（先钻孔）钉向木板会比较牢固，如图7-23所示。

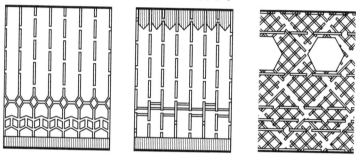

图 7-22　几种竹花格

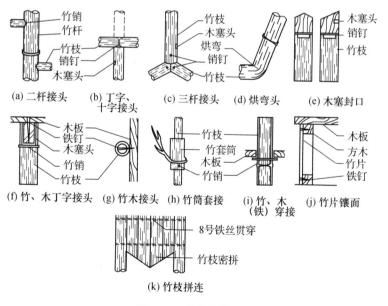

图 7-23　几种竹构件

五、栏杆的设计

1. 栏杆的分类

（1）矮栏杆。高度为 30～40cm，不妨碍视线，多用于绿地边缘，也用于场地空间领域的划分。

（2）高栏杆。高度在 90cm 左右，有较强的分隔与拦阻作用。

（3）防护栏杆。高度在 100～120cm 以上，超过人的重心高度，起防护围挡作用。一般设置在高台的边缘，可使人产生安全感。

2. 栏杆的构图

栏杆是一种长形的、连续的构筑物，因为设计和施工的要求，常按单元来划分制作，如图 7-24～图 7-29 所示。栏杆的构图要单元好看，更要整体美观，在长距离内连续重复，产生韵律美感，因此某些具体的图案、标志，例如形象的动物，文字往往不如抽象的几何线条组成给人感受强烈。

栏杆的构图还要适应环境的要求。例如桥栏，平曲桥的栏杆有时仅是两道横线，与平桥造型呼应，而拱桥的栏杆，是循着桥身呈拱形的。栏杆色彩的隐显选择也是同样的道理，切不可喧宾夺主。

栏杆的构图除了美观，也和造价关系密切，要疏密相间、用料恰当，每单元节约一点，总体相当可观。

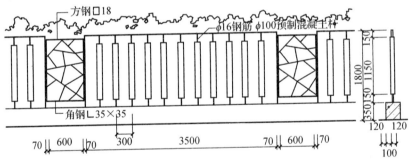

图 7-24　栏杆（一）（单位：mm）

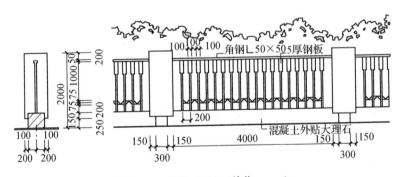

图 7-25　栏杆（二）（单位：mm）

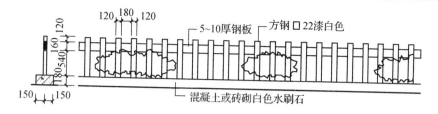

图 7-26　栏杆（三）（单位：mm）

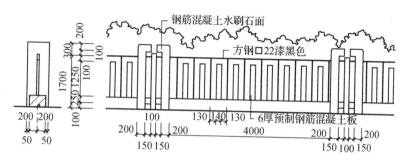

图 7-27　栏杆（四）（单位：mm）

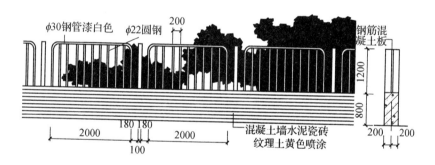

图 7-28　栏杆（五）（单位：mm）

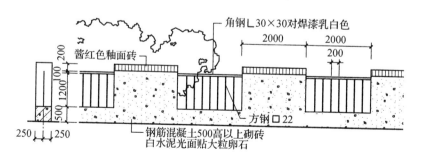

图 7-29　栏杆（六）（单位：mm）

3. 栏杆的设计要求

（1）低栏要防坐防踏，因此低栏的外形有时做成波浪形，有时直杆朝上，只要造型好看，构造牢固，即使杆件之间的距离大些也无妨，这样既降低造价又易养护。

（2）中栏在需防钻的地方，净空不宜超过14cm；在不需防钻的地方，构图的优美是关键，但这不适于有危险、临空的地方，尤其要注意儿童的安全问题。此外，中栏的上槛要使用扶手，凭栏遥望，也是一种享受。

（3）高栏要防爬，因此高栏的下面不要有太多的横向杆件。

4. 栏杆的用料

栏杆的用料有石、木、竹、混凝土、铁、钢、不锈钢，现最常用的用料是型钢与铸铁、铸铝的组合。虽然竹木栏杆自然、质朴、价廉，但是使用期不长，如有强调这种意境的地方，真材实料要经防腐处理，或者采取仿真的办法。混凝土栏杆构件较为拙笨，使用不多。栏杆有时作栏杆柱使用，但无论什么栏杆，总离不了用混凝土作基础材料。铸铁、铸铝可以做出各种花型构件，美观通透，缺点是性脆，毁坏后不易修复，因此常常用型钢作为框架，取两者的优点而用之。还有一种锻铁制品，杆件的外形和截面可以有多种变化，做工也精致，优雅美观，但价格不菲，可在局部或室内使用。

5. 栏杆的构件

除了构图的需要，栏杆杆件本身的选材、构造也很有讲究。一是要充分利用杆件的截面高度，提高强度又利于施工；二是杆件的形状要合理，例如两点之间直线距离最近，杆件的稳定性也好，多几个曲折，就要放大杆件的尺寸，才能获得同样的强度；三是栏杆受力传递的方向要直接明确。

六、园凳的设计

1. 园凳的作用

园凳是供人们坐息、赏景之用。同时变换多样的艺术造型也具有很强的装饰性。

园 凳

扫码观看本视频

园凳的设计要在考虑功能的基础上，注重艺术性。其造型要求简单朴实、舒适美观、制作方便、坚固耐久。色彩风格要与周围环境相协调。高度一般在30～45cm。

2. 常见形式和材料

制作园凳的材料有钢筋混凝土、石、陶瓷、木、铁等。铸铁架木板面靠背长椅，适于半卧半坐；条石凳，坚固耐久，朴素大方，便于就地取材；钢筋混凝土磨石子面，坚固耐久且制作方便，造型轻巧，维修费用低；用混凝土塑成树桩或带皮原木凳，各种形状和色彩的椅凳，可以点缀风景，增加趣味。此外还可以结合花台、挡土墙、栏杆、山石设计。

3. 园凳的位置安排

园凳一般放在安静休息、景色良好、游人需要停留休息的地方，如树下，围绕林荫大树的树干设置坐椅，既保护了大树，又提供了纳凉休息之处。园凳可以设置在路旁，嵌镶在绿篱的凹入处，也可以设置在灌木丛的前面和后面，星散在树林里，水边、台地旁等游息性场地。

4. 园凳设计示例

园凳设计示例如图 7-30 所示。

图 7-30　园凳设计示例

七、花坛、花池的设计

花坛、花池是环境绿化中的重要组景手段，如图 7-31 和图 7-32 所示。

(a) 立式　　　　(b) 架式　　　　(c) 铺式

(d) 支式　　　　(e) 吊式　　　　(f) 镶式

(g) 顶式　　(h) 持式　　(i) 叠式　　(j) 拼式

图 7-31　花坛的形式

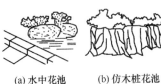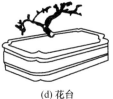

(a) 水中花池　　(b) 仿木桩花池　　(c) 盆池　　　　　(d) 花台

图 7-32　花池的形式

八、信息标志

1. 名称标志

（1）标志牌。

（2）楼号牌。

（3）树木名称牌。

2. 环境标志

（1）小区示意图。适用于小区入口大门。

（2）街区示意图。适用于小区入口大门。

（3）停车场导向牌。

（4）公共设施分布示意图。

（5）自行车停放处示意图。

（6）垃圾站位置图。

（7）告示牌。适用于会所、物业楼。

3. 指示标志

（1）出入口标志。

（2）导向标志。

（3）机动车导向标志。

（4）自行车导向标志。

（5）步道标志。

（6）定点标志。

4. 警示标志

（1）禁止入内标志。适用于变电所、变压器等处。

（2）禁止踏入标志。适用于草坪。

九、照明设计

1. 照明的目的

（1）增强对物体的辨别性。

（2）提高夜间出行的安全度。

（3）保证居民晚间活动的正常开展。

（4）营造环境氛围。

2. 照明分类及适用场所

照明分类及适用场所见表 7-2。

表 7-2 照明分类及适用场所

照明分类	适用场所	参考照度/lx	安装高度（m）	注意事项
车行照明	居住区主次道路	10～20	4.0～6.0	灯具应选用带遮光罩的照明；避免强光直射到住户屋内；光线投射到路面上要均衡
	自行、停车场	10～30	2.5～4.0	
人行照明	步行台阶（小径）	10～20	0.6～1.2	避免眩光，采用较低处照明；光线宜柔和
	园路、草坪	10～50	0.3～1.2	
场地照明	运动场	100～200	4.0～6.0	采用向下照明方式，灯具的选择应具有艺术性
	休闲广场	50～100	2.5～4.0	
	广场	150～300	—	
装饰照明	水下照明	150～400	—	水下照明应防水、防漏电，参与性较强的水池和游泳池使用12 V安全电压；应禁用或少用霓虹灯和广告灯箱
	树木绿化	150～300	—	
	花坛、围墙	30～50	—	
	标志、门灯	200～300	—	
安全照明	交通出入口（单元门）	50～70	—	灯具应设计在醒目的位置；为了方便疏散，应急灯设计在侧壁
	疏散口	50～70	—	
特写照明	浮雕	100～200	—	采用侧光、投光和泛光灯多种形式；灯光色彩不宜太多；泛光不应直接射入室内
	雕塑小品	150～500	—	
	建筑立面	150～200	—	

3. 照明设计要点

沿园路布置，按照所在园林的特点，交通的要求，选择造型富于特色、照明效果好的柱子灯（庭园灯、道路灯）或草坪灯。定位时既要考虑夜晚的照明效果，又要考虑白天的园林景观，沿路连续布置。一般柱子灯的间距保持在 25～30m，草坪灯的间距为 6～10m，具有强烈的导向性。

喷水池、雕像、入口、广场、花坛、亭台楼阁等重点的照明，要创造不同的环境气氛，形成夜景中的高潮。

除了"点""线"上的灯，为了游人休憩和管理上的需要，绿地各处还要保持一定的照度，这是"面"上的照明。间距因地形起伏，树丛的疏密开朗有所不同。每亩地 1 盏灯达到朦胧的照度，照度约为道路上的 1/5 即可。

在重要的场所，园灯造型可稍复杂、堂皇，并以多个组合灯头提高亮度及气势；在"面"上，造型宜简洁大方，配光曲线合理，以创造休憩环境并力求效率。一般园林柱子灯高 3～5m，处于一般灌木之上、乔木之下。广场、入口等处的柱子灯可稍高，一般为 7～11m。足灯型（草坪灯、花坛灯）不耀眼、照射效果也好，但易损坏，多在宾馆、房地产开发等专用绿地和公共绿地的封闭空间中使用，其灯具设计有模仿自然的造型，也有简洁抽象的现代造型。

一般庭园柱灯由灯头、灯干及灯座三部分组成。园灯造型的美观性，也是由这三部分的比例匀称、色彩调和、富于独创来体现的。

园灯的控制有全园统一的，面积较大可分片控制，路灯往往交叉分成 2～3 路控制。控制室可设在办公（工具）室，也可设在园门值班室，根据园林体制和要求选择。

4. 园林设计示例

园林照明设计示例如图 7-33 和图 7-34 所示。

图 7-33 园林照明设计示例（一）

图 7-34　园林照明设计示例（二）

第 八 章

园林土方工程

第一节　土方施工准备

园林绿化施工

扫码观看本视频

一、施工前的准备

1. 研究和审查图纸

（1）检查图纸和资料是否齐全，核对平面尺寸和标高及各图纸间有无错误和相互矛盾之处。

（2）掌握设计内容及各项技术要求，了解工程规模、特点、工程量和质量要求，熟悉土层地质、水文勘察资料。

（3）会审图纸，搞清构筑物与周围地下设施管线的关系，各图纸间有无错误和相互冲突之处。

（4）研究好开挖程序，明确各专业工序间的配合关系、施工工期要求，并向参加施工人员层层进行技术交底。

2. 查勘施工现场

摸清工程场地情况，收集施工需要的各项资料，包括施工场地地形、地貌、水文地质、河流、气象、运输道路、植被、邻近建筑物、地下基础、管线、电缆基坑、防空洞、地面上施工范围内的障碍物和堆积物状况，供水、供电、通讯情况、防洪排水系统等，以便为施工规划和准备提供可靠的资料和数据。

3. 编制施工方案

（1）研究制定现场场地整平、土方开挖施工方案。

（2）绘制施工总平面布置图和土方开挖图，确定开挖路线、顺序、范围、底板标高、边坡坡度、排水沟水平位置，以及挖土方的堆放地点。

（3）提出需用施工机具、劳力、推广新技术计划。

（4）深开挖还应提出支护、边坡保护和降水方案。

4. 平整清理施工场地

按设计或施工要求范围和标高平整场地，将土方堆放到规定弃土区。凡在施工区域内，影响工程质量的软弱土层、淤泥、腐殖土、大卵石、孤石、垃圾、树根、草皮，以及不宜作填土和回填土料的稻田湿土，应分情况采取全部挖除或设排水沟疏干、抛填块石和砂砾等方法进行妥善处理。

有一些土方施工工地可能残留了少量待拆除的建筑物或地下构筑物，在施工前要拆除掉。拆除时，应根据其结构特点，并遵循现行规范的规定进行操作。操作时可以用镐、铁锤，也可用推土机、挖土机等设备。

施工现场残留对施工有一些影响并经有关部门审查同意砍伐的树木，要进行伐除工作。凡土方开挖深度不大于50cm，或填方高度较小的土方施工，其施工现场及排水沟中的树木都必须连根拔除。清理树蔸除用人工挖掘外，直径在50cm以上的大树蔸还可用推土机铲除或用爆破法清除。大树一般不允许伐除。如果现场的大树、古树很有保留价值，则要提请建设单位或设计单位对设计进行修改，以便将大树保留下来。总之，大树的伐除要慎而又慎，凡能保留的要尽量保留。

二、施工排水

1. 一般规定

（1）施工排水包括排除施工场地的地面水和降低地下水位。

（2）开挖沟槽（基坑）是为了防止因地下水的作用，造成沟槽（基坑）失稳等现象。施工方案必须选定适宜的施工排水方法，同时要有保护临近建筑物的安全措施，严密观察。

（3）降低地下水位的方法有集水坑降水法和井点降水法两种。井点降水法应根据土层的渗透能力、降水深度、设备条件及工程特点来选定，可参照表8-1。

表8-1　各类井点的适用范围

降低地下水方法	土层渗透系数（m/d）	降低水位深度（m）	备注
大口径井	4～10	0～6	—
一级轻型井点	0.1～4	0～6	—
二级轻型井点	0.1～4	0～9	—
深井点	0.1～4	0～20	需复核地质勘探资料
电渗井点	<0.1	0～6	—

（4）采用机械在槽（坑）内挖土时，应使地下水位降至槽（坑）底面0.5m以下，方可开挖土方，且降水作业持续到回填土完毕。

2. 明排法

（1）施工场地要采取必要的防水、排水措施。为防止水泡沟槽（基坑）、防止地基扰动，确保施工质量和安全作业。

（2）地下水排除采用明沟法比较经济、简单。井点降水法运用在特殊场地，而且投资较大。具体的排水方法可参照图8-1，即在挖土区中每向下挖一层土，都要先挖一个排水沟收集地下水，并通过这条沟将地下水排除掉。有时，还可在沟的最低端设置一个抽水泵，定时抽水出坑，加快排水，如图 8-1（b）所示。这样，就可以一边抽水，一边进行挖方施工，保证施工正常进行。或者在开始挖方时，先在挖方区中线处挖一条深沟，沟深达到设计地面以下。这种一次挖到底的深沟，可以保证在整个挖方工程中顺利排水，如图 8-1（c）所示。

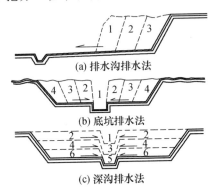

（a）排水沟排水法

（b）底坑排水法

（c）深沟排水法

图 8-1　施工场地排水方法

（3）明排法一般适用于槽浅和土质较好的工程。

（4）土方施工时要按照先挖排水沟，后开挖土方的程序进行。

（5）集水井（俗称水窝子）宜在土方破土前做好，深度比排水沟最低点深 1.5m 以上，可用于砌砖井、钢筋笼井或无砂管井等。

（6）集水井的位置可沿管网的一侧，每隔 50～80m 设一座，可设在槽内或跨在槽边。开挖长方形基坑时，集水井一般设在四周，如面积较大，则可适当增加集水井。

（7）排水沟与集水井应设专用通道，经常保持畅通。

3. 井点降水法

（1）大口径井。

①大口径井适用于渗透系数较大（4～10m/d）及涌水量大的土壤。

②大口径井应在破土前打井抽水，水面（观测孔水面）降到预计深度时方可挖土。抽水应保持到坑槽回填完。人工挖土时，观测孔的水位需降到总深度的 2/3 处即可挖土。机械挖土时，应降到比槽底深 0.5m 时，方可挖土。

③井筒应选用透水性强的材料，直径不小于 0.3m。

④井间距应根据土壤渗透能力决定。

⑤井深与地质条件及井距有关，应经单井抽水试验后确定。

⑥抽水设备可使用轴流式井用泵、潜水泵等。

⑦凿孔可使用水冲套管法或 WZ 类凿井法，不得采用挤压成孔。凿孔要求孔深要比井筒深 2m，作沉淤用；孔洞直径不小于井筒直径 0.2m；孔洞不塌；装井筒前，先投砂沉淤；井筒外用粗砂填充，砂粒径不小于 2mm。

⑧为了随时掌握水位涨落情况，应设一定数量的观测孔。

（2）轻型井点。

①轻型井点设备简单，见效快，它适用于亚砂黏土类土壤。一般使用一级井点，挖深较大时，可采用多级井点。

②井点主要设备有井点管（可用 ϕ50mm 镀锌管和 2m 长滤管组成），连接器（可用 ϕ100mm 双法兰钢管），胶管（可用 ϕ50mm 胶管），真空（可用射流真空泵）。

③井点间距约 1.5m 左右，井点至槽边的距离不得小于 2m。

④井点管长度，视地质情况与基槽深度而定。

⑤井点安装后，在运转过程中应加强管理。如发现问题，应及时采取措施处理。

⑥确定井点停抽及拆除时，应考虑构筑物漂浮及反闭水需要。

⑦每台真空泵可带动井点数量应根据涌水量与降低深度确定。

⑧降低地下水深度与真空度的关系，可按下式计算：

$$降低地下水深度（m）＝0.0135 H_g$$

式中　　H_g——井点系统的真空度（汞柱高度毫米）。

（3）电渗井点。

①电渗井点适用于渗透系数小于 0.1m/d 的土壤。

②按设计进行布置，井点管为负极，在井点里侧距 0.8～1.0m 处再打入一排 ϕ20mm 圆钢，其间距为 1.5m，并列、交错均可，但深度要比井点管深 0.5m，如图 8-2 所示。

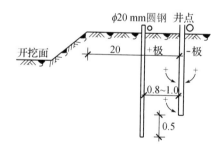

图 8-2　井点布置（单位：m）

③将 ϕ20mm 圆钢与井点管分别用 ϕ10mm 圆钢连成整体，作为通电导线，接通电源工作电压不大于 60V，电流密度为 0.5～1.0A（m）^{2}。

④在正负电极间地面上的金属及导体应清理干净。

⑤在电渗井点降低水位过程中，对电压、电流密度、耗电量、水位变化及水量等应做好观察与记录。

三、设置测量控制网

施工前应按照设计单位提供的景观施工图纸进行施工测量，设置坐标桩、水准基桩和测量控制网。

1. 平整场地

施工放样平整场地的工作是将原来高低不平的、比较破碎的地形按设计要求整理成平坦的或具有一定坡度的场地，如停车场、草坪、休闲广场、露天表演场等。

平整场地常用格网法。用经纬仪将图纸上的方格测设到地面上，并在每个交点处打下木桩，边界上的木桩依图纸要求设置。

木桩的规格及标记方法如图 8-3 所示。木桩应侧面平滑，下端削尖，以便打入土中，桩上应表示出桩号（施工图上方格网的编号）和施工标高（挖土用"＋"号，填土用"－"号）。

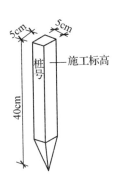

图 8-3 木桩的规格及标记方法

2. 堆山测设

堆山或微地形等高线平面位置的测定方法与湖泊、水渠的测设方法相同。等高线标高可用竹竿表示，具体做法如图 8-4 所示。从最低的等高线开始，在等高线的轮廓线上，每隔 3～6m 插一长竹竿（根据堆山高度而灵活选用不同长度的竹竿）。利用已知水准点的高程测出设计等高线的高度，标在竹竿上作为堆山时掌握堆高的依据，然后进行填土堆山。在第一层的高度上继续又以同样的方法测设第二层的高度，堆放第二层、第三层至山顶。坡度可用坡度样板来控制。当土山高度小于 5m 时，可把各层标高一次标在一根长竹竿上，不同层用不同颜色的小旗表示，如图 8-5 所示。

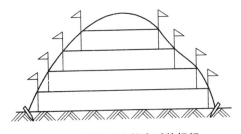

图 8-4 堆山高度较高时的标记

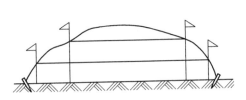

图 8-5 堆山高度较低时的标记

如果用机械（推土机）堆土，只要标出堆山的边界线，司机参考堆山设计模型就可堆土，等堆到一定高度以后，用水准仪检查标高。不符合设计的地方，人工加以修整，使之达到设计要求。

3. 公园水体测设

（1）用仪器（经纬仪、罗盘仪、大平板仪或小平板仪）测设。如图 8-6 所示，根据湖泊、水渠的外形轮廓曲线上的拐点（如 1、2、3、4 等）与控制点 A 或 B 的相对关系，用仪器采用极坐标的方法将它们测设到地面上，并钉上木桩，然后用较长的绳索把这些点用圆滑的曲线连接起来，即得湖池的轮廓线，并用白灰撒上标记。

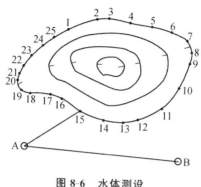

图 8-6　水体测设

湖中等高线的位置也可用上述方法测设，每隔 3～5m 钉一木桩，并用水准仪按测设设计高程的方法，将要挖深度标在木桩上，作为掌握深度的依据。也可以在湖中适当位置打上几个木桩，标明挖深，便可施工。施工时木桩处暂时留一土墩，以便掌握挖深，待施工完毕，再把土墩去掉。

岸线和岸坡的定点放线应该准确，这不仅因为它是水上部分，有关园林造景，而且和水体岸坡的稳定有很大关系。为了精确施工，可以用边坡样板来控制边坡坡度，如图 8-7 所示。

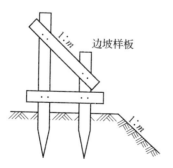

图 8-7　边坡样板

如果用推土机施工，定出湖边线和边坡样板就可动工，开挖到设计深度时，用水准仪检查挖深，然后继续开挖，直至达到设计深度。

在修渠工程中，首先在地面上确定渠道的中线位置，该工作与确定道路中线的方法类似。然后用皮尺丈量开挖线与中线的距离，以确定开挖线，并沿开挖线撒上白灰。开挖沟槽时，用打桩放线的方法，在施工中木桩容易被移动甚至被破坏，易影响校核工作，所以最好使用龙门板。

（2）格网法测设。如图 8-8 所示，在图纸中欲放样的湖面上打方格网。将图上方格网按比例尺放大到实地上，根据图上湖泊（或水渠）外轮廓线各点在格网中的位置（或外轮廓线、等高线与格网的交点），在地面方格网中找出相应的点位，如 1、2、3、4…曲线转折点，再用长麻绳依图上形状将各相邻连成圆滑的曲线，顺着线撒上白灰，做好标记。若湖面较大，可分成几段或十几段，用长 30～50m 的麻绳来分段连接曲线。

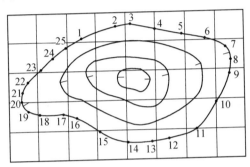

图 8-8　用格网法作水体测设

等深线测设方法与上述相同。

4. 狭长地形放线

狭长地形，如园路、土堤、沟渠等，其土方的放线包括下列内容。

（1）打中心桩，定出中心线。这是第一步工作，可利用水准仪和经纬仪，按照设计要求定出中心桩，桩距 20～50m 不等，视地形的繁简而定。每个桩号应标明桩距和施工标高，桩号可用罗马字母，也可用阿拉伯数字编定。距离用"千米＋米"来表示。

（2）打边桩，定边线。一般来说，中心桩定下后，边桩也有了测量依据，用皮尺就可以拉出尺寸，但较困难的是弯道放线。在弯道地段应加密桩距，使施工尽量精确。

第二节　挖方与土方转运

一、一般规定

（1）挖方边坡坡度应根据使用时间（临时或永久性）、土的种类、物理力学性质（内摩擦角、黏聚力、密度、湿度）、水文情况等确定。对于永久性场地，挖方边坡坡度应按设计要求放坡，如设计无规定，应根据工程地质和边坡高度，结合当地实践经验确定。

（2）对软土土坡或极易风化的软质岩石边坡，应对坡脚、坡面采取喷浆、抹面、嵌补、砌石等保护措施，并做好坡顶、坡脚排水，避免在影响边坡稳定的范围内积水。

（3）应根据挖方深度、边坡高度和土的类别确定挖方上边缘至土堆坡脚的距离。当土质干燥密实时，挖方深度不得小于 3m；当土质松软时，挖方深度不得小于 5m。在挖方下侧弃土时，应将弃土堆表面整平至低于挖方场地标高并向外倾斜，或在弃土堆与挖方场地之间设置排水沟，防止雨水排入挖方场地。

（4）施工者应有足够的工作面积，一般人均面积 $4\sim6m^2$。

（5）开挖土方附近不得有重物及易塌落物。

（6）在挖土过程中，随时注意观察土质情况，注意留出合理的坡度。若须垂直下挖，松散土挖方深度不得超过 0.7m，中等密度者挖方深度不超过 1.25m，坚硬土挖方深度不超过 2m。超过以上数值的须加支撑板，或保留符合规定的边坡。

（7）挖方工人不得在土壁下向里挖土，避免塌方。

（8）施工过程中必须注意保护基桩、龙门板及标高桩。

（9）开挖前应先进行测量定位，抄平放线，定出开挖宽度，按放线分块（段）分层挖土。根据土质和水文情况，采取在四侧或两侧直立开挖或放坡，以保证施工操作安全。当土质为天然湿度、构造均匀、水文地质条件良好（即不会发生坍滑、移动、松散或不均匀下沉），无地下水并且挖方深度不大时，开挖亦可不必放坡，采取直立开挖不加支护，基坑宽应稍大于基础宽。如超过一定的深度，但不大于 5m 时，应根据土质和施工的具体情况进行放坡，以保证不塌方。放坡后坑槽上口宽度由基础底面宽度及边坡坡度来决定，坑底宽度每边应比基础宽出 15～30cm，以便于施工操作。

二、机械挖方与人工挖方

1. 机械挖方

在机械作业之前，技术人员应向机械操作员进行技术交底，使其了解施工场地的情况和施工技术要求。并对施工场地中的定点放线情况进行深入了解，熟悉桩位和施工标高等，对土方施工做到心中有数。

施工现场布置的桩点和施工放线要明显。应适当加高桩木的高度，在桩木上作出醒目的标志或将桩木漆成显眼的颜色。在施工期间，施工技术人员应和推土机手密切配合，随时随地用测量仪器检查桩点和放线的情况，以免挖错位置。

在挖湖工程中，施工坐标桩和标高桩一定要保护好。挖湖的土方工程因湖水深度变化比较一致，而且放水后水面以下部分不会暴露，所以在湖底部分的挖土作业可以比较粗放，只要挖到设计标高处，并将湖底地面推平即可。但对湖岸线和岸坡坡度要求准确的地方，为保证施工精度，可以用边坡样板来控制边坡坡度施工。

挖土工程中对原地面表土要注意保护。因表土的土质疏松肥沃，适用于种植园林植物。对地面 50cm 厚的表土层（耕作层）进行挖方时，要先用推土机将施工地段的这一层表面熟土推到施工场地外围，待地形整理停当，再把表土推回铺好。

2. 人工挖方

（1）挖土施工中一般不垂直向下挖，要有合理的边坡，并要根据土质的疏松或密实情况确定边坡坡度的大小。必须垂直向下挖土时，应在松软土土质下挖深不超过 0.7m，中密度土质的挖深不超过 1.25m，硬土土质下不超过 2m 深。

（2）对岩石地面进行挖方施工，一般要先爆破，将地表一定厚度的岩石层炸裂为碎块，再进行挖方施工。爆破施工时，要先打好炮眼，装上炸药雷管，待清理施工现场及其周围地带，确认爆破区无人滞留之后，再点火爆破。爆破施工的最紧要处就是要确保人员安全。

（3）相邻场地基坑开挖时，应遵循先深后浅或同时进行的施工程序。挖土应自上而下水平分段分层进行，每层挖深 0.3m 左右。边挖边检查坑底宽度及坡度，不够时及时修整，每 3m 左右修一次坡，直至设计标高，再统一进行一次修坡清底，检查坑底宽和标高，要求坑底凹凸不超过 1.5cm。在已有建筑物侧挖基坑（槽）应间隔分段进行，每段间距不超过 2m，相邻段开挖应待槽段基础完成并回填夯实后进行。

（4）基坑开挖应尽量防止对地基土的扰动。当用人工挖土，基坑挖好后不能立即进行下道工序时，应预留 15～30cm 的土不挖，待下道工序开始再挖至设计标高。采用机械开挖基坑时，为避免破坏基底土，应在基底标高以上预留一层人工清理。使用铲运机、推土机或多斗挖土机时，保留土层厚度为 20cm；使用正铲、反铲或拉铲挖土时土层厚度为 30cm。

（5）在地下水位以下挖土，应在基坑（槽）四侧或两侧挖好临时排水沟和集水井，将水位降低至坑槽底以下 500mm，以便于进行挖方。降水工作应持续到施工完成（包括地下水位回填土）。

三、土方的转运与安全措施

1. 土方的转运

（1）人工转运。人工转运土方一般为短途的小搬运。搬运方式有用人力车拉、用手推车推或由人力肩挑背扛等。这种转运方式在有些园林局部或小型工程施工中常采用。

（2）机械转运。机械转运土方通常为长距离运土或工程量很大时的运土，运输工具主要是装载机和汽车。根据工程施工特点和工程量大小的不同，还可采用半机械化和人工相结合的方式转运土方。另外，在土方转运过程中，应充分考虑运输路线的安排、组织，尽量使路线最短，以节省运力。土方的装卸应有专人指挥，要做到卸土位置准确，运土路线顺畅，能够避免混乱和窝工。汽车长距离转运土方需要经过城市街道时，车厢不能装得太满，在驶出工地之前应当将车轮粘上的泥土全扫掉，不得在街道上撒落泥土和污染环境。

2. 安全措施

（1）人工开挖时，两人操作间距应大于 2.5m。多台机械开挖，挖土机间距应大于 10m。在挖土机工作范围内，不许进行其他作业。挖土应由上而下，逐层进行，严禁先挖坡脚或逆坡挖土。

（2）挖土方不得在危岩、孤石的下边或贴近未加固的危险建筑物的下面进行。

（3）开挖应严格按要求放坡。操作时应随时注意土壁的变动情况，如发现有裂纹或部分坍塌现象，应及时进行支撑或放坡，并注意支撑的稳固和土壁的变化。当采取不放坡开挖时，应设置临时支护，各种支护应根据土质及深度确定。

（4）多台次机械同时开挖，应验算边坡的稳定性，挖土机离边坡应有一定的安全距离，以防塌方，造成翻机事故。

（5）上下深基坑时应先挖好阶梯或支撑靠梯，或开斜坡道，并采取防滑措施，禁止踩踏支撑。坑四周应设安全栏杆。

（6）人工吊运土方时，应检查起吊工具及绳索是否牢靠；吊斗下面不得站人，卸土堆应离开坑边一定距离，以防造成坑壁塌方。

第三节　填方工程施工

一、一般要求

1. 土料要求

置石的设计形式

扫码观看本视频

填方土料应符合设计要求，保证填方的强度和稳定性，如设计无要求，则应符合下列规定。

（1）碎石类土、砂土和爆破石渣可用作表层以下的填料，碎石类土和爆破石渣作填料时，其最大粒径不得超过每层铺填厚度的 2/3。

（2）含水量符合压实要求的黏性土，可作各层填料。

（3）碎块草皮和有机质含量大于 8% 的土，不用作填料。

（4）淤泥和淤泥质土，一般不能用作填料，但在软土或沼泽地区，经过处理后含水量符合压实要求的可用于填方中的次要部位。

（5）含盐量符合规定（硫酸盐含量小于 5%）的盐渍土，一般可用作填料，但土中不得含有盐晶、盐块或含盐植物根茎。

2. 基底处理

（1）场地回填应先清除基底上的草皮、树根，清除坑穴中积水、淤泥和杂物，并应采取措施防止地表滞水流入填方区，浸泡地基，造成基土下陷。

（2）当填方基底为耕植土或松土时，应将基底充分夯实或碾压密实。

（3）当填方位于水田、沟渠、池塘或含水量很大的松软土地段，应根据具体情况采取排水、疏干，或将淤泥全部挖出换土、抛填片石、填砂砾石、翻松掺石灰等措施进行处理。

（4）当填土场地地面陡于 1/5 时，应先将斜坡挖成阶梯形，阶高 0.2～0.3m，阶宽大于 1m，然后分层填土，以利于接合和防止滑动。

3. 填土含水量

（1）填土含水量的大小直接影响到夯实（碾压）质量，在夯实（碾压）前应先试验，以得到符合密实度要求条件下的最优含水量和最少夯实（或碾压）遍数。各种土的最优含水量和最大干密实度参考数值见表 8-2。

表 8-2　土的最优含水量和最大干密实度参考表

序号	土的种类	变动范围		序号	土的种类	变动范围	
		最优含水量（%）（质量比）	最大干密度（t/m³）			最优含水量（%）（质量比）	最大干密度（t/m³）
1	砂土	8～12	1.80～1.88	3	粉质黏土	12～15	1.85～1.95
2	黏土	19～23	1.58～1.70	4	粉土	16～22	1.61～1.80

注：1. 表中土的最大干密实度应以现场实际达到的数字为准。

　　2. 一般性的回填，可不作此项测定。

（2）遇到黏性土或排水不良的砂土时，其最优含水量与相应的最大干密度应用击实试验测定。

（3）土料含水量一般以手握成团、落地开花为宜。当含水量过大，应采取翻松、晾干、风干、换土回填、掺入干土或其他吸水性材料等措施，如土料过干，则应预先洒水润湿，亦可采取增加压实遍数或使用大功能压实机械等措施。

在气候干燥时，须采取加速挖土、运土、平土和碾压的过程，以减少土的水分散失。

二、填埋顺序和填埋方式

1. 填埋顺序

（1）先填石方，后填土方。土、石混合填方时，或施工现场有需要处理的建筑渣土而填方区又比较深时，应先将石块、渣土或粗粒废土填在底层，并紧紧地筑实，然后再将壤土或细土在上层填实。

（2）先填底土，后填表层土。在挖方中挖出的原地面表层土，应暂时堆在一旁，而要将挖出的底土先填入到填方区底层；待底土填好后，再将肥沃表层土回填到填方区作面层。

（3）先填近处，后填远处。应先填近处的填方区，待近处填好后再逐渐填向远处。但每填一处，还是要分层填实。

2. 填埋方式

（1）一般的土石方填埋，都应采取分层填筑方式，一层一层地填，不要为图方便而采取沿着斜坡向外逐渐倾倒的方式，如图 8-9 所示。分层填筑时，在要求质量较高的填方中，每层的厚度应为 30cm 以下，而在一般的填方中，每层的厚度可为 30～60cm。填土过程中，最好能够填一层就筑实一层，层层压实。

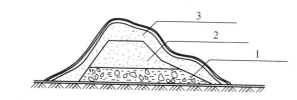

1—先填土石、碴块；2—再填原底层土；3—最后填表层土。

图 8-9　土方分层填实

（2）在自然斜坡上填土时，要注意防止新填土方沿着坡面滑落。为了增加新填土方与斜坡的咬合性，可先把斜坡挖成阶梯状，然后再填入土方。这样，只要在填方过程中做到了层层筑实，便可保证新填土方的稳定，如图 8-10 所示。

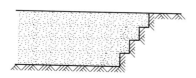

图 8-10　斜坡填土法

三、土方压实

1. 铺土厚度和压实遍数

每层铺土厚度和压实遍数视土的性质、设计要求的压实系数和使用的压（夯）实机具性能而定，一般应进行现场碾（夯）压试验。压实机械和工具每层铺土厚度与所需的碾压（夯实）遍数的参考值参见表 8-3。

表 8-3　填方每层铺土厚度和压实系数

压实机具	每层铺土厚度（mm）	每层压实遍数（遍）
平碾	200～300	6～8
羊足碾	200～350	8～16
蛙式打夯机	200～250	3～4
振动碾	60～130	6～8

续表

压实机具	每层铺土厚度（mm）	每层压实遍数（遍）
振动压路机	120～150	10
推土机	200～300	6～8
拖拉机	200～300	8～16
人工打夯	不大于200	3～4

注：人工打夯时土块粒径不应大于 5 cm。

利用运土工具压实时，每层铺土厚度不得超过表8-4规定的数值。

表 8-4　利用运土工具压实填方时，每层铺土的最大厚度　　（单位：m）

序号	填土方法和采用的运土工具	土的名称		
		粉质黏土和黏土	粉土	砂土
1	拖拉机拖车和其他填土方法并用机械平土	0.7	1.0	1.5
2	汽车和轮式铲运机	0.5	0.8	1.2
3	人推小车和马车运土	0.3	0.6	1.0

注：平整场地和公路的填方，每层填土的厚度：当用火车运土时不得大于1m，当用汽车和铲运机运土时不得大于0.7m。

2. 土方压实要求

（1）土方的压实工作应先从边缘开始，逐渐向中间推进。这样碾压，可以避免边缘土被向外挤压而引起坍落现象。

（2）填方时必须分层堆填、分层碾压夯实。不要一次性地填到设计土面高度后，才进行碾压打夯。如果是这样，就会造成填方地面上紧下松，沉降和塌陷的严重后果。

（3）碾压、打夯要注意均匀，要使填方区各处土壤密度一致，避免出现不均匀沉降。

（4）在夯实松土时，打夯动作应先轻后重。先轻打一遍，使土中细粉受震落下，填满下层土粒间的空隙；然后再加重打压，夯实土壤。

3. 土方压实方法

（1）人工夯实方法。人力打夯前应将填土初步整平，打夯要按一定方向进行，一夯压半夯，夯夯相接，行行相连，两遍纵横交叉，分层打夯。夯实基槽及地坪时，行夯路线应由四边开始，然后再夯向中间。

用蛙式打夯机等小型机具夯实时，一般填土厚度不宜大于25cm，打夯之前应初步平整填土，打夯机依次夯打，均匀分布，不留间隙。

基坑（槽）回填应在相对的两侧或四周同时进行回填与夯实。

回填管沟时，应用人工先在管道周围填土夯实，并应从管道两边同时进行，直至管顶 0.5m 以上。在不损坏管道的情况下，方可采用机械填土回填夯实。

（2）机械压实方法。为提高碾压效率，保证填土压实的均匀性及密实度，避免碾轮下陷，在碾压机械碾压之前，宜先用轻型推土机、拖拉机推平，低速预压 4～5 遍，使表面平实；采用振动平碾压实爆破石渣或碎石类土时，应先静压后振压。

使用碾压机械压实填方时，应控制行驶速度，平碾、振动碾时机械开行的速度不超过 2km/h，羊足碾时机械开行的速度不超过 3km/h，并要控制压实遍数。碾压机械与基础或管道应保持一定的距离，防止将基础或管道压坏或使之发生位移。

用压路机进行填方压实，应采用"薄填、慢驶、多次"的方法，填土厚度不应超过 25～30cm；碾压方向应从两边逐渐压向中间，碾轮每次重叠宽度约 15～25cm，避免漏压。运行中碾轮边距填方边缘应大于 500mm，以防发生溜坡倾倒。边角、边坡、边缘压实不到之处，应辅以人力夯或使用小型夯实机具夯实。压实密实度，除另有规定外，应压至轮子下沉量不超过 1～2cm 为宜。

平碾碾压一层后，应用人工或推土机将表面拉毛以利于接合。土层表面太干时，应洒水湿润后继续回填，以保证上下层接合良好。

用羊足碾碾压时，填土厚度不宜大于 50cm，碾压方向应从填土区的两侧逐渐压向中心。每次碾压应有 15～20cm 重叠，同时随时清除黏着于羊足碾之间的土料。为提高上部土层密实度，羊足碾压过后，宜辅以拖式平碾或压路机补充压平、压实。

用铲运机及运土工具进行压实时，铲运机及运土工具的移动须均匀分布于填筑层的表面，逐次卸土碾压。

第四节　土石方放坡处理

一、土壤的自然倾斜角

常见土壤的自然倾斜角情况见表 8-5。

表 8-5　常见土壤的自然倾斜角情况

土壤名称	土壤干湿情况			土壤颗粒尺寸（mm）
	干的	潮的	湿的	
砾石	40°	40°	35°	2～20
卵石	35°	45°	25°	20～200
粗砂	30°	32°	27°	1～2

续表

土壤名称	土壤干湿情况			土壤颗粒尺寸（mm）
	干的	潮的	湿的	
中砂	28°	35°	25°	0.5～1
细砂	25°	30°	20°	0.05～0.5
黏土	45°	35°	15°	<0.001～0.005
壤土	50°	40°	30°	—
腐殖土	40°	35°	25°	—

二、挖方放坡

挖方工程的放坡做法见表 8-6 和表 8-7，岩石边坡的坡度允许值（高宽比）受石质类别、石质风化程度以及坡面高度三方面因素的影响，见表 8-8。

表 8-6　不同的土质自然放坡坡度允许值

土质类别	密实度或黏性土状态	坡度允许值（高宽比）	
		坡高在 5m 以内	坡高 5～10m
碎石类土	密实	1：0.35～1：0.50	1：0.50～1：0.75
	中密实	1：0.50～1：0.75	1：0.75～1：1.00
	稍密实	1：0.75～1：1.00	1：1.00～1：1.25
老黏性土	坚硬	1：0.35～1：0.50	1：0.50～1：0.75
	硬塑	1：0.50～1：0.75	1：0.75～1：1.00
一般黏性土	坚硬	1：0.75～1：1.00	1：1.00～1：1.25
	硬塑	1：1.00～1：1.25	1：1.25～1：1.50

表 8-7　一般土壤自然放坡坡度允许值

序　号	土壤类别	坡度允许值（高宽比）
1	黏土、粉质黏土、亚砂土、砂土（不包括细砂、粉砂），深度不超过 3m	1：1.00～1：1.25
2	土质同上，深度 3～12m	1：1.25～1：1.50
3	干燥黄土、类黄土，深度不超过 5m	1：1.00～1：1.25

表 8-8 岩石边坡坡度允许值

石质类别	风化程度	坡度允许值（高宽比）	
		坡高在 8m 以内	坡高 8～15m
硬质岩石	微风化	1：0.10～1：0.20	1：0.20～1：0.35
	中等风化	1：0.20～1：0.35	1：0.35～1：0.50
	强风化	1：0.35～1：0.50	1：0.50～1：0.75
软质岩石	微风化	1：0.35～1：0.50	1：0.50～1：0.75
	中等风化	1：0.50～1：0.75	1：0.75～1：1.00
	强风化	1：0.75～1：1.00	1：1.00～1：1.25

三、填土边坡

（1）填方的边坡坡度应根据填方高度、土的种类和其重要性在设计中的规定。当设计无规定时，可按表 8-9 采用。用黄土或类黄土填筑重要的填方时，其边坡坡度可按表 8-10 采用。

表 8-9 永久性填方边坡的高度限值

序号	土的种类	填方高度（m）	边坡坡度
1	黏土类土、黄土、类黄土	6	1：1.50
2	粉质黏土、泥灰岩土	6～7	1：1.50
3	中砂或粗砂	10	1：1.50
4	砾石和碎石土	10～12	1：1.50
5	易风化的岩土	12	1：1.50
6	轻微风化、尺寸 25 cm 内的石料	6 以内	1：1.33
		6～12	1：1.50
7	轻微风化、尺寸大于 25 cm 的石料，边坡用最大石块分排整齐铺砌	12 以内	1：1.50～1：0.75
8	轻微风化、尺寸大于 40 cm 的石料，其边坡分排整齐	5 以内	1：0.50
		5～10	1：0.65
		＞10	1：1.00

注：1. 当填方高度超过本表规定限值时，其边坡可做成折线形，填方下部的边坡坡度应为 1：2.00～1：1.75。

2. 凡永久性填方，土的种类未列入本表者，其边坡坡度不得大于（φ＋45°）/2，φ 为土的自然倾斜角。

表 8-10　黄土或类黄土填筑重要填方的边坡坡度

填土高度（m）	自地面起高度（m）	边坡坡度
6～9	0～3	1∶1.75
	3～9	1∶1.50
9～12	0～3	1∶2.00
	3～6	1∶1.75
	6～12	1∶1.50

（2）利用填土做地基时，填方的压实系数、边坡坡度应符合表 8-11 的规定。其承载力根据试验确定，当无试验数据时，可按表 8-11 选用。

表 8-11　填土地基承载力和边坡坡度值

填土类别	压实系数 λ_e	承载力 f_k（kPa）	边坡坡度允许值（高宽比）	
			坡度在 8m 以内	坡度 8～15m
碎石、卵石	0.94～0.97	200～300	1∶1.50～1∶1.25	1∶1.75～1∶1.50
砂夹石（其中碎石、卵石占全重 30%～50%）	—	200～250	1∶1.50～1∶1.25	1∶1.75～1∶1.50
土夹石（其中碎石、卵石占全重 30%～50%）	—	150～200	1∶1.50～1∶1.25	1∶2.00～1∶1.50
黏性土（$10<I_p<14$）	—	130～180	1∶1.75～1∶1.50	1∶2.25～1∶1.75

注：I_p——塑性指数。

第 九 章

园林给水排水工程

第一节　园林给水工程施工

置石与水体结合

扫码观看本视频

一、园林给水的特点

1. 生活用水较少，其他方面用水较多

除了休闲、疗养性质的园林绿地之外，一般园林中的水主要用于植物灌溉、湖池水补充和喷泉、瀑布等生产和造景方面，而生活用水一般很少，只有园内的餐饮、卫生设施等需要用水。

2. 园林中用水点较分散

由于园林内多数功能点都不是密集布置的，在各功能点之间常常有较宽的植物种植区，因此用水点也必然很分散，不会像住宅、公共建筑那样密集；就是在植物种植区内所设的用水点也是分散的。由于用水点分散，给水管道的密度就不会太大，但一般管段的长度比较长。

3. 用水点水头变化大

一般用水点分布于起伏的地形上，高程变化大。

4. 用水高峰期时间可以错开

园林中灌溉用水、娱乐用水、造景用水的时间是自由选择的，也就是说，园林用水不会出现高峰。

二、园林给水的方式

1. 引用式

园林给水系统如果直接到城市给水管网系统上取水，就是直接引用式给水。采用这种给水方式，其给水系统的构成也就比较简单，只需设置园内管网、水塔、清水蓄水池即可。引水的接入点可视园林绿地的具体情况及城市给水干管的情况而定，可以集中一点接入，也可以分散接入，如图9-1所示。

2. 自给式

野外风景区或郊区的园林绿地中，如果没有直接取用城市给水水源的条件，可考虑就近取用地下水或地表水。

图 9-1 引用式装置

以地下水为水源时，因水质一般比较好，往往不用净化处理就可以直接使用，因而给水工程的构成就比较简单一些。一般只设水井（或管井）、泵房、消毒清水池、输配水管道等。

用地表水作水源，其给水系统构成就要复杂一些，从取水到用水的过程中所需布置的设施顺序如图 9-2 所示。

图 9-2 设施顺序

3. 兼用式

在既有城市给水条件有地下水又有地表水的地方，城市给水系统可作为园林生活用水或游泳池等对水质要求较高的项目用水水源；而园林生产用水、造景用水等，可另设一个以地下水或地表水为水源的独立给水系统。

在地形高差显著的园林绿地，可考虑分区给水方式。分区给水就是将整个给水系统分成几区，不同区的管道中水压不同，区与区之间可有适当的联系以保证供水可靠和调度灵活。

三、下管

1. 下管的一般规定

（1）施工安全规定。

①下管应以施工安全、操作方便为原则，根据工人操作的熟练程度、管材重量、管长、施工环境、沟槽深浅及吊装设备供应条件等，合理地确定下管方法。

②下管的关键是安全问题。下管前应根据具体情况和需要制定安全措施。下管必须由经验丰富的工人担任指挥，以确保施工安全。

③起吊管下方严禁站人；人工下管时，槽内工作人员必须躲开下管位置。

（2）槽沟检查、处理。

①检查槽底杂物：应将槽底清理干净，给水管道的槽底如有棺木、粪污、腐朽等不洁之物，应妥善处理，必要时应进行消毒。

②检查地基：地基土壤如有被扰动者，应进行处理，冬期施工应检查地基是否受冻，管道不得铺设在冻土上。

③检查槽底高程及宽度：应符合挖槽的质量标准。

④检查槽帮：有裂缝及坍塌危险时应及时处理。

⑤检查堆土：下管的一侧堆土过高过陡时，应根据下管需要进行整理。

（3）特殊作业下施工。

①在混凝土基础上下管时，除检查基础面高程必须符合质量标准外，同时混凝土强度应达到 5.0MPa 以上。

②向高支架上吊装管子时，应先检查高支架的高程及脚手架的安全。

（4）对运到工地的管子、管件及闸门等的规定。

①应合理安排卸料地点，以减少现场搬运。卸料场地应平整；卸料应有专人指挥，防止碰撞损伤。运至下管地点的承插管，承口的排放方向应与管道铺设的方向一致。上水管材的卸料场地及排放场地应清除有碍卫生的脏物。

②下管前应对管子、管件及闸门的规格、质量逐件进行检验，合格方可使用。

③吊装及运输时，对法兰盘面、预应力混凝土管承插口密封工作面、钢管螺纹及金属管的绝缘防腐层，应采取必要的保护措施，以免损伤；闸门应关好，不得把钢丝绳捆绑在操作轮及螺孔处。

（5）管段下管。当钢管组成管段下管时，其长度及吊点距离应根据管径、壁厚、绝缘种类及下管方法确定。

（6）下管工具和设备。应安全使用，并经常进行检查和保养，发现不正常情况应及时修理或更换。

2. 下管的方法

（1）吊车下管。

①采用起重机下管时，应先与起重人员或起重机司机一起勘察现场，根据沟槽深度、土质、环境情况等确定起重机距槽边的距离、管材存放位置以及其他配合事宜。起重机进出路线应事先进行平整，清除障碍。

②起重机不得在架空输电线路下工作，在架空线路一侧工作时，起重臂、钢丝绳或管子等与线路的垂直、水平安全距离应不小于表 9-1 的规定。

表 9-1　吊车机械与架空线的安全距离

输电线路电压	与起重机最高处的垂直安全距离不小于（m）	与起重机最近处的水平安全距离不小于（m）
1 kV 以下	1.5	1.5
1~20 kV	1.5	2.0
20~110 kV	2.5	4.0
154 kV	2.5	5.0
220 kV	2.5	6.0

③起重机下管应有专人指挥。指挥人员必须熟悉与机械吊装有关的安全操作规程及指挥信号。在吊装过程中，指挥人员应集中精神，起重机司机和槽下工作人员应听从指挥。

④指挥信号应统一明确。起重机进行各种动作之前，指挥人员应检查操作环境情况，确认安全后，方可向司机发出信号。

⑤绑（套）管应找好重心，使起吊平稳。起吊时速度应均匀，回转应平稳，下落应低速轻放，不得忽快忽慢和突然制动。

（2）人工下管。

①人工下管一般采用压绳下管法，即在管子两端各套一根大绳。下管时，把管子下面的半段大绳用脚踩住，必要时用铁钎锚固；上半段大绳用手拉住，必要时用撬棍拨住，两组大绳用力一致，听从指挥，将管子徐徐下入沟槽。根据情况，下管处的槽边可斜立两根方木。钢管组成的管段，需根据施工方案确定的吊点数增加大绳的根数。

②直径不小于 900mm 的钢筋混凝土管采用压绳下管法时，应开挖马道，并埋设一根管柱。大绳下半段固定于管柱，上半段绕管柱一圈，以控制下管。

管柱一般用下管的混凝土管，使用较小的混凝土管时，其最小管径应遵守表 9-2 的规定。

表 9-2　下混凝土管的管柱最小直径　　　　　　　　　（单位：mm）

所下管子的直径	管柱最小直径
≤1100	600
1250~1350	700
1500~1800	800

管柱应埋深一半，管柱外周应认真填土夯实。

马道坡度不应陡于 1:1，宽度一般为管长加 50cm。如环境限制不能开马道时，可用穿心杠下管，并应采取安全措施。

③直径 200mm 以内的混凝土管及小型金属管件，可用绳勾从槽边吊下。

④吊链下管法的操作程序为：在下管位置附近先搭好吊链架；在下管处横跨沟槽放两根（钢管组成的管段应增多）圆木（或方木），其截面尺寸根据槽宽和管重确定；将管子推至圆木（或方木）上，两边宜用木楔楔紧，以防管子移动；将吊链架移至管子上方，并支搭牢固；用吊链将管子吊起，撤除圆木（或方木），管子徐徐下至槽底。

⑤下管用的大绳，应质地坚固、不断股、不糟朽、无夹心。其截面直径应参照表 9-3 的规定。

表 9-3 下管大绳截面直径 （单位：mm）

管子直径			大绳截面直径
铸铁管	预应力混凝土管	混凝土管及钢筋混凝土管	
≤300	≤200	≤400	20
350～500	300	500～700	25
600～800	400～500	800～1000	30
900～1000	600	1100～1250	38
1100～1200	800	1350～1500	44
—	—	1600～1800	50

⑥为便于在槽内转管或套装索具，下管时宜在槽底垫以木板或方木。在有混凝土基础或卵石的槽底下管时，宜垫草袋或木板，以防磕坏管子。

四、给水管道铺设

1. 一般规定

(1) 适用于工作压力不大于 0.5MPa，试验压力不大于 1.0MPa 的承插铸铁管及承插预应力混凝土管的给水管道工程。

(2) 给水管道使用钢管或钢管件时，钢管安装、焊接、除锈、防腐应按设计及有关规定执行。

(3) 铺设质量要求。

①接口严密坚固，经水压试验合格。

②平面位置和纵断高程准确。

③地基和管件、闸门等的支墩坚固稳定。

④保持管内清洁，并经冲洗消毒，且水质化验合格。

(4) 接口工序。给水管道的接口工序是保证工程质量的关键。接口工人必须经过训练，并按照规程认真操作。对每个接口编号，记录质量情况，以便检查。

（5）管件、闸门安装。

①安装管件、闸门等时，位置应准确，轴线与管线应一致，无倾斜、偏扭现象。

②管件、闸门等安装完成后，应及时按设计做好支墩及闸门井等。支墩及井不得砌筑在松软的土上，侧向支墩应与原土紧密相接。

（6）管道铺设注意事项。

①在给水管道铺设过程中，应注意保持管子、管件、闸门等内部的清洁，必要时应进行洗刷或消毒。

②当管道铺设中断或停止时，应将管口堵好，以防杂物进入。每日应对管口进行检查。

2. 铸铁管铺设的一般要求

（1）插口、承口。

①铸铁管铺设前应检查外观有无缺陷，并用小锤轻轻敲打，检查有无裂纹，不合格不得使用。承口内部及插口外部过厚的沥青及飞刺、铸砂等应铲除。

②插口装入承口前，应将承口内部和插口外部清刷干净。胶圈接口应先检查承口内部和插口外部是否光滑，保证胶圈顺利推进不受损伤，再将胶圈套在管子的插口上，并装上胶圈推入器。插口装入承口后，应根据中线或边线调整管子中心位置。

（2）接口。

①铸铁管稳好后，应随即用稍粗于接口间隙的干净麻绳或草绳将接口塞严，以防泥土及杂物进入。

②接口前先挖工作坑，工作坑的尺寸可参照表9-4的规定。

表 9-4　铸铁管接口工作坑尺寸

管径（mm）	工作坑尺寸（m）			深度
	宽度	长度		
		承口前	承口后	
75～200	管径＋0.6	0.8	0.2	0.3
250～700	管径＋1.2	1.0	0.3	0.4
800～1200	管径＋1.2	1.0	0.3	0.5

③接口成活后，不得受重大碰撞或扭转。为防止稳管时振动接口，接口与下管的距离，麻口不应小于1个口；石棉水泥接口不应小于3个口；膨胀水泥砂浆接口不应小于4个口。

④为防止铸铁管因夏季暴晒、冬季冷冻而胀缩，以及受外力走动，管身应及

时进行胸腔填土。胸腔填土须在接口完成之后进行。

（3）铺设质量标准。

①管道中心线允许偏差为 20mm。

②承口和插口的对口间隙最大不得超过表 9-5 的规定。

表 9-5 铸铁管承口和插口的对口最大间隙 （单位：mm）

管 径	沿直线铺设时	沿曲线铺设时
75	4	5
100～250	5	7
300～500	6	10
600～700	7	12
800～900	8	15
1000～1200	9	17

③接口的环形间隙应均匀，其允许偏差不得超过表 9-6 的规定。

表 9-6 铸铁管接口环形间隙允许偏差 （单位：mm）

管 径	标准环形间隙	允许偏差
75～200	10	+3
250～450	11	-2
500～900	12	+4
1000～1200	13	-2

3. 填油麻的施工要求

（1）油麻的使用标准。油麻应松软而有韧性，清洁而无杂物。自制油麻可用无麻皮的长纤维麻加工成麻辫，在石油沥青溶液（5％的石油沥青，95％的汽油或苯）内浸透，拧干，并经风干而成。

（2）填油麻的深度。填油麻的深度应按表 9-7 的规定执行。其中石棉水泥及膨胀水泥砂浆接口的填麻深度约为承口总深的 1/3；接口的填麻深度以距承口水线（承口内缺刻）里边缘 5mm 为准。

表 9-7 承插铸铁管接口填麻深度 （单位：mm）

管 径	接口间隙	承口总深	接口填麻深度			
			油麻、石棉水泥接口油麻、膨胀水泥砂浆接口		油麻、铅接口	
			麻	灰	麻	铅
75	10	90	33	57	40	50

续表

管　径	接口间隙	承口总深	接口填麻深度			
			油麻、石棉水泥接口油麻、膨胀水泥砂浆接口		油麻、铅接口	
			麻	灰	麻	铅
100	10	95	33	62	45	50
125	10	95	33	62	45	50
150	10	100	33	67	50	50
200	10	100	33	67	50	50
250	11	105	35	70	55	50
300	11	105	35	70	55	50
350	11	110	35	75	60	50
400	11	110	38	72	60	50
450	11	115	38	77	65	50
500	12	115	42	73	55	60
600	12	120	42	78	60	60
700	12	125	42	83	65	60
800	12	130	42	88	70	60
900	12	135	45	90	75	60
1000	13	140	45	95	71	69
1100	13	145	45	100	76	69
1200	13	150	50	100	81	69

（3）石棉水泥接口及膨胀水泥砂浆接口的填麻圈数规定。

①管径≤400mm，用一缕油麻，绕填两圈。

②管径为450～800mm，每圈用一缕油麻，填两圈。

③管径≥900mm，每圈用一缕油麻，填三圈。

接口的填麻圈数，一般比上述规定增加一圈至二圈。

（4）填麻施工中的要求。

①填麻时，应将每缕油麻拧成麻花状，其粗度（截面直径）约为接口间隙的1.5倍，以保证填麻紧密。每缕油麻的长度在绕管一圈或二圈后，应有50～100mm的搭接长度。每缕油麻应按实际要求的长度和粗度，并参照材料定额事先截好，分好。

②油麻在加工、存放、截分及填打过程中，均应保持洁净，不得随地乱放。

③填麻时，先将承口间隙用铁牙背匀，然后用麻錾将油麻塞入接口。塞麻时需倒换铁牙。打第一圈油麻时，应保留一个或两个铁牙，以保证接口环形间隙均匀。待第一圈油麻打实后，再卸下铁牙，填第二圈油麻。

④打麻一般用 1.5kg 的铁锤。移动麻錾时应一錾挨一錾。油麻的填打程序及打法应按表 9-8 的规定执行。

表 9-8　油麻的填打程序及打法

圈　次	第一圈		第二圈			第三圈		
遍　次	第一遍	第二遍	第一遍	第二遍	第三遍	第一遍	第二遍	第三遍
击数	2	1	2	2	1	2	2	1
打法	挑打	挑打	挑打	平打	平打	贴外口	贴里口	平打

⑤套管（揣袖）接口填麻一般比普通接口多填一圈或两圈麻辫。第一圈麻辫宜稍粗，塞填距插口端约 10mm 为宜，同时第一圈麻不用锤打，以防"跳井"；第二圈麻填打时用力不宜过大；其他填打方法同普通接口。

注："跳井"即油麻或胶圈掉入对口间隙的现象。

⑥填麻后进行下层填料时，应将麻口重打一遍，以麻不动为合格，并将麻屑刷净。

（5）填油麻质量标准。

①按照规定，接口填麻深度的允许偏差为±5mm，石棉水泥及膨胀水泥砂浆接口的填麻深度不应小于表 9-7 所列数值。

②填打密实，用錾子重打一遍，不再走动。

4. 填胶圈的施工要求

（1）胶圈的质量和规格要求。

①胶圈的物理性能应符合表 9-9 的要求。

表 9-9　胶圈的物理性能

含胶量（%）	邵氏硬底	拉应力（MPa）	伸长率（%）	永久变形（%）	老化系数 70℃，72 h
≥65	45～55	≥16.0	≥500	<25	0.8

②外观检查，粗细均匀。质地柔软，无气泡（有气泡时搓捏发软），无裂缝、重皮。

③胶圈接头宜用热接，接缝应平整牢固，严禁采用耐水性不良的胶水（如 502 胶）粘结。

④胶圈的内环径一般为插口外径的 0.85～0.87 倍；胶圈截面直径的选择，

以胶圈填入接口后截面直径的压缩率［（胶圈截面直径－接口间隙）/胶圈截面直径］等于35％～40％为宜。

（2）胶圈接口。胶圈接口应尽量采用胶圈推入器，使胶圈在装口时滚入接口内。采用填打方法进行胶圈接口时，应注意以下几点：

①錾子应贴插口填打，使胶圈沿一个方向依次均匀滚入，避免出现"麻花"，填打有困难时，可借助铁牙在填打部位将接口适当撑大。

②一次不宜滚入太多，以免出现"闷鼻"或"凹兜"，一般第一次先打入承口水线，然后分2～3次至小台，胶圈距承口外缘的距离应均匀。

③在插口、承口均无小台的情况下，胶圈打至距插口边缘10～20mm为宜，以防"跳井"。

注："闷鼻"——当胶圈快打完一圈时，尚多余一段，形成一个鼻儿。"凹兜"——胶圈填打深浅不一致，或为轻微的"闷鼻"现象。

填打胶圈出现"麻花""闷鼻""凹兜"或"跳井"时，可利用铁牙将接口间隙适当撑大，进行调整处理。应将以上情况处理完善后，方得进行下层填料。

胶圈接口外层进行灌铅经填打胶圈后，应再填油麻一圈或两圈，以填至距承口水线里边缘5mm为宜。

（3）填胶圈质量标准。

①胶圈压缩率符合相关要求。

②胶圈填至小台，距承口外缘的距离均匀。

③无"麻花""闷鼻""凹兜"及"跳井"现象。

5. 填石棉水泥的施工要求

（1）石棉水泥接口使用材料。应符合设计要求，水泥强度等级不应低于42.5级，石棉宜采用软－4级或软－5级。

（2）石棉水泥的配合比（重量比）。一般为石棉30％，水泥70％，水10％～20％（占干石棉水泥的总重量）。加水量时一般宜用10％，气温较高或风较大时应适当增加。

（3）石棉和水泥拌制。

①石棉和水泥可集中拌制，拌好的干石棉水泥应装入铁桶内，并放在干燥房间内，存放时间不宜过长，避免受潮变质。每次拌制不应超过一天的用量。

②干石棉水泥应在使用时再加水拌和，拌好后宜用湿布覆盖，运至使用地点。加水拌和的石棉水泥应在1.5h内用完。

（4）石棉水泥接口。填打石棉水泥前，宜用清水先将接口缝隙湿润。

石棉水泥接口的填打遍数、填灰深度及使用錾号应按表9-10的规定。

表 9-10　石棉水泥接口填打方法

直径/mm 打法 填灰遍数	75～450 四填八打			500～700 四填十打			800～1200 五填十六打		
	填灰深度	使用錾号	击打遍数	填灰深度	使用錾号	击打遍数	填灰深度	使用錾号	击打遍数
1	1/2	1	2	1/2	1	3	1/2	1	3
2	剩余的2/3	2	2	剩余的2/3	2	3	剩余的1/2	1	4
3	填平	2	2	填平	2	2	剩余的2/3	2	3
4	找平	3	2	找平	3	2	填平	2	3
5	—	—	—	—	—	—	找平	3	3

石棉水泥接口操作应遵守下列规定。

①填石棉水泥，每一遍均应按规定深度填塞均匀。

②用 1、2 号錾时，打两遍时，靠承口打一遍，再靠插口打一遍；打三遍时，再靠中间打一遍。

③每打一遍，每一錾至少击打三下，第二錾应与第一錾有 1/2 相压。

④最后一遍找平时，应用力稍轻。

石棉水泥接口合格后，一般用厚约 10cm 的湿泥将接口四周糊严，进行养护，并用潮湿的土壤虚埋养护。

（5）填石棉水泥质量标准。

①石棉水泥配比准确。

②石棉水泥表面呈发黑色，凹进承口 1～2mm，深浅一致，并用錾子用力连打三下使表面不再凹入。

6. 填膨胀水泥砂浆的施工要求

（1）填膨胀水泥砂浆接口材料要求。

①膨胀水泥宜用石膏矾土膨胀水泥或硅酸盐膨胀水泥，出厂超过 3 个月应经试验证明其性能良好方可使用；自行配制膨胀水泥时，应经技术鉴定合格后方可使用。

②砂应用洁净的中砂，最大粒径不大于 1.2mm，含泥量不大于 2%。

（2）膨胀水泥砂浆的配合比（重量比）。一般采用膨胀水泥∶砂∶水＝1∶1∶0.3。当气温较高或风较大时，用水量可酌量增加，但最大水灰比不宜超过 0.35。

（3）膨胀水泥砂浆拌和。膨胀水泥砂浆必须拌和十分均匀，外观颜色一致。宜在使用地点附近拌和，随用随拌，一次拌和量不宜过多，应在半小时内用完或按原产品说明书操作。

（4）膨胀水泥砂浆水泥接口。应分层填入，分层捣实，以三填三捣为宜。每层均应一錾压一錾地均匀捣实。

①第一遍填塞接口深度的 1/2，用錾子用力捣实。

②第二遍填塞至承口边缘，用錾子均匀捣实。

③第三遍找平成活，捣至表面返浆，以承口边缘凹进 1～2mm 为宜，并刮去多余灰浆，找平表面。

接口成活后，应立即用湿草袋（或草帘）覆盖，并经常洒水，使接口保持湿润状态不少于 7 天。或用厚约 10cm 的湿泥将接口四周糊严，并用潮湿的土壤填埋，再进行养护。

（5）填膨胀水泥砂浆质量标准。

①膨胀水泥砂浆配合比准确。

②分层填捣密实，凹进承口的间距为 1～2mm，且表面平整。

7. 灌铅的施工要求

（1）一般要求灌铅工作由有经验的工人指导。

（2）熔铅注意事项。

①严禁将带水或潮湿的铅块投入已熔化的铅液内，避免发生爆炸，并应防止水滴落入铅锅。

②掌握熔铅火候，可根据铅熔液液面的颜色判别温度，如呈白色则温度低，呈紫红色则温度恰好，然后用铁棍（严禁潮湿或带水）插入铅熔液中随即快速提出，如铁棍上没有铅熔液附着，则温度适宜，即可使用。

③铅桶、铅勺等工具应与熔铅同时预热。

（3）安装灌铅卡箍顺序。

①在安装卡箍前，应将管口内水分擦干，必要时可用喷灯烤干，以免灌铅时发生爆炸；工作坑内有水时，必须掏干。

②将卡箍贴承口套好，开口位于上方，以便灌铅。

③用卡子夹紧卡箍，并用铁锤锤击卡箍，使其与管壁和承口紧贴。

④卡箍与管壁接缝部分用黏泥抹严，以免漏铅。

⑤用黏泥将卡子口围好。

（4）运送铅熔液注意事项。

①运送铅熔液至灌铅地点，跨越沟槽的马道应事先支搭牢固平稳，道路应平整。

②取铅熔液前，应用有孔漏勺从熔锅中除去铅熔液的浮游物。

③每次取运一个接口的用量，应有两人抬运，且不得上肩，并迅速安全运送。

（5）灌铅应遵守的规定。

①灌铅工人应全身防护，包括戴防护面罩。

②操作人员站在管顶上部，应使铅罐的口朝外。

③铅罐口距管顶约 20cm，使铅徐徐流入接口内，以便排气，大管径管道应将铅流放大，以免铅熔液中途凝固。

④每个接口的铅熔液应不间断地一次灌满，但中途发生爆声时，应立即停止灌铅。

⑤铅凝固后，即可取下卡箍。

（6）打铅操作程序。

①用刹子将铅口飞刺切去。

②用 1 号铅錾贴插口击打一遍，每打一錾应有半錾重叠，再用 2 号、3 号、4 号、5 号铅錾重复以上方法各打一遍至铅口打实。

③最后用錾子把多余的铅打下（不得使用刹子铲平），再用厚錾找平。

（7）灌铅质量标准。

①一次灌满，无断流。

②铅面凹进承口的间距为 1～2mm，且表面平整。

8. 法兰接口的施工要求

（1）法兰接口前的检查。法兰接口前应对法兰盘、螺栓及螺母进行检查。法兰盘面应平整，无裂纹，密封面上不得有斑疤、砂眼及辐射状沟纹。螺孔位置应准确，螺母端部应平整，螺栓螺母丝号应一致，且螺纹不乱。

（2）所用环形橡胶垫圈规格质量要求。

①质地均匀，厚薄一致，未老化，无皱纹；采用非整体垫片时，应粘结良好，拼缝平整。

②厚度：管径≤600mm 时，厚度宜采用 3～4mm；管径≥700mm 时，厚度宜采用 5～6mm。

③垫圈内径应等于法兰内径，其允许偏差：管径在 150mm 以内为＋3mm，管径为 200mm 及大于 200mm 时为＋5mm。

④垫圈外径应与法兰密封面外缘相齐。

（3）进行法兰接口时。

①进行法兰接口时，应先将法兰密封面清理干净。橡胶垫圈应放置平正。管径不小于 600mm 的法兰接口，或使用拼粘垫片的法兰接口，应在两法兰密封面上各涂铅油一道，以使接口严密。

②所有螺栓及螺母应点上机油，对称地均匀拧紧，不得过力，严禁先拧紧一侧再拧另侧。螺母应在法兰的同一面上。

③安装闸门或带有法兰的其他管件时，应防止产生拉应力。邻近法兰的一侧或两侧接口应在法兰上所有螺栓拧紧后，方可连接。

④法兰接口埋入土中前，应对螺栓进行防腐处理。

（4）法兰接口质量标准。

①两法兰盘面应平行，法兰与管中心线应垂直。

②管件或闸门不产生拉应力。

③螺栓应露出螺母外至少2螺纹，但其长度最多不应大于螺栓直径的1/2。

9. 人字柔口安装施工要求

（1）施工要求。

①人字柔口的人字两足和法兰的密封面上不得有斑疤及粗糙现象，安装前应先配在一起，详细检查各部尺寸。

②安装人字柔口，应使管缝居中，应不偏移，不倾斜。安装前宜在管缝两侧画上线，以便于安装时进行检查。

③所有螺栓及螺母应点上机油，对称地均匀拧紧，应保证胶圈位置正确，受力均匀。

（2）人字柔口安装质量标准。

①位置适中，不偏移，不倾斜。

②胶圈位置正确，受力均匀。

10. 预应力混凝土管的铺设

（1）材料质量要求。

①预应力混凝土管应无露筋、空鼓、蜂窝、裂纹、脱皮、碰伤等缺陷。

②预应力混凝土管承插口密封工作面应平整光滑。应逐件测量承口内径、插口外径及其椭圆度。对个别间隙偏大或偏小的接口，可配用截面直径较大或较小的胶圈。

③预应力混凝土管接口胶圈的物理性能及外观检查，同铸铁管所用胶圈的要求。胶圈内环径一般为插口外径的 0.87～0.93 倍，胶圈截面直径的选择，以胶圈滚入接口缝后截面直径的压缩率 35%～45% 为宜。

（2）铺设准备。

①安装前应先挖接口工作坑。工作坑长度一般为承口前 60cm，横向挖成弧形，深度以距管外皮 20cm 为宜。承口后可按管形挖成月牙槽（枕坑），使安装时不致支垫管子。

②接口前应将承口内部和插口外部的泥土脏物清刷干净，在插口端套上胶圈。胶圈应保持平正，无扭曲现象。

（3）接口。初步对口要求如下。

①管子吊起不得过高，稍离槽底即可，以使插口胶圈准确地对入承口八字内。

②利用边线调整管身位置，使管子中线符合设计要求。

③应认真检查胶圈与承口接触是否均匀紧密，不均匀时，用錾子捣击调整，以便接口时胶圈均匀滚入。

安装接口的机械宜根据具体情况采用装在特制小车上的顶镐、吊链或卷扬机等。顶拉设备事先应经过设计和计算。

安装接口时，顶、拉速度应缓慢，并应有专人查看胶圈滚入情况，如发现滚入不匀，应停止顶、拉，用錾子将胶圈位置调整均匀后，再继续顶、拉，使胶圈达到承插口预定的位置。

管子接口完成后，应立即在管底两侧塞土，使管身稳定。不妨碍继续安装的管段，应及时进行胸腔填土。

预应力混凝土管所使用铸铁或钢制的管件及闸门等的安装，应按铸铁管铺设的有关规定执行。

（4）铺设质量标准。

①管道中心线的允许偏差为 20mm。

②插口插入承口的长度的允许偏差为 ±5mm。

③胶圈滚至插口小台。

11. 硬聚氯乙烯（UPVC）管安装要求

（1）材料质量要求。硬聚氯乙烯管子及管件，可用焊接、粘结或法兰连接。硬聚氯乙烯管子的焊接或粘结的表面应清洁平整，无油垢，并具有毛面。

焊接硬聚氯乙烯管子时，必须使用专用的聚氯乙烯焊条。焊条应符合下列要求。

①弯曲 180° 两次不折裂，但在弯曲处允许有发白现象。

②表面光滑，无凸瘤和气孔，切断面的组织必须紧密均匀，无气孔和夹杂物。

焊接硬聚氯乙烯管子的焊条直径应根据焊件厚度按表 9-11 选定。

表 9-11　硬聚氯乙烯焊条直径的选择

焊件厚度（mm）	焊条直径（mm）
<4	2
4～16	3
>16	4

硬聚氯乙烯管的对焊，管壁厚度大于 3mm 时，其管端部应切成 30°～35° 的坡口，坡口一般不应有钝边。

焊接硬聚氯乙烯管子所用的压缩空气，不含水分和油脂，一般可用过滤器处理，压缩空气的压力一般应保持在 0.1MPa 左右。焊枪喷口热空气的温度为 220～250℃，可用调压变压器调整。

（2）焊接要求。

①焊接硬聚氯乙烯管子时，环境气温不得低于 5℃。

②焊接硬聚氯乙烯管子时，焊枪应不断上下摆动，使焊条及焊件均匀受热，并使焊条充分熔融，但不得有分解及烧焦现象。焊条的延伸率应控制在15%以内，以防产生裂纹。焊条应排列紧密，不得有空隙。

（3）承插连接。

①如图9-3所示，采用承插式连接时，承插口的加工，承口可将管端在约140℃的甘油池中加热软化，然后在预热至100℃的钢模中进行扩口，插口端应切成坡口，承插长度可按表9-12的规定，承插接口的环形间隙宜在0.15～0.30mm之间。

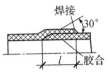

图 9-3　硬聚氯乙烯管承插式连接

表 9-12　硬聚氯乙烯管承插长度

管径	25	32	40	50	65	80	100	125	150	200
承插长度 l	40	45	50	60	70	80	100	125	150	200

②承插连接的管口应保持干燥、清洁，粘结前宜用丙酮或二氯乙烷将承插接触面擦洗干净，然后涂一层薄而均匀的胶粘剂，插口插入承口应插足。胶粘剂可用过氯乙烯清漆或过氯乙烯/二氯乙烷（20/80）溶液。

（4）管加工。

①加工硬聚氯乙烯管弯管，应在130～140℃的温度下进行煨制。管径大于65mm者，煨管时必须在管内填实100～110℃的热砂子。弯管的弯曲半径不应小于管径的3倍。

②卷制硬聚氯乙烯管子时，加热温度应保持为130～140℃。加热时间应按表9-13的规定。

表 9-13　卷制硬聚氯乙烯管子的加热时间

板材厚度（mm）	加热时间（min）
3～5	5～8
6～10	10～15

③聚硬聚氯乙烯管子和板材，在机械加工过程中，不得使材料本身温度超过50℃。

（5）质量标准。

①硬聚氯乙烯管子与支架之间应垫以毛毡、橡胶或其他柔软材料的垫板，金属支架表面不应有尖棱和毛刺。

②焊接的接口表面应光滑，无烧穿、烧焦、宽度、高度不匀等缺陷，焊条与焊件之间应有均匀的接触，焊接边缘处原材料应有轻微膨胀，焊缝的焊条间无孔隙。

③粘结的接口，连接件之间应严密无孔隙。

④煨制的弯管不得有裂纹、鼓泡、鱼肚状下坠和管材分解变质等缺陷。

12. 水压试验的内容

（1）试压后背安装。

①给水管道水压试验的后背安装，应根据试验压力、管径大小、接口种类周密考虑，应保证操作安全，保证试压时后背支撑及接口不被破坏。

②水压试验，一般在试压管道的两端各预留一段沟槽不开，作为试压后背。预留后背的长度和支撑宽度应进行安全核算。

③预留土墙后背应使墙面平整，并与管道轴线垂直。后背墙面支撑面积，根据土质和水压试验压力而定，一般土质可按承压 1.5MPa 考虑。

④试压后背的支撑，用一根圆木时，应支于管堵中心；方向与管中心线一致；使用两根圆木或顶铁时，前后应各放横向顶铁一根，支撑应与管中心线对称，方向与管中心线平行。

⑤后背使用顶镐支撑时，宜在试压前稍加顶力，对后背预加一定压力，但应注意加力不可过大，以防破坏接口。

⑥后背土质松软时，应采取加固措施，以保证试压工作安全进行。

⑦刚性接口的给水管道，为避免试压时由于接口破坏而影响试压，管径 600mm 及大于 600mm 时，管端宜采用一个或两个胶圈柔口。采用柔口时，管道两侧应与槽帮支牢，以防走动。管径 1000mm 及大于 1000mm 的管道，宜采用伸缩量较大的特制试压柔口盖堵。

⑧管径 500mm 以内的承插铸铁管试压，可利用已安装的管段作为后背。作后背的管段长度不宜少于 30m，并必须填土夯实。纯柔性接口管段不得作为试压后背。

⑨水压试验一般应在管件支墩做完并达到要求强度后进行。对未作支墩的管件应做临时后背。

（2）试压方法及标准。

①给水管道水压试验的管段长度一般不超过 1000m；如因特殊情况，需要超过 1000m 时，应与设计单位、管理单位共同研究确定。

②水压试验前应对压力表进行检验校正。

③水压试验前应做好排水设施，以便于试压后管内存水的排除。

④管道串水时，应认真进行排气。如排气不良（加压时常出现压力表表针摆

动不稳，且升压较慢），应重新进行排气。一般在管端盖堵上部位设置排气孔。在试压管段中，如有不能自由排气的高点，宜设置排气孔。

⑤串水后，试压管道内宜保持 0.2～0.3MPa 水压（但不得超过工作压力），浸泡一段时间，铸铁管需 1 昼夜以上，预应力混凝土管需 2～3 昼夜，使接口及管身充分吃水后，再进行水压试验。

⑥水压试验应在管身胸腔填土后进行，接口部分是否填土，应根据接口质量、施工季节、试验压力、接口种类及管径大小等情况具体确定。

⑦水压试验应统一指挥，明确分工，对后背、支墩、接口、排气阀等都应规定专人负责检查，并明确规定发现问题时的联络信号。

⑧对所有后背、支墩必须进行最后检查，确认安全可靠时，水压试验方可开始进行。

⑨开始水压试验时，应逐步升压，每次升压以 0.2MPa 为宜，每次升压后，检查没有问题，再继续升压。

⑩水压试验时，后背、支撑、管端等附近均不得站人，对后背、支撑、管端的检查，应在停止升压时进行。

⑪水压试验压力应按表 9-14 的规定执行。

表 9-14　管道水压试验的试验压力

管材种类	工作压力 P	试验压力
钢管	P	$P+0.5$ 且不应小于 0.9
铸铁及球墨铸铁管	≤0.5	$2P$
	>0.5	$P+0.5$
预应力、自应力混凝土管	≤0.6	$1.5P$
	>0.6	$P+0.3$
现浇钢筋混凝土管渠	≥0.1	$1.5P$

⑫水压试验一般以测定渗水量为标准。但直径≤400mm 的管道，在试验压力下，如 10min 内落压不超过 0.05MPa 时，可不测定渗水量，即为合格。

⑬水压试验采取放水法测定渗水量，实测渗水量不得超过表 9-15 规定的允许渗水量。

表 9-15　压力管道严密性试验允许渗水量

管道内径（mm）	允许渗水量[L/(min·km)]		
	钢管	铸铁管、球墨铸铁管	预（自）应力混凝土管
100	0.28	0.70	1.40

续表

管道内径（mm）	允许渗水量[L/(min·km)]		
	钢管	铸铁管、球墨铸铁管	预（自）应力混凝土管
125	0.35	0.90	1.56
150	0.42	1.05	1.72
200	0.56	1.40	1.98
250	0.70	1.55	2.22
300	0.85	1.70	2.42
350	0.90	1.80	2.62
400	1.00	1.95	2.80
450	1.05	2.10	2.96
500	1.10	2.20	3.14
600	1.20	2.40	3.44
700	1.30	2.55	3.70
800	1.35	2.70	3.96
900	1.45	2.90	4.20
1000	1.50	3.00	4.42
1100	1.55	3.10	4.60
1200	1.65	3.30	4.70
1300	1.70	—	4.90
1400	1.75	—	5.00

⑭管道内径大于表规定时，实测渗水量应不大于式（9-1）～式（9-4）计算的允许渗水量：

钢管：
$$Q = 0.05\sqrt{D} \tag{9-1}$$

铸铁管、球墨铸铁管：
$$Q = 0.1\sqrt{D} \tag{9-2}$$

预应力、自应力混凝土管：$Q = 0.14\sqrt{D}$ (9-3)

现浇钢筋混凝土管渠：
$$Q = 0.014D \tag{9-4}$$

式中 Q——允许渗水量；

D——管道内径。

13. 冲洗消毒的施工方法

（1）接通旧管。给水接通旧管，无论接预留闸门、预留三通，还是切管新装三通，均需先与管理单位联系，取得配合。凡需停水，应于前一天商定准确停水时间，并严格按照规定执行。

接通旧管前，应做好以下准备工作，需要停水时，应在规定停水时间以前完成。

①挖好工作坑，并根据需要做好支撑、栏杆和警示灯，以保证安全。

②需要放出旧管中的存水时，应根据排水量，挖好集水坑，准备好排水机具，清理排水路线，以保证顺利排水。

③检查管件、闸门、接口材料、安装设备、工具等，应使规格、质量、品种、数量均符合需要。

④如夜间接管，应装好照明设备，并做好停电准备。

⑤在切管上先画出锯口位置，切管长度一般为换装管件有效长度（即不包括承口）再加管径的1/10。

接通旧管的工作应紧张而有秩序，明确分工，统一指挥，并与管理单位派至现场的人员密切配合。

需要停水关闸时，关闸、开闸的工作均由管理单位的人员负责操作，施工单位派人配合。

关闸后，应在停水管段内打开消火栓或用水龙头放水，如仍有水压，应检查原因，采取措施。

预留三通、闸门的侧向支墩，应在停水后拆除。如不停水拆除闸门的支墩，应同管理单位研究制定防止闸门走动的安全措施。

切管或卸盖堵时，旧管中的存水流入集水坑，应随即排除，并调节从旧管中流出的水量，使水面与管底保持相当距离，以免污染通水管道。切管前，应将所切管截垫好或吊好，防止骤然下落。调节水量时，可将管截上下或左右缓缓移动。卸法兰盖堵、承堵或插堵时，也必须吊好，并将堵端支好，防止骤然把堵冲开。

接通旧管时，新装闸门及闸门与旧管之间的各项管件，除清除污物并冲洗干净外，还应用1%～2%的漂粉溶液洗刷两遍，进行消毒后，方可安装。在安装过程中，也应注意防止再受污染。接口用的油麻应经蒸汽消毒，接口用的胶圈和接口工具也均应用漂粉溶液消毒。

接通旧管后，开闸通水时应采取必要的排气措施。

开闸通水后，应仔细检查接口是否漏水，直径不小于400mm的干管，对接口观察应不小于半小时。

切管后新装的管件，应及时按设计标准或管理单位要求做好支墩。

（2）放水冲洗。

①给水管道放水冲洗前应与管理单位联系，共同商定放水时间、取水样化验时间、用水流量及如何计算用水量等事宜。

②管道冲洗水速一般应为1～1.5m/s。

③放水前应先检查放水线路是否影响交通及附近建筑物的安全。

④放水口四周应有明显标志或栏杆，夜间应点警示灯，以确保安全。

⑤放水时应先开出水闸门，再开来水闸门，并做好排气工作。

⑥放水时间以排水量大于管道总体积的 3 倍，并使水质外观澄清为度。

⑦放水后，应尽量使来水、出水闸门同时关闭。如做不到，可先关出水闸门，但留一两扣先不关死，待将来水闸门关闭后，再将出水闸门全部关闭。

⑧放水完毕，管内存水达 24h 后，由管理单位取水样化验。

（3）水管消毒。

①给水管道经放水冲洗后，水质检验不合格者应用漂粉溶液消毒。在消毒前两天与管理单位联系，取得配合。

②给水管道消毒所用漂粉溶液浓度应根据水质不合格的程度确定，一般采用 $100 \sim 200 \mathrm{mg/L}$，即溶液内含有游离氯 $25 \sim 50 \mathrm{mg/L}$。

③漂粉在使用前，应进行检验。漂粉纯度以含氯量 25% 为标准。当含氯量高于或低于标准时，应以实际纯度调整用量。

④漂粉保管时，不得受热受潮、日晒和火烤。漂粉桶盖应密封；取用漂粉后，应随即将桶盖盖好；存放漂粉的室内不得住人。

⑤取用漂粉时应戴口罩和手套，并注意勿使漂粉与皮肤接触。

⑥溶解漂粉时，先将硬块压碎，在小盆中溶解成糊状，直至残渣不能溶化为止，再用水冲入大桶内搅匀。

⑦用泵向管道内压入漂粉溶液时，应根据漂粉的浓度和压入的速度，用闸门调整管内流速，以保证管内的游离氯含量符合要求。

⑧当进行消毒的管段全部冲满漂粉溶液后，关闭所有闸门，浸泡 24h 以上，然后放净漂粉溶液，再放入自来水，等 24h 后由管理单位取水样化验。

14. 雨期、冬期施工要求

（1）雨期施工。雨期施工应严防雨水泡槽，造成漂管事故。除按有关雨期施工的要求，防止雨水进槽外，对已铺设的管道应及时进行胸腔填土。

雨天不宜进行接口。如需要接口时，应采取防雨措施，确保管口及接口材料不被雨淋。雨天进行灌铅时，防雨措施更应严格要求。

（2）冬期施工。冬期施工进行石棉水泥接口时，应采用热水拌和接口材料，水温不应超过 50℃。

冬期施工进行膨胀水泥砂浆接口时，砂浆应用热水拌和，水温不应超过 35℃。

气温低于 -5℃ 时，不宜进行石棉水泥及膨胀水泥砂浆接口；必须进行接口时，应采取防寒保温措施。

石棉水泥接口及膨胀水泥砂浆接口，可用盐水拌和的水泥封口养护，同时覆盖草帘。石棉水泥接口也可用不冻土回填夯实。膨胀水泥砂浆接口处，可用不冻土临时填埋，但不得加夯。

在负温度下需要洗刷管子时，宜用盐水。

冬期进行水压试验，应采取以下防冻措施。

①管身进行胸腔填土，并将填土适当加高。

②暴露的接口及管段均用草帘覆盖。

③串水及试压临时管线均用草绳及稻草或草帘缠包。

④各项工作抓紧进行，尽快试压，试压合格后，即将水放出。

⑤管径较小，气温较低，预计采取以上措施仍不能保证水不结冻时，水中可加食盐防冻，一般情况不使用食盐。

第二节　园林排水工程施工

水体景观

扫码观看本视频

一、园林排水的特点

1. 地形变化大，适宜利用地形排水

园林绿地中既有平地，又有坡地，甚至还可有山地。地面起伏度大，就有利于组织地面排水。利用低地汇集雨雪水到一处，使地面水集中排除比较方便，也比较容易进行净化处理。地面水的排除可以不进地下管网，而利用倾斜的地面和少数排水明渠直接排放入园林水体中。这样可以在很大程度上简化园林地下管网系统。

2. 排水管网布置较为集中

排水管网主要集中布置在人流活动频繁、建筑物密集、功能综合性强的区域中，如餐厅、茶室、游乐场、游泳池、喷泉区等地方。在林地区、苗圃区、草地区、假山区等功能单一而面积广大的区域，则多采用明渠排水，不设地下排水管网。

3. 管网系统中雨水管多，污水管少

园林排水管网中的雨水管数量明显多于污水管。这是园林产生污水比较少的缘故。

4. 排水成分中，污水少，雨雪水和废水多

园林内所产生的污水，主要是餐厅、宿舍、厕所等的生活污水，基本上没有其他污水源。污水的排放量只占园林总排水量的很小一部分。占排水量大部分的是污染程度很轻的雨雪水和各处水体排放的生产废水和游乐废水。这些地面水常常不需进行处理就可直接排放；或者仅作简单处理后再排除或再重新利用。

5. 重复使用可能性大

由于园林内大部分排水的污染程度不严重，因而基本上都可以在经过简单的沉淀澄清、除去杂质后，用于植物灌溉、湖池水源补给等方面，水的重复使用效率比较高。喷泉池、瀑布池等还可以安装水泵，直接从池中汲水，并在池中使

用，实现池水的循环利用。

二、园林排水的方式

1. 地面排水

园林排水中最常用的排水方式是地面排水，即利用地面坡度使雨水汇集，再通过沟谷、涧、山道等加以组织引导，就近排入附近水体或城市雨水管渠。这也是我国大部分公园绿地主要采用的一种方法。此方法经济适用，便于维修，而且景观自然，如图9-4所示。

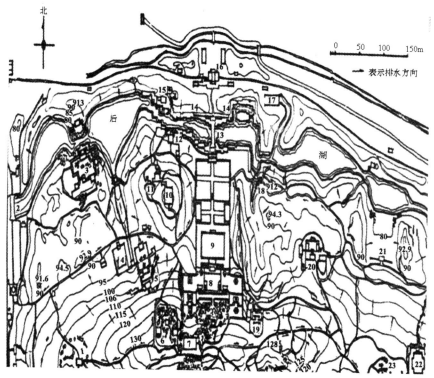

1—湖山真意；2—半壁桥；3—绮望轩址；4—赅春园址；5—清可轩址；6—会云寺；
7—智慧海；8—香岩宗印之阁；9—须称灵境址；10—构虚轩址；11—味闲斋址；12—会芳堂址；
13—长桥；14—苏州街；15—嘉荫轩；16—北宫门；17—船坞；18—寅辉；19—善现寺；
20—花承陶址（多宝塔）；21—长生院；22—景福加；23—荟亭。

图9-4　颐和园万寿山后山排水示意

地面排水的方式可以归结为5个字，即拦、阻、蓄、分、导。

导——把多余的地表水或造成危害的地表径流利用地面、明沟、道路边沟或地下管及时排放到园内或园外的水体或雨水灌渠中去。

分——用山石建筑墙体将大股的地表径流利用地面分成多股细流，以减少危害。

蓄——包含两方面含义，一是采取措施使土壤多蓄水，一是利用地表洼处或池塘蓄水，这对干旱地区的园林绿地尤其重要。

阻——在径流流经的路线上设置障碍物挡水，达到消力降速以减少冲刷的作用。

拦——把地表水拦截于园地或局部之外。

雨水径流对地表的冲刷是地面排水所面临的主要问题。应进行合理的安排，采取有效措施防止地表径流冲刷地面，保持水土，维护园林景观。防止地表径流冲刷地面的措施如下。

（1）竖向设计。竖向设计如图9-5所示。

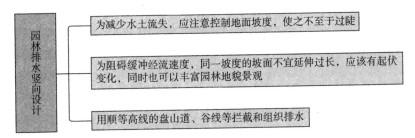

图9-5　园林排水的竖向设计

（2）工程措施。

①谷方。地表径流在谷线或山洼处汇集，形成大流速径流，可在汇水线上布置一些山石，借以减缓水流冲力降低流速，以避免其对地表的冲刷，起到保护地表的作用，这些山石就叫"谷方"，需深埋浅露加以稳固，如图9-6所示。

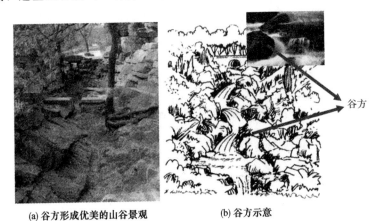

(a) 谷方形成优美的山谷景观　　(b) 谷方示意

图9-6　谷方

②挡水石。道路是组织雨水排放最有力的设施。在利用道路边沟排水时，在坡度变化较大处，作用和布置方式同"谷方"相近。由于水的流速大，表土土层往往被严重冲刷甚至损坏路基，为了减少冲刷，在台阶两侧或陡坡处设置山石等阻挡水流，减缓水流的速度，这种置石就叫做挡水石，如图 9-7 所示。

(a) 挡水石景观

(b) 挡水石示意(一)

(c) 挡水石示意(二)

图 9-7　挡水石

③护土筋。一般沿道路两侧坡度较大或边沟沟底纵坡较陡的地段敷设，用砖或其他块材成行排列埋置土中，使之露出地面 3～5cm，每隔一定距离（10～20m）设置 3～4 道，与道路中线成一定角度，如鱼骨状排列于道路两侧。护土筋设置的疏密主要取决于坡度的陡缓，多设坡陡，反之则少设，如图 9-8 所示。

④出水口处理。园林中利用地面或明渠排水，在排入园内水体时，出水口应做适当处理以保护岸坡，常见的如"水簸箕"。排水槽上下口高差大时，可在下口前端设栅栏作为消力或拦污的作用；在槽底设置"消力阶"；槽底做成礓磋式；在槽底砌消力块等，如图 9-9 所示。

在园林中，雨水排水口应结合造景，用山石布置成峡谷、溪涧，落差大的地段还可以处理成跌水或小瀑布。这不仅解决了排水问题，而且丰富了园林地貌景观。

（3）利用地被植物。地被植物具有对地表径流加以阻碍、吸收以及固土等作用，加强绿化、合理种植、用植被覆盖地面是防止地表水土流失的有效措施与合理选择。

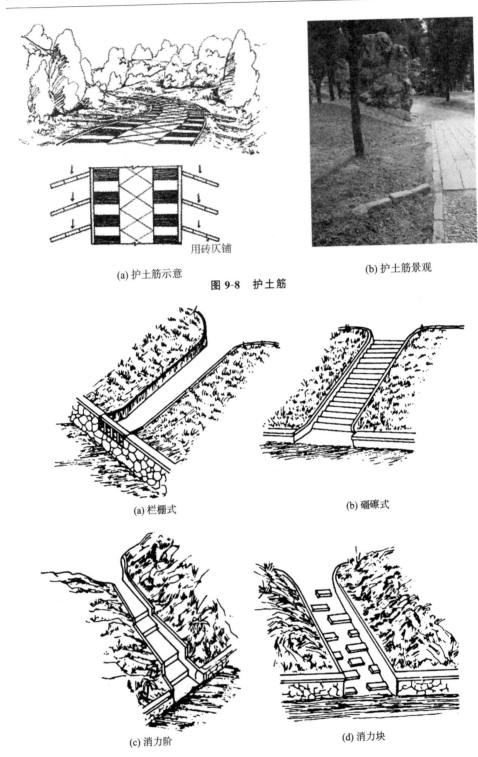

(a) 护土筋示意

(b) 护土筋景观

图 9-8　护土筋

(a) 栏栅式

(b) 礓磜式

(c) 消力阶

(d) 消力块

图 9-9　出水口处理

2. 管道排水

在园林中的某些地方，如低洼的绿地、铺装的广场、休息场所及建筑物周围，积水和污水的排除需要或只能利用铺设管道的方式进行。利用管道排水具有不妨碍地面活动、卫生、美观、排水效率高的优点，但造价高，且检修困难，如图 9-10 所示。

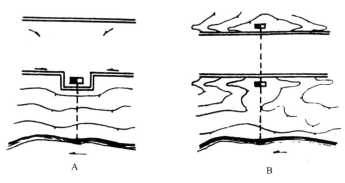

A

B

图 9-10　用雨水口将雨水排入园中水体

3. 沟渠排水

沟渠排水是指利用明沟、盲沟等设施进行的排水方式，具体内容如下。

（1）明沟排水。公园排水用的明沟大多是土质明沟，其断面为钉梯形、三角形或自然式浅沟等形式，通常采用梯形断面。沟内可植草种花，也可任其生长杂草。在某些地段根据需要也可砌砖、石或混凝土明沟，断面常采用梯形或矩形，如图 9-11 所示。明沟的优点是工程费用较少，造价较低，但明沟容易淤积，滋生蚊蝇，影响环境卫生。因此，在建筑物密度较高、交通繁忙的地区，可采用加盖明沟。

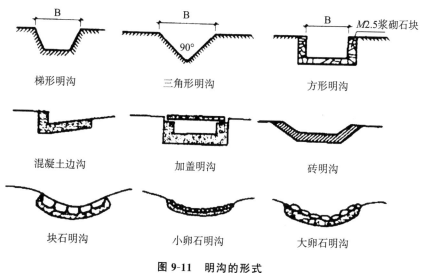

梯形明沟　　　　　　三角形明沟　　　　　　方形明沟

混凝土边沟　　　　　加盖明沟　　　　　　砖明沟

块石明沟　　　　　小卵石明沟　　　　　大卵石明沟

图 9-11　明沟的形式

（2）盲沟排水。盲沟是一种地下排水渠道，又叫暗沟、盲渠。主要用于排除地下水，降低地下水位。一般适用于一些要求排水良好的全天候的体育活动场地、儿童游戏场地或地下水位高的地区以及某些不耐水的园林植物生长区等。盲沟排水具有取材方便，造价低廉，不需附加雨水口、检查井等构筑物，地面不留"痕迹"等优点，从而保持了园林绿地草坪及其他活动场地的完整性。对公园草坪的排水尤为适用。

常见的布置形式有自然式（树枝式）、截流式、篦式（鱼骨式）和耙式四种形式，如图 9-12 与图 9-13 所示。

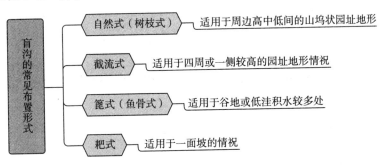

图 9-12 盲沟的常见布置形式（一）

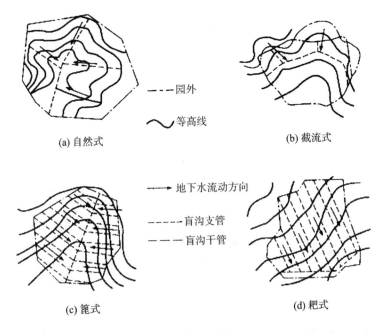

图 9-13 盲沟的常见布置形式（二）

三、排水管道敷设

1. 排水管道敷设的一般规定

（1）排水管道敷设内容。系指普通平口、企口、承插口混凝土管安装，其中包括浇筑平基、安管、接口、浇筑管座混凝土、闭水闭气试验、支管连接等工序。

（2）铺设所用管材要求。铺设所用的混凝土管、钢筋混凝土管及缸瓦管必须符合质量标准并具有出厂合格证，不得有裂纹，管口不得有残缺。

（3）刚性基础、刚性接口管道安装方法。

①普通法：即平基、安管、接口、管座四道工序分四步进行。

②四合一法：即平基、安管、接口、管座四道工序连续操作，以缩短施工周期，管道结构整体完好。

③前三合一法：即将平基、安管、接口三道工序连续操作。待闭水（闭气）试验合格后，再浇筑混凝土管座。

④后三合一法：即先浇筑平基，待平基混凝土达到一定强度后，再将安管、接口、浇筑管座混凝土三道工序连续进行。

（4）管材。应具有出厂合格证。管材进场后，在下管前应做外观检查（裂缝、缺损、麻面等）。采用水泥砂浆抹带应对管口作凿毛处理（小于 $\phi800mm$ 做口外处理，等于或大于 $\phi800mm$ 做口里处理）。

如不采用四合一与后三合一铺管法时，做完接口，经闭水或闭气检验合格后，方能进行浇筑混凝土包管。

（5）倒撑工作。

①倒撑之前应对支撑与槽帮情况进行检查，如有问题妥善处理后方可倒撑。

②倒撑高度应距管顶 20cm 以上。

③倒撑的立木应立于排水沟底，上端用撑杠顶牢，下端用支杠支牢。

（6）排水管道安装质量要求。

①纵断高程和平面位置准确，对高程应严格要求。

②接口严密坚固，污水管道需经闭水试验合格后安装。

③混凝土基础与管壁结合严密、坚固稳定。

（7）不接支线的预留管口。凡暂时不接支线的预留管口应砌死，并用水泥砂浆抹严，同时应考虑以后接支线时拆除的方便。

（8）新建排水管道。新建排水管道接通旧排水管道时，应先与市政工程管理部门联系，取得配合。在接通旧污水或合流管道时，应同市政工程管理部门制定技术措施，以确保工程质量，施工安全及旧管道的正常运行。进入旧排水管道检查井内或沟内工作时，应先和市政工程管理部门联系，并遵守其安全操作的有关规定。

2. 稳管前的准备工作及操作方法

（1）槽内运管。槽底宽度许可时，管子应滚运；槽底宽度不许滚运时，可用滚杠或特制的运管车运送。在未打平基的沟槽内用滚杠或运管车运管时，槽底应铺垫木板。

（2）稳管准备工作。

①稳管前应将管子内外清扫干净。

②稳管时应根据高程线掌握高程，高程以量管内底为宜，当管子椭圆度及管皮厚度误差较小时，可量管顶外皮。调整管子高程时，所垫石子石块应稳固。

（3）管道中心线的控制。可采用边线法或中线法。采用边线法时，边线的高度应与管子中心高度一致，其位置以距管外皮 10mm 为宜。

（4）在垫块上稳管。

①垫块应放置平稳，高程符合质量标准。

②稳管时管子两侧应立保险杠，防止管子从垫块上滚下伤人。

（5）稳管的对口间隙。管径不小于 700mm 的管子按 10mm 掌握，以便于管内勾缝；管径在 600mm 以内时，可不留间隙。

（6）在平基或垫块上稳管。管子稳好后，应用干净石子或碎石从两边卡牢，防止管子移动。稳管后应及时灌注混凝土管座。

（7）在枕基或土基管道稳管。一般挖弧形槽，并铺垫砂子，使管子与土基接触良好。

（8）稳较大的管子。宜进入管内检查对口，减少错口现象。

（9）质量标准。

①管内底高程的允许偏差为 ±10mm。

②中心线的允许偏差为 10mm。

③相邻管内底错口不得大于 3mm。

3. 管道安装方法

（1）管材的倒运要求。

①根据现场条件，管材应尽量沿线分孔堆放。

②采用推土机或拖拉机牵引运管时，应用滑杠并严格控制前进速度，严禁用推土机铲推管。

③当运至指定地点后，对存放的每节管应打眼固定。

（2）下管。

①在平基混凝土强度达到设计强度的 50%，且复测高程符合要求后方可下管。

②下管常用方法有起重机下管、扒杆下管和绳索溜管等。

③下管操作时要有明确分工，应严格遵守有关操作规程的规定。

④下管时应保证起重机等机具及坑槽的稳定。起吊不能过猛。

（3）槽下运管。通常在平基上通铺草袋和顺板，将管吊运到平基后，再逐节横向均匀摆在平基上，采用人工横推法。操作时应设专人指挥，保障人身安全，防止管之间互相碰撞。当管径大于管长时，不应在槽内运管。

（4）管道安装。首先将管逐节按设计要求的中心线、高程就位，并控制两管口之间距离（通常为 1.0～1.5cm）。

①管径在 500mm 以下的普通混凝土管，管座为 90°～120°，可采用四合一法安装；特殊情况下管径在 500mm 以上的管道亦可采用。

②管径在 500～900mm 的普通混凝土管可采用后三合一法进行安装。

③管径在 500mm 以下的普通混凝土管，管座为 180°或包管时，可采用前三合一法安装管道。

4. 水泥砂浆接口操作方法

（1）水泥砂浆接口适用环境。可用于平口管或承插口管，用于平口管时有水泥砂浆抹带和钢丝网水泥砂浆抹带。

（2）水泥砂浆接口的材料。应选用强度等级为 42.5 级的水泥，砂子应过 2mm 孔径的筛子，砂子含泥量不得大于 2%。

（3）接口用水泥砂浆配比。应按设计规定，无设计规定时，抹带的水泥砂浆配比为水泥∶砂子＝1∶2.5（重量比），水灰比一般不大于 0.5。

（4）抹带。管径不小于 700mm 的管道，管缝超过 10mm 时，抹带应在管内管缝上部支一垫托（一般用竹片做成），不得在管缝填塞碎石、碎砖、木片或纸屑等。

水泥砂浆抹带操作程序如下。

①先将管口洗刷干净，并刷水泥砂浆一道。

②抹第一层砂浆时，应注意找正，使管缝居中，厚度约为带厚的 1/3，并压实使其与管壁粘结牢固，表面划成线槽，管径在 400mm 以内时抹带可一层成活。

③待第一层砂浆初凝后抹第二层，并用弧形抹子捋压成形，初凝后再抹子赶光压实。

钢丝网水泥砂浆抹带，钢丝网规格应符合设计要求，并应无锈、无油垢。每圈钢丝网应按设计要求，并留出搭接长度，事先截好。

钢丝网水泥砂浆抹带操作程序如下。

①管径不小于 600mm 的管子，抹带部分的管口应凿毛；管径不大于 500mm 的管子应刷去浆皮。

②将已凿毛的管口洗刷干净，并刷水泥浆一道。

③在灌注混凝土管座时，将钢丝网按设计规定的位置和深度插入混凝土管座

内，并另加适当抹带砂浆，认真捣固。

④在抹带的两侧安装好弧形边模。

⑤抹第一层水泥砂浆时应压实，使其与管壁粘结牢固，厚度为 15mm，然后将两片钢丝网包拢，用 20 号镀锌钢丝将两片钢丝网扎牢。

⑥待第一层水泥砂浆初凝后，抹第二层厚 10mm 的水泥砂浆，第二层钢丝网搭茬应与第一层错开（如只用一层钢丝网时，这一层砂浆即与模板抹平，初凝后赶光压实）。

⑦待第二层水泥砂浆初凝后，抹第三层水泥砂浆，与模板抹平，初凝后赶光压实。

⑧抹带完成后，一般 4～6h 可以拆除模板，拆除时应轻敲轻卸，不得碰坏抹带的边角。

（5）承插管。

①内缝的直径不小于 700mm 的管子，应用水泥砂浆填实抹平，灰浆不得高出管内壁。管座部分的内缝，配合灌注混凝土时勾抹。管座以上的内缝应在管带终凝后勾抹，也可在抹带以前勾抹，将管缝支上内托，从外部将砂浆填实，然后拆去内托，勾抹平整。

②直径在 600mm 以内的管子应配合灌注混凝土管座，用麻袋球或其他工具在管内来回拖动，使流入管内的灰浆拉平。

③承插管铺设前应将承口内部及插口外部洗刷干净。铺设时应使承口朝着铺设的前进方向。第一节管子稳好后，应在承口下部涂满灰浆，随即将第二节管的插口挤入，注意保持接口缝隙均匀，然后将砂浆填满接口，填捣密实，口部抹成斜面。挤入管内的砂浆应及时抹光或清除。

（6）质量标准。

①抹带外观不裂缝，不空鼓，外光里实，厚度允许偏差为 0～±5mm。

②管内缝平整严实，缝隙均匀。

③承插接口填捣密实，表面平整。

5. 止水带施工要点

（1）止水带的焊接。分平面焊接和拐角焊接两种形式。焊接时使用特别的夹具进行热合，截口应整齐，两端应对正，拐角处和丁字接头处可预制短块，亦可裁成坡角和 V 形口进行热合焊接，但伸缩孔应对准连通。

（2）止水带的安装。

①安装前应保持表面清洁无油污。

②就位时，应用卡具固定，不得移位。伸缩孔对准油板，呈现垂直，油板与端模固定成一体。

③止水带在安装与使用中严禁破坏，保证原体完整无损。

（3）浇筑止水带处混凝土。

①止水带的两翼板，应分两次浇筑在混凝土中，镶入顺序与浇筑混凝土一致。

②立向（侧向）部位止水带的混凝土应在两侧同时浇灌，并保证混凝土密实，而止水带不被压偏。水平（顶或底）部位止水带下面的混凝土先浇灌，保证浇灌饱满密实，略有超存。止水带上面混凝土应由翼板中心向端部方向浇筑，迫使止水带与混凝土之间的气体挤出，以此保证止水带与混凝土成整体。

（4）管口处理。止水带混凝土达到强度后，根据设计要求，为加强变形缝和防水能力，可在混凝土的任何一侧将油板整环剔深 3cm，清理干净后，填充 SWER 水膨胀橡胶胶体或填充 CM—R2 密封膏（也可以将 SWER 条与油板同时镶入混凝土中）。

（5）止水带的材质。分为天然橡胶、人工合成橡胶两种，选用时应根据设计文件或使用环境确定。但幅宽不宜过窄，并且有多条止水线。

6. 支管连接与闭水试验

（1）支管连接。

①支管接入干管处，如位于回填土之上，应做加固处理。

②支、干管接入检查井、收水井时，应插入井壁内，且不得突出井内壁。

（2）闭水试验。

①凡污水管道及雨、污水合流管道、倒虹吸管道均应作闭水试验。雨水管道和与其性质相近的管道，除大孔性土壤及水源地区外，均不作闭水试验。

②闭水试验应在管道填土前进行，并应在管道灌满水后浸泡 1～2 昼夜再进行。

③闭水试验的水位应在试验段上游管内顶以上 2m。如检查井高不足 2m 时，以检查井高为准。

④闭水试验时应对接口和管身进行外观检查，无漏水和无严重渗水为合格。

⑤闭水试验应按附录闭水法试验进行，实测排水量应不大于表 9-16 规定的允许渗水量。

⑥管道内径大于表 9-14 规定的管径时，实测渗水量应不大于按式（9-5）计算的允许渗水量

$$Q=1.25D \hspace{2cm} (9\text{-}5)$$

式中　Q——允许渗水量 ［m³/（24 h·km）］；

　　　D——管道内径（mm）。

异形截面管道的允许渗水量可按周长折算为圆形管道。

在水源缺乏的地区，当管道内径大于 700mm 时，可按井根数量的 1/3 抽验。

表 9-16　压力管道严密性试验允许渗水量

管材	管道内径（mm）	允许渗水量 [m³/(24h·km)]
混凝土、钢筋混凝土管，陶管及管渠	200	17.60
	300	21.62
	400	25.00
	500	27.95
	600	30.60
	700	33.00
	800	35.35
	900	37.50
	1000	39.52
	1100	41.45
	1200	43.30
	1300	45.00
	1400	46.70
	1500	48.40
	1600	50.00
	1700	51.50
	1800	53.00
	1900	54.48
	2000	55.90

7. 与已通水管道连接的施工要求和常用的接头方式

（1）施工要求。

①区域系统的管网施工完毕，并经建设单位验收合格后，即可安排通水事宜。

②通水前应做周密安排，编写连接实施方案，做好落实工作。

③对相接管道的结构形式、全部高程、平面位置、截面形状尺寸、水流方向、水量、全日水量变化、有关泵站与管网关系、停水截流降低水位的可能性、原施工情况、管内有毒气体与物质等资料，均应作周密调查与研究。

④做好截流，降低相接通管道内水位的实际试验工作。

⑤应做到在规定的断流时间内完成。接头、堵塞、拆堵，达到按时通水的要求。

⑥为了保证操作人员的人身安全，除采取可靠措施外，还应事先做好动物试验、防护用具性能试验、明确监护人，并遵守《城镇排水管道维护安全技术规程》。

⑦待人员培训完毕，机具、器材准备妥当，联席会议已召开，施工方案均具备时，报告上一级安全部门，待验收合格后方可动工。

（2）接头的方式。与 $\phi1500mm$ 以下圆形混凝土管道连接。

在管道相接处，挖开原旧管，工作时按检查井开挖预留，而后以旧管外径作井室内宽，顺管道方向仍保持 1m 或略加大些，其他部分仍按检查井通用图砌筑，当井壁砌筑高度高出最高水位，抹面养护 24h 后，即可将井室内的管身上半部砸开，拆堵通水。在施工中应注意以下要点。

①开挖土方至管身两侧时，要求两侧同时下挖，避免因侧向受压造成管身滚动。

②如管口漏水严重应采取补救措施。

③要求砸管部位规则、整齐，且彻底清堵。

管径过大或与异形管身相接。

①如果被接管道整体性好，用混凝土浇筑体时，开挖外露后采用局部砸洞并将管道接入。

②如果构筑物整体性差，不能砸洞，及新旧管道高程不能连接时，应同设计单位和建设单位研究解决。

8. 平、企口混凝土管柔性接口施工要求

（1）CM—R_2 密封膏接口。

①排水管道 CM—R_2 密封膏接口适用于平口、企口混凝土下水管道；环境温度为 $-20\sim50℃$。管口黏结面应保持干燥。

②用 CM—R_2 密封膏进行接口施工时，应降低地下水位，至少低于管底150mm，槽底不得被水浸泡。

③用 CM—R_2 密封膏接口时，需根据季节气温选择 CM—R_2 密封膏黏度。其应用范围见表 9-17。

表 9-17　CM—R_2 密封膏黏度应用范围

季　节	CM—R_2 密封膏黏度（Pa·s）
夏季（20～50℃）	65 000～75 000
春、秋季（0～20℃）	60 000～65 000
冬季（-20～0℃）	55 000～60 000

④当气温较低，CM—R_2 密封膏黏度偏大，不便使用时，可用甲苯或二甲苯稀释，并注意防火安全。

⑤CM—R_2密封膏应根据现场施工用量加工配制，必须将盛有CM—R_2密封膏的容器封严，存放在阴凉处，不得日晒，环境温度与CM—R_2密封膏存放期的关系应符合表9-18的规定。

表9-18　环境温度与密封膏存放期

环境温度/℃	存放期
20～40	<1个月
0～20	<2个月
−20～0	2个月以上

（2）平、企口混凝土管道安装。

①在安装管道前，应用钢丝刷将管口黏结端面及与管皮交界处清刷干净并用毛刷将浮尘刷净。管口不整齐，亦应作相应处理。

②安装时，沿管口圆周应保持接口间隙为8～12mm。

③管道在接口前，间隙需嵌塞泡沫塑料条，成形后间隙深度约为10mm。

直径在800mm以上的管道，先在管内，沿管底间隙周长的1/4均匀嵌塞泡沫塑料条，两侧分别留30～50mm作为搭接间隙。在管外，沿上管口嵌其余间隙，应符合图9-14的规定。

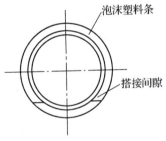

图9-14　沿上管口嵌其余间隙图

直径在800mm以下的管道，在管底间隙1/4周长范围内，不嵌塞泡沫塑料条。但需在管外底沿接口处的基础上挖一深为150mm，宽为200mm的弧形槽，以及做外接口。外接口做好后，要将弧形槽用砂填满。

（3）CM—R_2密封膏注入管道接口间隙。

①用注射枪将CM—R_2密封膏注入管接口间隙，根据施工需要调整注射压力在0.2～0.35 MPa。分两次注入，先做底口，后做上口。

CM—R_2密封膏一次注入量为注膏槽深的1/2，且在槽壁两侧均匀粘涂CM—R_2密封膏，表面风干后用压缝溜子和油工铲抹压修整。

24h后，二次注入CM—R_2密封膏将槽灌满，表面风干后压实。

②CM—R_2密封膏的连接上口与底口CM—R_2密封膏在管底1/4周长范围内

衔接，CM—R_2 密封膏应与搭接间隙连为一体。

当管道直径小于 800mm 时，底口用载有密封膏的土工布条（宽 80mm）在管外底包贴，应包贴紧密，并与上口 CM—R_2 密封膏衔接密实。

（4）施工注意事项。

①槽内被水浸泡过或雨淋后，若接口部位潮湿，则不得进行接口施工，应风干后进行。必要时可用"02"和"03"堵漏灵刷涂处理，再做 CM—R_2 密封膏接口。

②接口时和接口后，应防止管子滚动，以保证 CM—R_2 密封膏的黏结效果。

③施工人员在作业期间不得吸烟，作业区严禁明火，并应遵照防毒安全操作规程。如进入管道内操作，要有足够通风环境，管道必须有两个以上通风口，并不得有通风死道。

（5）外观检查。

①CM—R_2 密封膏灌注应均匀、饱满、连续，不得有麻眼、孔洞、气鼓及膏体流淌现象。

②CM—R_2 密封膏与注膏槽壁黏结应紧密连为一体，不得出现脱裂或虚贴。

③当接口检查不合要求时，应及时进行修整或返工。

（6）闭气检验。不同管径每个接口 CM—R_2 密封膏用量参考表 9-19。

表 9-19 密封膏用量

管径（mm）	密封膏用量（g）	管径（mm）	密封膏用量（g）
300	560～750	500	950～1300
400	750～1000	600	1100～1500
700	1300～1800	1000	1900～2500
800	1500～2000	1100	2100～2800
900	1700～2300	1200	2300～3000

9. 承插口管的施工要求

（1）承插口管材的排水管道工程。

①采用承插口管材的排水管道工程应符合设计要求，所用管材应符合质量标准，并具有出厂合格证。

②管材在安装前，应对管口、直径、椭圆度等进行检查。必要时，应逐个检测。

③管材在卸和运输时，应保证其完整，插口端用草绳或草袋包扎好，包扎长度不小于 25cm，并将管身平放在弧形垫木上，或用草袋垫好、绑牢，防止由于振动造成管材破坏，装在车上的管身，最大悬臂长度不得大于自身长度的 1/5。

④管材在现场应按类型、规格、生产厂地，分别堆放，管径 1000mm 以上不应码放，管径小于 900mm 的堆放层数应符合表 9-20 规定。

表 9-20　堆放层数

管内径（mm）	300～400	500～900
堆放层数	4	3

每层管身间在 1/4 处用支垫隔开，上下支垫对齐，承插端的朝向应按层次调换朝向。

⑤管材在装卸和运输时，应保证其完整。对已造成管身、管口缺陷但不影响使用，且闭水闭气合格的管材，允许用环氧树脂砂浆，或用其他合格材料进行修补。

（2）吊车下管。在高压架空输电线路附近作业时，应严格遵守电业部门的有关规定，起吊平稳。

（3）支撑槽，吊管下槽。支撑槽，吊管下槽之前，根据立吊车与管材卸车等条件，一孔之中可选一处倒撑，为了满足管身长度需要，木顺水条可改用工字钢代替，替撑后，其撑杠间距不得小于管身长度 0.5m。

（4）管道安装对口。应保持两管同心插入，胶圈不扭曲，就位正确。

胶圈形式、截面尺寸、压缩率及材料性能应符合设计规定，并与管材相配套。

（5）砂石垫层基础施工。槽底不得有积水、软泥，其厚度应符合设计要求，垫层与腋角填充。

10. 雨期、冬期施工要求

（1）雨期施工。雨期施工应采取以下措施，防止泥土随雨水进入管道，对管径较小的管道应从严要求。

①防止地面径流、雨水进入沟槽。

②配合管道铺设，并及时砌筑检查井和连接井。

③凡暂时不接支线的预留管口，应及时砌死抹严。

④铺设暂时中断或未能及时砌井的管口，应用堵板或干码砖等临时堵严。

⑤已做好的雨水口应堵好围好，防止雨水口进水。

⑥应做好防止漂管的措施。

雨天不宜进行接口，如接口时，应采取防雨措施。

（2）冬期施工。

①冬期进行水泥砂浆接口时，水泥砂浆应用热水拌和，水温不应超过 80℃，必要时可将砂子加热，砂温不应超过 40℃。

②对水泥砂浆有防冻要求时，拌和时应掺氯盐。

③水泥砂浆接口，应盖草帘养护。抹带应用预制木架架于管带上，或先盖松散稻草 10cm 厚，然后再盖草帘。草帘盖的 1～3 层，应根据气温选定。

四、排水工程附属构筑物施工

1. 一般规定

（1）排水工程构筑物包括雨水井、检查井、跌水井、倒虹管、盲渠等，其构造、分类如图 9-15～图 9-19 和表 9-21、表 9-22 所示。

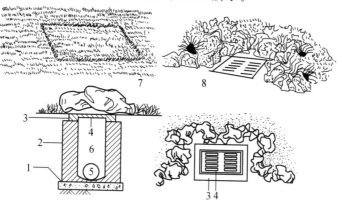

1—基础；2—井身；3—井口；4—井箅；5—支管；6—井室；

7—草坪窨井盖；8—山石围护雨水口。

图 9-15　雨水井的构造

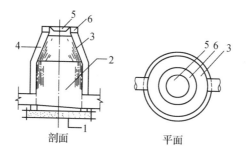

1—基础；2—井室；3—肩部；4—井颈；5—井盖；6—井口。

图 9-16　圆形检查井的构造

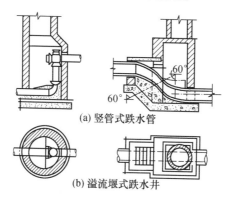

(a) 竖管式跌水管

(b) 溢流堰式跌水井

图 9-17　两种形式的跌水井

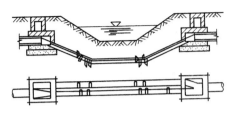

图 9-18　穿越溪流的倒虹管示意

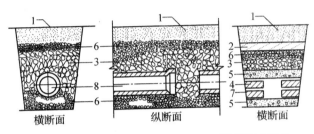

横断面　　　　纵断面　　　　横断面

1—泥土；2—砂；3—石块；4—砖块；5—预制混凝土盖板；

6—碎石及碎砖块；7—砖块干叠排水管；8—ϕ80 陶管。

图 9-19　盲渠的构造

表 9-21　检查井的最大间距

管　别	管渠或暗渠净高（mm）	最大间距（m）
污水管道	＜500	40
	500～700	50
	800～1500	75
	＞1500	100
雨水管渠	＜500	50
	500～700	60
合流管渠	800～1500	100
	＞1500	120

表 9-22　检查井分类表

类　别		井室内径（mm）	适用管径 D（mm）	备　注
雨水检查井	圆形	700	≤400	表中检查井的设计条件为：地下水位在 1m 以下，地震烈度为 9 度以下
		1000	200～600	
		1250	600～800	
		1500	800～1000	
		2000	1000～1200	
		2500	1200～1500	
	矩形		800～2000	
污水检查井	圆形	700	≤400	
		1000	200～600	
		1250	600～800	
		1500	800～1000	
		2000	1000～1200	
		2500	1200～1500	
	矩形		800～2000	

（2）排水工程构筑物必须保证防水，做到不渗、不漏。

（3）排水工程构筑物砌体中的预埋管、预埋件及预留洞口与砌体的连接应采取防渗漏措施。

（4）排水工程各种构筑物应按设计图纸及有关规定施工。

（5）砌筑或安装各种类型检查井应在管道安装后进行。

（6）排水工程构筑物所用材料应按设计及有关标准执行。

2. 砌井方法

（1）砌井前检查。应检查基础尺寸及高程是否符合图纸规定。

（2）砌井施工方法。

①用水冲净基础后，先铺一层砂浆，再压砖砌筑，做到满铺满挤，砖与砖间灰缝保持 1cm，拌和均匀，严禁水冲浆。

②井身为方形时采用满丁满条砌法；为圆形时采用丁砖砌法，外缝应用砖渣嵌平，平整大面向外。砌完一层后，再灌一次砂浆，使缝隙内砂浆饱满，然后再铺浆砌筑上一层砖，上、下两层砖间竖缝应错开。

③砌至井深上部收口时，应按坡度将砖头打成坡茬，以便于井里顺坡抹面。

④井内壁砖缝应采用缩口灰，抹面时能抓得牢，井身砌完后，应将表面浮灰残渣扫净。

⑤井壁与混凝土管接触部分，应坐满砂浆，砖面与管外壁留 1～1.5cm，用砂浆堵严，并在井壁外抹管箍，以防漏水，管外壁抹箍处应提前洗刷干净。

⑥支管或预埋管应按设计高程、位置、坡度随砌井安好，做法与上条同。管口与井内壁取齐。预埋管应在还土前用干砖堵抹面，不得漏水。

⑦护底、流槽应与井壁同时砌筑。

⑧井身砌完后，外壁应用砂浆搓缝，使所有外缝严密饱满，然后将灰渣清扫干净。

⑨如井身不能一次砌完，在二次接高时，应将原砖面泥土杂物清除干净，然后用水清洗砖面并浸透。

⑩砌筑方形井时，用靠尺线锤检查平直，圆井用轮杆，铁水平检查直径及水平。如墙面有鼓肚，应拆除重砌，不可砸掉。

⑪井室内有踏步，应在安装前刷防锈漆，在砌砖时用砂浆埋固，不得事后凿洞补装，砂浆未凝固前不得踩踏。

3. 砂浆配制应用的要求和砂浆试块的规定

（1）水泥砂浆配制和应用要求。

①砂浆应按设计配合比配制。

②砂浆应搅拌均匀，稠度符合施工设计规定。

③砂浆拌和后，应在初凝前使用完毕。使用中出现泌水时，应拌和均匀后再用。

（2）水泥砂浆使用的水泥标准。水泥砂浆使用的水泥不应低于 32.5 级，使用的砂应为质地坚硬、级配良好且洁净的中粗砂，其含泥量不应大于 3%；掺用的外加剂应符合国家现行标准或设计规定。

（3）砂浆试块的留置。每砌筑 $100m^3$ 砌体或每砌筑段、安装段、砂浆试块不得少于一组，每组 6 块，当砌体不足 $100m^3$ 时，应留置一组试块，6 个试块应取自同盘砂浆。

砂浆试块抗压强度的评定如下。

①同强度等级砂浆各组试块强度的平均值不应低于设计规定；任一组试块强度不得低于设计强度标准值的 0.75 倍。

②当每单位工程中仅有一组试块时，其测得强度值不应低于砂浆设计强度标准值。

（4）砂浆有抗渗、抗冻要求。应在配合比设计中加以保证，并在施工中按设计规定留置试块取样检验，配合比在变更时应增留试块。

4. 砌砖的一般要求

（1）砌筑用砖（砌块）。应符合国家现行标准或设计规定。

（2）砌筑前。

①砌筑前应将砖用水浸透，不得有干心现象。

②混凝土基础验收合格，抗压强度达到 1.2MPa，方可铺浆砌筑。

③与混凝土基础相接的砌筑面应先清扫，并用水冲刷干净；如为灰土基础，

应铲修平整，并洒水湿润。

④砌砖前应根据中心线放出墙基线，撂底摆缝，再确定砌法。

（3）砖砌体。应上下错缝，内外搭接，一般宜采用一顺一丁或三顺一丁的砌法，防水沟墙宜采用五顺一丁的砌法，但最下一皮砖和最上一皮砖，均应用丁砖砌筑。

（4）砌砖时。

①清水墙的表面应选用边角整齐、颜色均匀、规格一致的砖。

②砌砖时，砂浆应满铺满挤，灰缝不得有竖向通缝，水平灰缝厚度和竖向灰缝宽度一般以10mm为标准，误差不应大于±2mm。弧形砌体灰缝宽度，凹面宜取5～8mm。

③砌墙如有抹面，应随砌随将挤出的砂浆刮平。如为清水墙，应随砌随搂缝，其缝深以1cm为宜，以便勾缝。

④半头砖可作填墙心用，但先铺砂浆后放砖，然后再用灌缝砂浆将空隙灌平且不得集中使用。

5. 方沟、拱沟和井室的砌筑及砖墙勾缝要求

（1）方沟和拱沟的砌筑。砖墙的转角处和交接处应与墙体同时砌筑。如留置在临时间断处，应砌成斜茬。接茬砌筑时，应先将斜茬用水冲洗干净，并注意砂浆饱满。

各砌砖小组间，每米高的砖层数应掌握一致，超过1.2m的墙高，宜立皮数杆，小于1.2m的墙高，应拉通线。

砖墙的伸缩缝应与底板伸缩缝对正，缝的间隙尺寸应符合设计要求，并砌筑齐整，缝内挤出的砂浆应随砌随刮干净。

反拱砌筑应遵守下列规定。

①砌砖前按设计要求的弧度制作样板，每隔10m放一块。

②根据样板挂线，先砌中心一列砖，找准高程后，再铺砌两侧，灰缝不得凸出砖面，反拱砌完后砂浆强度达到25％时，方准踩压。

③反拱表面应光滑平顺，高程误差不应大于±10mm。

拱环砌筑应遵守下列规定。

①按设计图样制作拱胎，拱上的模板应按要求留出伸胀缝，被水浸透后如有凸出部分应刨平，凹下部分应填平，有缝隙应塞严，防止漏浆。

②支搭拱胎要稳固，高程要准确，拆卸时就简易。

③砌拱前应校对拱胎高程，并检查其稳固性，拱胎应用水充分湿润，冲洗干净后，在拱胎表面刷脱膜剂。

④根据挂线样板，在拱胎表面上画出砖的行列，拱底灰缝宽度宜为5～8mm。

⑤砌砖时，自两侧同时向拱顶中心推进，灰缝应用砂浆填满；注意保证拱心砖的正确及灰缝严密。

⑥砌拱应用退茬法，每块砖退半块留茬，当砌筑间断，接茬再砌时，应将留茬冲洗干净，并注意砂浆饱满。

⑦不得使用碎砖及半头砖砌拱环，拱环应当日封顶，环上不得堆置器材。

⑧预留户线管应随砌随安，不得预留孔洞。

⑨砖拱砌筑后，应及时洒水养护，砂浆达到 25% 设计强度时，方可在无振动条件下拆除拱胎。

方沟和拱沟的质量标准。

①沟的中心线距墙底的宽度，每侧允许偏差为 ±5mm。

②沟底高程允许偏差为 ±10mm。

③墙高度允许偏差为 ±10mm。

④墙面垂直度，每米高允许偏差为 5mm，全高为 15mm。

⑤墙面平整度（用 2m 靠尺检查）允许偏差：清水墙为 5mm，混水墙为 8mm。

⑥砌砖砂浆应饱满。

⑦砖必须浸透（冬期施工除外）。

（2）井室的砌筑。砌筑下水井时，对接入的支管应随砌随安，管口应伸入井内 3cm。预留管宜用低强度等级水泥砂浆砌砖封口抹平。

井室内的踏步，应在安装前刷防锈漆，在砌砖时用砂浆埋固，不得事后凿洞补装；砂浆在未凝固前不得踩踏。

砌圆井时应随时掌握直径尺寸，收口时更应注意。收口每次收进尺寸，四面收口的不应超过 3cm；三面收口的最大可收进 4～5cm。

井室砌完后，应及时安装井盖。安装时，砖面应用水冲刷干净，并铺砂浆按设计高程找平。如设计未规定高程时，应符合下列要求：

①在道路面上的井盖面应与路面平齐。

②井室设置在农田内，其井盖面一般可高出附近地面 4～5 层砖。

井室砌筑的质量标准。

①方井的长与宽和圆井直径，允许偏差为 ±20mm。

②井室砖墙高度允许偏差为 ±20mm。

③井口高程允许偏差为 ±10mm。

④井底高程允许偏差为 ±10mm。

（3）砖墙勾缝。

①勾缝前，检查砌体灰缝的搂缝深度是否符合要求，如有瞎缝应凿开，并将墙面上黏结的砂浆、泥土及杂物等清除干净，再洒水湿润墙面。

②勾缝砂浆塞入灰缝中，应压实拉平，深浅一致，横竖缝交接处应平整。凹缝一般比墙面凹入 3～4mm。

③勾完一段应及时将墙面清扫干净，灰缝不应有搭茬、毛刺、舌头灰等

现象。

6. 浆砌块石和浆砌块石勾缝的施工要求

（1）浆砌块石。浆砌块石应先将石料表面的泥垢和水锈清扫干净，并用水湿润。

块石砌体应用铺浆法砌筑。砌筑时，石块宜分层卧砌（大面向下或向上），上下错缝，内外搭砌。必要时，应设置拉结石。不得采用外面侧立石块中间填心的砌筑方法；不得有空缝。

块石砌体的第一皮及转角处、交叉处和洞口处，应用较大较平整的块石砌筑。在砌筑基础的第一皮块石时，应将大面向下。

块石砌体的临时间断处，应留阶梯形斜茬。

砌筑工作中断时，应将已砌好的石层空隙用砂浆填满，以免石块松动。再砌筑时，石层表面应仔细清扫干净，并洒水湿润。

块石砌体每天砌筑的高度，不宜超过 1.2m。

浆砌块石的质量标准。

①轴线位移允许偏差为±10mm。

②顶面高程允许偏差：料石±10mm，毛石±15mm。

③断面尺寸允许偏差为±20mm。

④墙面垂直度，每米高允许偏差为 10mm，全高 20mm。

⑤墙面平整度（用 2m 靠尺检查）允许偏差为 20mm。

⑥砂浆强度符合设计要求，砂浆饱满。

（2）浆砌块石勾缝。

①勾缝前应将墙面黏结的砂浆、泥土及杂物等清扫干净，并洒水湿润墙面。

②块石砌体勾缝的形式及其砂浆强度，应按设计规定；设计无规定时，可勾凸缝或平缝，砂浆强度不得低于 M80。

③勾缝应保持砌筑的自然缝。勾凸缝时，要求灰缝整齐，拐弯圆滑，宽度一致，并压光密实，且不出毛刺，不裂不脱。

7. 抹面的施工方法和要求

（1）三遍法抹面。

①先用 1:2.5 水泥砂浆打底，厚 0.7cm。应压入砖缝，与砖面黏结牢固。

②二遍抹厚 0.4cm 找平。

③三遍抹厚 0.4cm 铺顺压光，抹面要一气呵成，表面不得漏砂粒。

（2）抹面要求。

①如分段抹面时，接缝要分层压茬，精心操作。

②抹面完成后，井顶应覆盖草袋，防止干裂。

③砌井抹面达到要求强度后方可还土，严禁先还土后抹面。

④为了保证抹面三层砂浆整体性好，分层时间最好在定浆后，随即抹下一

层，不得过夜，如间隔时间较长，应刷一道素浆，以保证接茬质量。

（3）修复时因接管破坏旧管抹面。应首先将活动起鼓灰面轻轻砸去，并将砖面新碴剔出，用水冲净后，先刷一道素灰浆，再分层抹面。

8. 安装井盖

（1）在安装或浇筑井圈前。

①在安装或浇筑井圈前，应仔细检查井盖、井箅是否符合设计标准和有无损坏、裂纹。

②井圈浇筑前，根据实测高程，将井框垫稳，里外模均须用定型模板。

（2）混凝土井圈与井口。混凝土井圈与井口可采用先预制成整体，再按坐灰安装的方法施工。

（3）检查井、收水井。

①检查井、收水井宜采用预制安装施工。

②检查井位于非路面及农田内时，井盖高程应高出周围地面 15cm。

③当井身高出地面时，应在井身周围培土。

④当井位于永久或半永久的沟渠、水坑中时，井身应里外抹面或采取其他措施处理，防止发生因水位涨落冻害破坏井身，或淹没倒灌。

⑤检查井、收水井等砌完后，应立即安装井盖、井箅。

9. 堵（拆）管道管口、堵（拆）井堵头要求

（1）凡进行堵（拆）管道管口、井堵头以及进入管道内（包括新建和旧管道）都要遵守《城镇排水管道维护安全技术规程》和有关部门的规定。

（2）堵（拆）管堵前，应查清管网高程、管内流水方向、流量等，确定管堵的位置、结构、尺寸及堵、拆顺序，编制施工方案，并按方案施工。

（3）堵（拆）管道堵头均应绘制图表（内容包括位置、结构、尺寸、流水方向、操作负责人等），工程竣工后交建设单位存查。

（4）对已使用的管道，堵（拆）管堵前，须经有关管理部门同意。

10. 雨期、冬期施工要求

（1）雨期施工。

①雨期砌砖沟，应随即安装盖板，以免因沟槽塌方挤坏沟墙。

②砂浆受雨水浸泡时，未初凝前，可增加水泥和砂子重新调配使用。

③当平均气温低于 $+5$℃，且最低气温低于 -3℃时，砌体工程的施工应符合相关冬期施工的要求。

（2）冬期施工。冬期施工所用的材料应符合下列补充要求。

①砖及块石不用洒水湿润，砌筑前应将冰、雪清除干净。

②拌制砂浆所用的砂中，不得含有冰块及大于 1cm 的冻块。

③拌和热砂浆时，水的温度不得超过 80℃，砂的温度不得超过 40℃。

④砂浆的流动性，应比常温施工时适当增大。

⑤不得使用加热水的措施来调制已冻的砂浆。

冬期砌筑砖石一般采用抗冻砂浆。抗冻砂浆的食盐掺量可参照表 9-23 的规定。

表 9-23　抗冻砂浆食盐掺量

最低温度（℃）	0～－5	－6～－10	－10 以下
砌砖砂浆食盐掺量（按水量%）	2	4	5
砌块石砂浆食盐掺量（按水重%）	5	8	10

注：最低温度指一昼夜中最低的大气温度。

冬期施工时，砂浆强度等级应以在标准条件下养护 28 天的试块试验结果为依据；每次应同时制作试块和砌体同条件养护，供核对原设计砂浆标号的参考。

浆砌砖石不得在冻土上砌筑，砌筑前对地基应采取防冻措施。

冬期施工砌砖完成一段或收工时，应用草帘覆盖防寒；砌井时应在两侧管口挂草帘挡风。

五、抹面及防水施工

1. 抹面施工要求

（1）抹面的基层处理。

砖砌体表面：

①砌体表面黏结的残余砂浆应清除干净。

②如已勾缝的砌体应将勾缝的砂浆剔除。

混凝土表面：

①混凝土在模板拆除后，应立即将表面清理干净，并用钢丝刷刷成粗糙面。

②混凝土表面如有蜂窝、麻面、孔洞时，应先用凿子打掉松散不牢的石子，将孔洞四周剔成斜坡，用水冲洗干净，然后涂刷水泥浆一层，再用水泥砂浆抹平（深度大于 10mm 时应分层操作），并将表面扫成细纹。

（2）抹面前应将混凝土面或砖墙面洒水湿润。

（3）构筑物阴阳角均应抹成圆角。一般阴角半径不大于 25mm；阳角半径不大于 10mm。

（4）抹面的施工缝应留斜坡阶梯形茬，茬子的层次应清楚，留茬的位置应离开交角处 150mm 以上。接槎时，应先将留茬处均匀地涂刷水泥浆一道，然后按照操作顺序层层搭接，接槎应严密。

（5）墙面和顶部抹面时，应采取适当措施将落地灰随时拾起使用。

（6）抹面在终凝后，应做好养护工作。

①一般在抹面终凝后，白天每隔 4h 洒水一次，保持表面经常湿润，必要时可缩短洒水时间。

②对于潮湿、通风不良的地下构筑物，在抹面表面出现大量冷凝水时，可以不必洒水养护；而出入口部位有风干现象时，应洒水养护。

③在有阳光照射的地方，应覆盖湿草袋片等浇水养护。

④养护时间，一般两周为宜。

（7）抹面质量标准。

①灰浆与基层及各层之间必须紧密黏结牢固，不得有空鼓及裂纹等现象。

②抹面平整度，用2m靠尺量，允许偏差为5mm。

③接槎平整，阴阳角清晰顺直。

2. 水泥砂浆抹面

（1）水泥砂浆抹面，设计无规定时，可用M15～M20水泥砂浆。砂浆稠度，砖墙面打底宜用12cm，其他宜用7～8cm，地面宜用干硬性砂浆。

（2）抹面厚度，设计无规定时，可采用15mm的厚度。

（3）在混凝土面上抹水泥砂浆，一般先刷一道水泥浆。

（4）水泥砂浆抹面一般分两道抹成。第一道砂浆抹成后，用扛尺刮平，并将表面扫成粗糙面或划出纹道。第二道砂浆应分两遍压实赶光。

（5）抹水泥砂浆地面可一次抹成，随抹随用扛尺刮平，压实或拍实后，用木抹搓平，然后用铁抹分两遍压实赶光。

3. 防水抹面

（1）防水抹面（五层做法）的材料配比。

①水泥浆的水灰比：

第一层水泥浆，用于砖墙面者一般采用0.8～1.0，用于混凝土面者一般采用0.37～0.40；第三、五层水泥浆一般采用0.6。

②水泥砂浆一般采用M20，水灰比一般采用0.5。

③根据需要，水泥浆及水泥砂浆均可掺用一定比例的防水剂。

（2）砖墙面防水抹面五层做法：

第一层刷水泥浆1.5～2mm厚，先将水泥浆灌入砖墙缝内，再用刷子在墙面上，先上下，后左右方向，各刷两遍，应刷密实均匀，使表面形成布纹状。

第二层抹水泥砂浆5～7mm厚，在第一层水泥浆初干后（水泥浆刷完之后，浆表面不显出水光即可），立即抹水泥砂浆，用铁抹子上灰，并用木抹子找面，搓平，厚度均匀，且不得过于用力揉压。

第三层刷水泥浆1.5～2mm厚，在第二层水泥砂浆初凝后（等的时间不应过长，以免干皮），即刷水泥浆，刷的次序，先上下，后左右，再上下方向，各刷一遍，应刷密实均匀，使表面形成布纹状。

第四层抹水泥砂浆5～7mm厚，在第三层水泥浆刚刚干时，立即抹水泥砂浆，用铁抹子上灰，并用木抹子找面，搓平，在凝固过程中用铁抹子轻轻压出水光，不得反复大力揉压，以免空鼓。

第五层刷水泥浆一道，在第四层水泥砂浆初凝前，将水泥浆均匀地涂刷在第四层表面上，随第四层压光。

（3）混凝土面防水抹面五层做法。

第一层抹水泥浆 2mm 厚，水泥浆分两次抹成，先抹 1mm 厚，用铁抹子往返刮抹 5～6 遍，刮抹均匀，使水泥浆与基层牢固结合，随即再抹 1mm 厚，找平，在水泥浆初凝前，用排笔蘸水按顺序均匀涂刷一遍。

第二、三、四、五层与上条砖墙面防水抹面操作相同。

（4）冬期施工。

①冬期抹面素水泥砂浆可掺食盐以降低冰点。掺食盐量可参照表 9-24 的规定，但最大不得超过水重的 8%。

表 9-24　冬期抹面砂浆掺食盐量

最低温度（℃）	0～－3	－4～－6	－7～－8	－8 以下
掺食盐量（按水重%）	2	4	6	8

注：最低温度指一昼夜中最低的大气温度。

②抹面应在气温零度以上时进行。

③抹面前宜用热盐水将墙面刷净。

④外露的抹面应盖草帘养护；有顶盖的内墙抹面应堵塞风口防寒。

4. 沥青卷材防水施工要求

（1）材料要求。油毡应符合下列外观要求。

①成卷的油毡应卷紧，玻璃布油毡应附硬质卷芯，两端应平整。

②断面应呈黑色或棕黑色，不应有尚未被浸透的原纸浅色夹层或斑点。

③两面涂盖材料均匀密致。

④两面防粘层撒布均匀。

⑤毡面无裂纹、孔眼、破裂、折皱、疙瘩和反油等缺陷，纸胎油毡每卷中允许有 30mm 以下的边缘裂口。

麻布或玻璃丝布做沥青卷材防水时，布的质量应符合设计要求。在使用前先用冷底子油浸透，均匀一致，颜色相同。浸后的麻布或玻璃丝布应挂起晾干，不得粘在一起。

存放油毡时，一般应直立放在阴凉通风的地方，不得受潮湿，亦不得长期暴晒。

铺贴石油沥青卷材，应用石油沥青或石油沥青玛脂；铺贴煤沥青卷材，应用煤沥青或煤沥青玛脂。

（2）沥青玛脂的熬制。石油沥青玛脂的熬制程序如下。

①将选定的沥青砸成小块，过秤后加热熔化。

②如果用两种标号沥青时，则应先将较软的沥青加入锅中熔化脱水，再分散

均匀地加入砸成小块的硬沥青。

③沥青在锅中熔化脱水时，应经常搅拌，防止油料受热不均和锅底出现局部过热现象，并用铁丝笊篱将沥青中混入的纸片、杂物等捞出。

④当锅中沥青完全熔化至规定的温度后，即将加热到105～110℃的干燥填充料按规定数量逐渐加入锅中，并应不断地搅拌，混合均匀后，即可使用。

煤沥青玛脂熬制的程序如下。

①如只用硬煤沥青时，熔化脱水方法与熬制石油沥青玛脂相同。

②若与软煤沥青混合使用时，可采用两次配料法，即将软煤沥青与硬煤沥青分别在两个锅中熔化，待脱水完了后，再量取所需用量的熔化沥青，倒入第三个锅中，搅拌均匀。

③掺填充料操作方法与上条石油沥青玛琦脂熬制程序相同。

熬制及使用沥青或沥青玛琦脂的温度一般按表9-25控制。

表9-25　沥青或沥青玛琦脂的温度　　　　　　（单位：℃）

种　类	熬制时最高温度		涂抹时最低温度
	常湿	冬季	
石油沥青	170～180	180～200	160
煤沥青	140～150	150～160	120
石油沥青玛琦脂	180～200	200～220	160
煤沥青玛琦脂	140～150	150～160	120

熬油锅应经常清理锅底，铲除锅底上的结渣。

选择熬制沥青锅灶的位置时，应注意防火安全。其位置应在建筑物10m以外，并应征得现场消防人员的同意。沥青锅应用薄铁板锅盖，同时应准备消防器材。

（3）冷底子油的配制。

①冷底子油配合比（重量比）一般用30%～40%的沥青，60%～70%的汽油。

②冷底子油应用"冷配"方法配制。先将沥青块表面清刷干净，砸成小碎块，按所需质量放入桶内，再倒入所需质量的汽油浸泡，搅拌溶解均匀，即可使用。如加热配制时，应指定有经验的工人进行操作，并采取必要的安全措施。

③配制冷底子油，应在距明火和易燃物质远的地方进行，并应准备消防器材，注意防火。

（4）卷材铺贴。地下沥青卷材防水层内贴法如图9-20所示，操作程序如下。

①基础混凝土垫层养护达到允许砌砖强度后，用水泥砂浆砌筑永久性保护墙，上部卷材搭接茬所需长度可用白灰砂浆砌筑临时性保护墙，或采取其他保护

措施，临时性保护墙墙顶高程以低于设计沟墙顶 150～200mm 为宜。

②在基础垫层面上和永久保护墙面上抹水泥砂浆找平层，在临时保护墙面上抹白灰砂浆找平层，在水泥砂浆找平层上刷冷底子油一道（但临时保护墙的白灰砂浆找平层上不刷），随即铺贴卷材。

③在混凝土底板及沟墙施工完毕，并安装盖板后，拆除临时保护墙，清理及整修沥青卷材搭茬。

④在沟槽外侧及盖板上面抹水泥砂浆找平层，刷冷底子油，铺贴沥青卷材。

⑤砌筑永久保护墙。

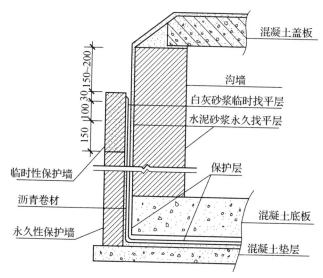

图 9-20　地下沥青卷材防水层内贴法（单位：mm）

地下卷材防水层外贴法如图 9-21 所示，搭接茬留在保护墙底下，施工操作程序如下。

①基础混凝土垫层养护达到允许砌砖强度后，抹水泥砂浆找平层刷冷底子油，随后铺贴沥青卷材。

②在混凝土底板及沟墙施工完毕，安装盖板后，在沟墙外侧及盖板上面抹水泥砂浆找平层，刷冷底子油，铺贴沥青卷材。

③砌筑永久保护墙。

沥青卷材应铺贴在干燥清洁及平整的表面上。砖墙面，应用不低于 50 号的水泥砂浆抹找平层，厚度一般为 10～15mm。找平层应抹平压实，阴阳角一律抹成圆角。

潮湿的表面不得涂刷冷底子油，必要时应烤干再涂刷。冷底子油必须刷得薄而均匀，不得有气泡、漏刷等现象。

卷材在铺贴前，应将卷材表面清扫干净，并按防水面铺贴的尺寸，先将卷材裁好。

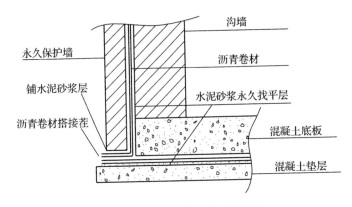

图 9-21 地下卷材防水层外贴法

铺贴卷材时，应掌握沥青或沥青玛瑞脂的温度，浇涂应均匀，卷材应贴紧压实，不得有空鼓、翘起、撕裂或折皱等现象。

卷材搭接茬处，长边搭接宽度不应小于 100mm，短边搭接宽度不应小于 150mm。接槎时应将留茬处清理干净，做到贴紧，密实。各层的搭接缝应互相错开。底板与沟墙相交处应铺贴附加层。

拆除临时性保护墙后，对预留沥青卷材防水层搭接茬的处理，可用喷灯将卷材逐层轻轻烤热揭开，清除一切杂物，并在沟墙抹找平层时，采取保护措施，使其不损坏。

需要在卷材防水层上面绑扎钢筋时，应在防水层上面抹一层水泥砂浆保护。

砌砖墙时，墙与防水层的间隙应用水泥砂浆填严实。

管道穿防水墙处应铺贴附加层，必要时应采用穿墙法兰压紧，以免漏水。

所有卷材铺贴完后，应全部涂刷一道沥青或沥青玛瑞脂。

砖墙伸缩缝处的防水操作如下。

①伸缩缝内应清除干净，缝的两侧面在有条件时，应刷一道冷底子油。

②缝内需要塞沥青油麻或木丝板条者应塞密实。

③灌注沥青玛瑞脂应掌握温度，用细长嘴沥青壶徐徐灌入，使缝内空气充分排出，灌注底板缝的沥青冷凝后，再灌注墙缝，并应一次连续灌满灌实。

④缝外墙面按设计要求铺贴沥青卷材。

冬期涂刷沥青或沥青玛脂，可在无大风的天气进行；当在下雪或挂霜时操作，应备有防护设备。

夏期施工时，最高气温宜在 30℃ 以下，并采取措施，防止铺贴好的卷材暴晒起鼓。

铺贴沥青卷材质量标准。

①卷材贴紧压实，不得有空鼓、翘起、撕裂或折皱等现象。

②伸缩缝施工应符合设计要求。

5. 聚合物砂浆防水层施工

（1）聚合物防水砂浆。水泥、砂和一定量的橡胶乳液或树脂乳液以及稳定剂、消泡剂等助剂经搅拌混合配制而成。它具有良好的防水性、抗冲击性和耐磨性。其配比参见表 9-26。

表 9-26　聚合物防水砂浆参考配合比

用　途	水　泥	砂	聚合物	涂层厚度（mm）
防水材料	1	2～3	0.3～0.5	5～20
地板材料	1	3	0.3～0.5	10～15
防腐材料	1	2～3	0.4～0.6	10～15
黏结材料	1	0～3	0.2～0.5	—
新旧混凝土接缝材料	1	0～1	0.2 以上	—
修补裂缝材料	1	0～3	0.2 以上	—

（2）拌制乳液砂浆。应加入一定量的稳定剂和适量的消泡剂，稳定剂一般采用表面活性剂。

（3）聚合物防水砂浆类型。

①有机硅防水砂浆。

②阳离子氯丁胶乳防水砂浆。

③丙烯酸酯共聚乳液防水砂浆。

六、河道及闸门施工

1. 挖河清淤、抛石、打坝

（1）挖河清淤工程施工应按照现行有关规范执行。

（2）河道抛石工程应遵守下列规定。

①抛石顶宽不得小于设计规定。

②抛石时应对准标志、控制位置、流速、水深及抛石方法对抛石位置的影响，宜通过试抛确定。

③抛石应有适当的大小尺级配。

④抛石应由深处向岸坡进行。

⑤抛石应及时观测水深，以防止漏抛或超高。

（3）施工临时围堰（即打坝）应稳定、防冲刷和抗渗漏，并便于拆除。拆除时一定要清理坝根，堰顶高程应考虑水位壅高。

2. 干砌片石

（1）干砌片石工程应遵照现行有关规范的规定施工。

（2）干砌片石应大面朝下，互相间错咬搭，石缝不得贯通，底部应垫稳，不得有松动石块，大缝应用小石块嵌严，不得用碎石填塞，小缝应用碎石全部灌满，用铁钎捣固。

（3）干砌片石河道护坡，应用较大石块封边。

3. 浆砌片石

（1）浆砌片石应遵照现行有关规范的规定施工。

（2）浆砌片石前应将石料表面的泥垢和水锈清净，并用水湿润。

（3）片石砌体应用铺浆法砌筑。砌筑时，石块宜分层卧砌，由下错缝，内外搭砌，砂浆饱满，不得有空鼓。

（4）砌筑工作中断时，应将已砌好的石层空隙用砂浆填满。

（5）片石砌体使用砂浆强度等级应符合设计要求。

（6）片石砌体勾缝形状及其砂浆强度等级应按设计规定。

（7）浆砌片石不得在冻土上砌筑。

4. 闸门工程

（1）闸门制造安装应按设计图纸要求，并参照相关规定进行。

（2）铸铁闸门必须根据设计要求的方位安装，不许反装。闸门的中心线应与闸门孔口中心线重合，并保持垂直。门框须与混凝土墩墙接合紧密，安装时须采取可靠措施固定，防止浇筑混凝土时变形。闸门及启闭机安装后，须保证启闭自如。

（3）平板闸门门槽埋件的安装须设固定的基准点，严格保证设计要求的孔口门槽尺寸、垂直度和平整度。

（4）门槽预埋件安装调整合格后，应采取可靠的加固措施。如采用一次浇筑混凝土的方法，门槽预埋件须与固定的不易变形的部位或专用支架可靠地连接固定，防止产生位移和变形；如采用二次混凝土浇筑的方法，对门槽预埋件必须与一次混凝土的外伸钢筋可靠连接固定。沿预埋件高度，工作面每 0.5m 不少于 2 根连接钢筋，侧面每 0.5m 不少于 1 根连接钢筋。一次混凝土与二次混凝土的接合表面须凿毛，保证接合良好。

（5）门槽安装完毕，应将门槽内有碍闸门启闭的残面杂物清除干净后，方可将闸门吊入。

（6）平板闸门在安装前，应先在平台上检查闸门的几何尺寸，如有变形应处理至合格后方可安装水封橡皮。水封橡皮表面应平整，不得有凹凸和错位，水封橡皮的接头应用热补法连接，不许对缝绑扎连接。

（7）单吊点的闸门应做平衡试验，保证闸门起吊时处于铅直状态。

（8）闸门安装好，处于关闭位置时，水封橡皮与门槽预埋件必须紧贴，不得有缝隙。

（9）闸门启闭机的安装按有关规定和要求进行。启闭机安装后，应吊闸门在门槽内往返运行自如。

（10）闸门预埋件及钢闸门的制造，参照《水工建筑物金属结构制造安装与交接验收规程》的有关规定执行。

七、收水井及雨水支管施工

1. 收水井的施工

（1）一般规定。

①道路收水井是路表水进入雨水支管的构筑物。其作用是排除路面地表水。

②收水井井型一般采用单算式和双算式及多算式中型或大型平算收水井。收水井为砖砌体，所用砖材不得低于 MU10。铸铁收水井井算的井框必须完整无损，不得翘曲，井身结构尺寸、井算、井框规格尺寸应符合设计图纸要求。

③收水井井口基座外边缘与侧石距离不得大于 5cm，并不得伸进侧石的边线。

（2）施工方法。

井位放线：

在顶步灰土（或三合土）完成后，由测量人员按设计图纸放出侧石边线，钉好井位桩橛，其井位内侧桩橛沿侧石方向应设 2 个桩橛，并要与侧石吻合，防止井子错位，并定出收水井高程。

班组按收水井位置线开槽，井周每边留出 30cm 的余量，控制设计标高。检查槽深槽宽，清平槽底，进行素土夯。

浇筑厚度为 10cm 的 C10 强度等级的水泥混凝土基础底板，若基底土质软，可打一层 15cm 厚且 8％石灰土，再浇混凝土底板，捣实、养护达一定强度后再砌井体。遇有特殊条件带水作业，经设计人员同意后，可码筑砖并灌水泥砂浆，并将面上用砂浆抹平，总厚度为 13～14cm，以代基础底板。

井墙砌筑：

①基础底板上铺砂浆一层，然后砌筑井座。缝要挤满砂浆，已砌完的四角高度应在同一个水平面上。

②收水井砌井前，按墙身位置挂线，先找好四角符合标准图尺寸，并检查边线与侧石边线吻合后再向上砌筑，砌至一定高度时，将内墙用 1：2.5 水泥砂浆抹里，要抹两遍，第一遍抹平，第二遍压光，总厚为 1.5cm。抹面要做到密实光滑平整、不起鼓、不开裂。井外用 1：4 水泥砂浆搓缝，也应随砌随搓，使外墙严密。

③常温砌墙用砖要洒水，不准用干砖砌筑，砌砖用 1：4 的水泥砂浆。

④墙身每砌起 30cm 及时用碎砖还槽并灌 1：4 水泥砂浆，亦可用 C10 水泥混凝土回填，做到回填密实，以免回填不实使井周路面产生局部沉陷。

⑤内壁抹面应随砌井随抹面，但最多不准超过三次抹面，接缝处要注意抹好压实。

⑥当砌至支管顶时，应将露在井内管头与井壁内口相平，用水泥砂浆将管口与井壁接好，周围抹平抹严。墙身砌至要求标高时，用水泥砂浆卧底，安装铸铁

井框、井箅，做到井框四角平稳。其收水井标高控制在比路面低 1.5～3.0cm，收水井沿侧石方向每侧接顺长度为 2m，垂直道路方向接顺长度为 50cm，便于聚水和泄水。要从路面基层开始就注意接顺，不要只在沥青表面层找齐。

⑦收水井砌完后，应将井内砂浆、碎砖等一切杂物清除干净，拆除管堵。

⑧井底用 1：2.5 水泥砂浆抹出坡向雨水管口的泛水坡。

⑨多算式收水井砌筑方法同单算式。水泥混凝土过梁位置要放准确。

2. 雨水支管的施工要求

（1）一般规定。

①雨水支管是将收水井内的集水流入雨水管道或合流管道检查井内的构筑物。

②雨水支管应按设计图纸的管径与坡度埋设，管线要顺直，不得有拱背、洼心等现象，接口要严密。

（2）施工方法。

①挖槽。测量人员按设计图上的雨水支管位置和管底高程定出中心线桩橛并标记高程。根据开槽宽度，撒开槽灰线，槽底宽一般采用管径外皮之外，每边各宽 3cm。

根据道路结构厚度和支管覆土要求，确定在路槽或一步灰土完成后反开槽，开槽原则是能在路槽开槽就不在一步灰土反开槽，以免影响结构层整体强度。

挖至槽底基础表面设计高程后挂中心线，检查宽度和高程是否平顺，修理合格后再按基础宽度与深度要求，立槎挖土直至槽底做成基础土模，清底至合格高程即可打混凝土基础。

②四合一法施工（即基础、铺管、八字混凝土、抹箍同时施工）。

基础：浇筑强度为 C10 级水泥混凝土基础，将混凝土表面做成弧形并进行捣固，混凝土表面要高出弧形槽 1～2cm，靠管口部位应铺适量 1：2 水泥砂浆，以便稳管时挤浆，使管口与下一个管口黏结严密，以防接口漏水。

铺管：在管子外皮一侧挂边线，以控制下管高程顺直度与坡度，要洗刷管子并保持湿润。

将管子稳在混凝土基础表面，轻轻揉动至设计高程，注意保持对口和中心位置的准确。雨水支管必须顺直，不得错口，管子间留缝最大不准超过 1cm，灰浆如挤入管内用弧形刷刮除，如出现基础铺灰过低或揉管时下沉过多，应将管子撬起一头或起出管子，铺垫混凝土及砂浆，且重新揉至设计高程。

支管接入检查井一端，如果预埋支管位置不准，按正确位置、高程在检查井上凿好孔洞拆除预埋管，堵密实不合格孔洞，支管接入检查井后，支管口应与检查井内壁齐平，不得有探头和缩口现象，用砂浆堵严管周缝隙，并用砂浆将管口与检查井内壁抹严、抹平、压光，检查井外壁与管子周围的衔接处。应用水泥砂浆抹严。

靠近收水井一端在尚未安收水井时，应用干砖暂时将管口塞堵，以免灌进泥土。

八字混凝土：当管子稳好捣固后按要求角度抹出八字。

抹箍：管座八字混凝土灌好后，立即用 1：2 水泥砂浆抹箍。

抹箍的水泥强度等级宜为 32.5 级及以上，砂用中砂，含泥量不大于 5%。

接口工序是保证质量的关键，不能有丝毫马虎。抹箍前先将管口洗刷干净，并保持湿润，砂浆应随拌随用。

抹箍时先用砂浆填管缝压实略低于管外皮，如砂浆挤入管内用弧形刷，然后刷一层宽为 8～10cm 的水泥素浆，再抹管箍压实，并用管箍弧形抹子赶光压实。

为保证管箍和管基座八字连接一体，在接口管座八字顶部预留小坑，抹完八字混凝土后立即抹箍，管箍灰浆要挤入坑内，使砂浆与管壁黏结牢固，如图 9-22 所示。

管箍抹完初凝后，应盖草袋洒水养护，注意勿损坏管箍。

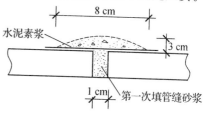

图 9-22　水泥砂浆接口

③凡支管上覆土不足 40cm，需上大碾碾压时，应做 360°包管加固。在第一天浇筑基础下管，用砂浆填管缝压实略低于管外皮并做好平管箍后，于次日按设计要求打水泥混凝土包管，水泥混凝土应插捣振实，注意养护期内的养护，完工后支管内要清理干净。

④支管沟槽回填。回填应在管座混凝土强度达到 50% 以上方可进行。

回填应在管子两侧同时进行。

雨水支管回填要用 8% 灰土预拌回填，管顶在 40cm 范围内用人工夯实，压实度要与道路结构层相同。

3. 升降检查井施工方法

（1）一般规定。城市道路在路内有雨污水等各种检查井，在道路施工中，为了保护原有检查井井身强度，一般不准采用砍掉井筒的施工方法。

（2）施工方法。

①开槽前用竹竿等物逐个在井位插上标记，堆土时要离开检查井 0.6～1.0m 距离，推土机不准正对井筒直推，以免将井筒挤坏。井周土方采取人工挖除，井周填石灰土基层时，要采用火力夯分层夯实。

②凡升降检查井取下井圈后，按要求高程升降井筒，如升降量较大，要考虑重新收口，使检查井结构符合设计要求。

③井顶高程按测量高程在顺路方向井两侧各 2m，垂直路线方向井每侧各 1m。排十字线稳好井圈、井盖。

④检查井升降完毕后，立即将井子内里抹砂浆面，在井内与管头相接部位用 1：2.5 砂浆抹平压光，最后把井内泥土杂物清除干净。

⑤井周除按原路面设计分层夯实外，在基层部位距检查井外墙皮 30cm 中

间，浇筑一圈厚 20～22cm 的 C30 混凝土加固。顶面在路面之下，以便铺筑沥青混凝土面层。在井圈外仍用基层材料回填，注意夯实。

4. 雨期、冬期施工要求

（1）雨期施工。

①雨期挖槽应在槽帮堆叠土埂，严防雨水进入沟槽造成泡槽。

②如浇筑管基混凝土过程中遇雨，应立即用草袋将浇好的混凝土全部覆盖。

③雨天不宜进行接口抹箍，如在作业时，要有必要的防雨措施。

④砂浆受雨水浸泡，雨停后继续施工时，对未初凝的砂浆可增加水泥，重新拌和使用。

⑤沟槽回填前，槽内积水应抽干，淤泥清除干净，方可回填并分层夯实，防止松土淋雨，影响回填质量。

（2）冬期施工。

①沟槽当天不能挖够高程的，应预留松土，一般厚为 30cm，并覆盖草袋防冻。

②挖够高程的沟槽应用草袋覆盖防冻。

③砌砖可不洒水，遇雪要将雪清除干净，砌砖及抹井室水泥砂浆可掺盐水以降低冰点。

④抹箍用水泥砂浆应用热水拌和，水温不准超过 60℃，必要时可把砂子加热，砂温不应超过 40℃，抹箍结束后应立即覆盖草袋保温。

⑤沟槽回填不得填入冻块。

第三节　园林喷灌工程施工

一、喷灌的形式

1. 喷灌的形式分类及特点

（1）移动式喷灌。要求有天然水源，其动力（发电机）、水泵、干管、支管是可移动的。其使用特点是浇水方便灵活，能节约用水，但喷水作业时劳动强度稍大，如图 9-23 所示。

水岸

扫码观看本视频

（2）固定式喷灌。这种系统有固定的泵站，干管和支管都埋入地下，喷头可固定于竖管上，也可临时安装。固定式喷灌系统的安装，要用大量的管材和喷头，需要较多的投资。但喷水操作方便，用人工很少，既节约劳动力，又节约用水，浇水实现了自动化，甚至还可以用遥控操作，因此，是一种高效低耗的喷灌系统。这种喷灌系统适用于需要经常性灌溉供水的草坪、花坛和花圃等，如图 9-24 所示。

图 9-23 移动式喷灌

图 9-24 固定式喷灌

（3）半固定式喷灌。其泵站和干管固定，但支管与喷头可以移动，也就是一部分固定、一部分移动。其使用上的优缺点介于上述两种喷灌系统之间，主要适用于较大的花圃和苗圃，如图 9-25 所示。

图 9-25 半固定式喷灌

2. 喷灌系统优缺点比较
喷灌系统优缺点比较见表 9-27。

表 9-27 喷灌系统优缺点比较

形 式		优 点	缺 点
移动式	带管道	投资少，用管道少，运行成本低，动力便于综合利用，喷灌质量好，占地较少	操作不便，移管子时容易损坏作物
	不带管道	投资最少（每亩 20～50 元），不用管道，移动方便，动力便于综合利用	道路和渠道占地多，一般喷灌质量差

形　式	优　点	缺　点
固定式	使用方便，劳动生产率高，省劳力，运行成本低（高压除外），占地少，喷灌质量好	需要的管材多，投资大（每亩①200～500元）
半固定式	投资和用管量介于固定式和移动式之间，占地较少，喷灌质量好，运行成本低	操作不便，移管子时容易损坏作物

注：①1 亩＝666.7m²。

二、喷灌的技术要求

1. 喷灌强度

喷灌强度应该小于土壤的入渗（或称渗吸）速度，以避免地面积水或产生径流，造成土壤板结或冲刷。

单位时间喷洒在控制面的水深称为喷灌强度。喷灌强度的单位常用"mm/h"。计算喷灌强度应大于平均喷灌强度。这是因为系统喷灌的水不可能没有损失地全部喷洒到地面。喷灌时的蒸发、受风后雨滴的漂移以及作物茎叶的截留都会使实际落到地面的水量减少。

2. 水滴打击强度

喷灌的水滴对作物或土壤的打击强度要小，以免损坏植物。

水滴打击强度是指单位受水面积内，水滴对土壤或植物的打击动能。它与喷头喷洒出来的水滴的大小、质量、降落速度和密度（落在单位面积上水滴的数目）有关。由于测量水滴打击强度比较复杂，测量水滴直径的大小也较困难，所以在使用或设计喷灌系统时多用雾化指标法。我国实践证明，质量好的喷头 pd（雾化指标）值在 2500 以上，可适用于一般大田作物，而对蔬菜及大田作物幼苗期，pd（雾化指标）值应大于 3500。园林植物所需要的雾化指标可以参考使用。

3. 喷灌均匀度

喷灌的水量应均匀地分布在喷洒面，以使植物获得均匀的水量。

喷灌均匀度是指在喷灌面积上水量分布的均匀程度。它是衡量喷灌质量好坏的主要指标之一。它与喷头结构、工作压力、喷头组合形式、喷头间距、喷头转速的均匀性、竖管的倾斜度、地面坡度和风速、风向等因素有关。

三、喷灌设备及布置

1. 喷灌机的组成

（1）压水。压水部分通常有发动机和离心式水泵，主要是为喷灌系统提供动力和为水加压，使管道系统中的水压保持在一个较高的水平上。

（2）输水。输水部分是由输水主管和分管构成的管道系统。

（3）喷头。喷头部分的分类及介绍如下。

①旋转类喷头。又称射流式喷头，其管道中的压力水流通过喷头形成一股集中的射流喷射而出，再经自然粉碎形成细小的水滴洒落在地面。在喷洒过程中，喷头绕竖向轴缓缓旋转，使其喷射范围形成一个半径等于其射程的圆形或扇形。其喷射水流集中，水滴分布均匀，射程达 30m 以上，喷灌效果比较好，所以得到了广泛的应用。这类喷头中，因其转动机构的构造不一样，又可分为摇臂式、叶轮式、反作用式和手持式四种形式。还可根据是否装有扇形机构而分为扇形喷灌喷头和全圆周喷灌喷头两种形式。

摇臂式喷头是旋转类喷头中应用最广泛的喷头形式（图 9-26）。这种喷头的结构是由稳流器、摇臂、摇臂弹簧、摇臂轴等组成的转动机构，和由定位销、拨杆、挡块、扭簧或压簧等构成的扇形机构，以及喷体、空心轴、套轴、垫圈、防沙弹簧、喷管和喷嘴等构件组成的。在转动机构作用下，喷体和空心轴的整体在套轴内转动，从而实现旋转喷水。

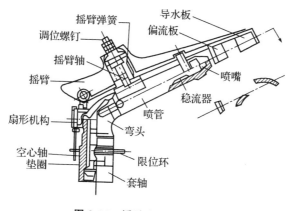

图 9-26　摇臂式喷头的构造

②漫射类喷头。这种喷头是固定式的，在喷灌过程中所有部件都固定不动，而水流却是呈圆形或扇形向四周分散开。喷灌系统的结构简单，工作可靠，在公园苗圃或一些小块绿地有所应用。其喷头的射程较短，在 5～10m 之间；喷灌强度大，在 15～20mm/h 以上，但喷灌水量不均匀，近处比远处的喷灌强度大得多。

③孔管类喷头。喷头实际上是一些水平安装的管子。在水平管子的顶上分布有一些整齐排列的小喷水孔（图 9-27）。孔径仅 1～2mm。喷水孔在管子上有排列成单行的，也有排列为两行以上的，可分别叫做单列孔管和多列孔管。

表 9-28 是单喷嘴摇臂式喷头的基本参数。

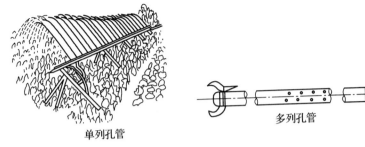

单列孔管　　　　　　　　　多列孔管

图 9-27　孔管式喷头喷灌示意

表 9-28　单喷嘴摇臂式喷头的基本参数

喷头型号	进水口直径			喷嘴直径 d (mm)	工作压力 (kg/cm²)	喷水量 Q_p (m³/h)	射程 R (m)	喷灌强度 ρ (mm/h)
	公称值 (mm)	实际尺寸 (mm)	接头管螺纹尺寸 (in)					
$Py10$	10	10	1/2	3	1.0	0.31	10.0	1.00
					2.0	0.44	11.0	1.16
				4 *	1.0	0.56	11.0	1.47
					2.0	0.79	12.5	1.61
				5	1.0	0.87	12.5	1.77
					2.0	1.23	14.0	2.00
$Py15$	15	15	3/4	4	2.0	0.79	13.5	1.38
					3.0	0.96	15.0	1.36
				5 *	2.0	1.23	15.0	1.75
					3.0	1.51	16.5	1.76
				6	2.0	1.77	15.5	2.35
					3.0	2.17	17.0	2.38
				7	2.0	2.41	16.5	2.82
					3.0	2.96	18.0	2.92
$Py20$	20	20	1	6	3.0	2.17	18.0	2.14
					4.0	2.50	19.5	2.10
				7 *	3.0	2.96	19.0	2.63
					4.0	3.41	20.5	2.58
				8	3.0	3.94	20.0	3.13
					4.0	4.55	22.0	3.01
				9	3.0	4.88	22.0	3.22
					4.0	5.64	23.5	3.26

喷头型号	进水口直径			喷嘴直径 d（mm）	工作压力（kg/cm²）	喷水量 Q_p（m³/h）	射程 R（m）	喷灌强度 ρ（mm/h）
	公称值（mm）	实际尺寸（mm）	接头管螺纹尺寸（in）					
$Py30$	30	30	1～1/2	9	3.0	4.88	23.0	2.94
					4.0	5.64	24.5	3.00
				10*	3.0	6.02	23.5	3.48
					4.0	6.96	25.5	3.42
				11	3.0	7.30	24.5	3.88
					4.0	8.42	27.0	3.72
				12	3.0	8.69	25.5	4.25
					4.0	10.0	28.0	4.07

2. 喷头的布置

喷灌系统喷头的布置形式有矩形、正方形、正三角形和等腰三角形四种。在实际工作中采用什么样的喷头布置形式，主要取决于喷头的性能和拟灌溉的地段情况。表 9-29 中所列四图，主要表示喷头的不同组合方式与灌溉效果的关系。

表 9-29　喷头的布置形式与灌溉效果的关系

序号	喷头组合图形	喷洒方式	喷头间距 L 支管间距 b 与射程 R 的关系	有效控制面积 S	适用情况
1	正方形	全圆形	$L=b=1.42R$	$S=2R^2$	在风向改变频繁的地方效果较好
2	正三角形	全圆形	$L=1.73R$ $b=1.5R$	$S=2.6R^2$	在无风的情况下喷灌的均度最好

序号	喷头组合图形	喷洒方式	喷头间距 L 支管间距 b 与射程 R 的关系	有效控制面积 S	适用情况
3	矩形	扇形	$L=R$ $b=1.73R$	$S=1.73R^2$	较 A、B 节省管道
4	等腰三角形	扇形	$L=R$ $b=1.87R$	$S=1.865R^2$	同 C

注：表所列 R 是喷头的设计射程，应小于喷头的最大射程。根据喷灌系统形式、当地的风速、动力的可靠程度等来确定一个系数，对于移动式喷灌系统一般可采用 0.9；对于固定式系统由于竖管装好后就无法移动，如有空白就无法补救，故可以考虑采用 0.8；对于多风地区可采用 0.7。

四、喷灌设备选择与工程设施

1. 设备选择

（1）喷头的选择应符合喷灌系统设计要求。灌溉季节风大的地区或树下喷灌的喷灌系统，宜采用低仰角喷头。

（2）管及管件的选择，应使其工作压力符合喷灌系统设计工作压力的要求。

（3）水泵的选择应满足喷灌系统设计流量和设计水头的要求。水泵应在高效区运行。对于采用多台水泵的恒压喷灌泵站来说，所选各泵的流量—扬程曲线，在规定的恒压范围内应能相互搭接。

（4）喷灌机应根据灌区的地形、土壤、作物等条件进行选择，并满足系统设计要求。

2. 水源工程

（1）喷灌渠道宜作防渗处理。行喷式喷灌系统，其工作渠内水深必须满足水泵吸水要求；定喷式喷灌系统，其工作渠内水深不能满足要求时，应设置工作池。工作地尺寸应满足水泵正常吸水和清淤要求；对于兼起调节水量作用的工作池，其容积应通过水量平衡计算确定。

（2）机行道应根据喷灌机的类型在工作渠旁设置。对于平移式喷灌机，其机行道的路面应平直、无横向坡度；若主机跨渠行进，渠道两旁的机行道，其路面高程应相等。

（3）喷灌系统中的暗渠或暗管在交叉、分支及地形突变处应设置配水井，其尺寸应满足清淤、检修要求，在水泵抽水处应设置工作井，其尺寸应满足清淤、检修及水泵正常汲水要求。

3. 泵站

（1）自河道取水的喷灌泵站，应满足防淤积、防洪水和防冲刷的要求。

（2）喷灌泵站设置的水泵（及动力机）数，宜为 2～4 台。当系统设计流量较小时，可只设置一台水泵（及动力机），但应配备足够数量的易损零件。喷灌泵站不宜设置备用泵（及动力机）。

（3）泵站的前池或进水池内应设置拦污栅，并应具备良好的水流条件。前池水流平面扩散角：对于开敞型前池，应小于 40°；对于分室型前池，各室扩散角应不大于 20°，总扩散角不宜大于 60°。前池底部纵坡不应大于 1/5。进水池容积应按容纳不少于水泵运行 5min 的水量确定。

（4）水泵吸水管直径应不小于水泵口径。当水泵可能处于自灌式充水时，其吸水管道上应设检修阀。

（5）水泵的安装高程，应根据减少基础开挖量，防止水泵产生汽蚀，确保机组正常运行的原则，经计算确定。

（6）水泵和动力机基础的设计，应按设计有关规定执行。

（7）泵房平面布置及设计要求，可按设计有关规定执行。对于半固定管道式或移动管道式喷灌系统，当不设专用仓库时，应在泵房内留出存放移动管道的面积。

（8）出水管的设置，每台水泵宜设置一根，其直径不应小于水泵出口直径。当泵站安装多台水泵且出水管线较长时，出水管宜并联，并联后的根数及直径应合理确定。

（9）泵站的出水池，水流应平顺，与输水渠应采用渐变段连接。渐变段长度，应按水流平面收缩角不大于 50°确定。

出水池和渐变段应采用混凝土或浆砌石结构，输水渠首先应采用砌体加固。出水管口应设在出水池设计水位以下。出水管口或池内宜设置断流设施。

（10）装设柴油机的喷灌泵站，应设置能够储存 10～15d 燃料油的储油设备。

（11）喷灌系统的供电设计，可按现行电力建设的有关规范执行。

4. 管网

（1）喷灌管道的布置，应遵守下列规定。

①应符合喷灌工程总体设计的要求。

②应使管道总长度短，有利于水锤的防护。

③应满足各用水单位的需要，管理方便，有利于组织轮灌和迅速分散流量。

④在垄作田内，应使支管与作物种植方向一致。在丘陵山区，应使支管沿等

高线布置。在可能的条件下，支管宜垂直于主风向。

⑤管道的纵剖面应力求平顺，减少折点；有起伏时应避免产生负压。

（2）自压喷灌系统的进水口和机压喷灌系统的加压泵吸水管底端，应分别设置拦污栅和滤网。

（3）在各级管道的首端应设进水阀或分水阀。在连接地埋管和地面移动管的出地管上应设给水栓。当管道过长或压力变化过大时，应在适当位置设置节制阀。在地埋管道的阀门处应建阀门井。

（4）在管道起伏的高处应设排气装置；对自压喷灌系统，在进水阀后的干管上应设通气管，其高度应高出水源水面高程。在管道起伏的低处及管道末端应设泄水装置。

（5）固定管道的末端及变坡、转弯和分叉处宜设镇墩。当温度变化较大时，宜设伸缩装置。

（6）固定管道应根据地形、地基、直径、材质等条件来确定其敷设坡度以及对管基的处理。

（7）在管网压力变化较大的部位，应设置测压点。

（8）地埋管道的埋设深度应根据气候条件、地面荷载和机耕要求确定。

五、喷灌工程施工

1. 一般规定

（1）喷灌工程施工、安装应按已批准的设计进行，修改设计或更换材料设备应经设计部门同意，必要时需经主管部门批准。

（2）工程施工，应符合下列程序和要求。

①施工放样：施工现场应设置施工测量控制网，并将它保存到施工完毕；应定出建筑物的主轴线或纵横轴线、基坑开挖线与建筑物轮廓线等；应标明建筑物主要部位和基坑开挖的高程。

②基坑开挖：应保证基坑边坡稳定。若基坑挖好后不能进行下道工序，应预留15～30cm土层不挖，待下道工序开始前再挖至设计标高。

③基坑排水：应设置明沟或井点排水系统，将基坑积水排走。

④基础处理：基坑地基承载力小于设计要求时，应进行基础处理。

⑤回填：砌筑完毕，应待砌体砂浆或混凝土凝固达到设计强度后回填；回填土应干湿适宜，分层夯实，与砌体接触密实。

（3）在施工过程中，应做好施工记录。对于隐蔽工程，应填写隐蔽工程记录，经验收合格后方能进入下道工序施工。全部工程施工完毕后应及时编写竣工报告。

2. 泵站施工

（1）泵站机组的基础施工，应符合下列要求。

①基础应浇筑在未经松动的基坑原状土上，当地基土的承载力小于 $0.05\mu Pa$ 时，应进行加固处理。

②基础的轴线及需要预埋的地脚螺栓或二期混凝土预留孔的位置应正确无误。

③基础浇筑完毕拆模后，应用水平尺校平，其顶面高程应正确无误。

（2）中心支轴式喷灌机的中心支座采用混凝土基础时，应按设计要求于安装前浇筑好。浇筑混凝土基础时，在平地上，基础顶面应呈水平；在坡地上，基础顶面应与坡面平行。

（3）中心支轴式喷灌机中心支座的基础与水井或水泵的相对位置不得影响喷灌机的拖移。当喷灌机中心支座与水泵相距较近时，水泵出水口与喷灌机中心线应保持一致。

3. 管网施工

（1）管道沟槽开挖，应符合下列要求。

①应根据施工放样中心线和标明的槽底设计标高进行开挖，不得挖至槽底设计标高以下。如局部超挖则应用相同的土壤填补夯实至接近天然密实度。沟槽底宽应根据管道的直径与材质及施工条件确定。

②沟槽经过岩石、卵石等容易损坏管道的地方应将槽底至少再挖 15cm，并用砂或细土回填至设计槽底标高。

③管子接口槽坑应符合设计要求。

（2）沟槽回填应符合下列要求。

①管及管件安装完毕，应填土定位，经试压合格后尽快回填。

②回填前应将沟槽内一切杂物清除干净，积水排净。

③回填要在管道两侧同时进行，严禁单侧回填，填土应分层夯实。

④塑料管道应在地面和地下温度接近时回填；管周填土不应有直径大于 2.5cm 的石子及直径大于 5cm 的土块，半软质塑料管道回填时还应将管道充满水，回填土可加水灌筑。

六、喷灌管道及管道附件安装

1. 喷灌管道安装方法

（1）孔洞的预留与套管的安装。在绿地喷灌及其他设施工程中，地层上安装管道应在钢筋绑扎完毕时进行。工程施工到预留孔部位时，参照模板标高或正在施工的毛石、砖砌体的轴线标高确定孔洞模具的位置，并加以固定。遇到较大的孔洞，模具与多根钢筋相碰时，须经土建技术人员校核，采取技术措施后进行安装固定。临时性模具应便于拆除，永久性模具应进行防腐处理。预留孔洞不能适应工程需要时，要进行机械或人工打孔洞，尺寸一般比管径大两倍左右。钢管套管应在管道安装时及时套入，放入指定位置，调整完毕后固定。铁皮套管在管道安装时套入。

（2）管道穿基础或孔洞、地下室外墙的套管安装。管道穿基础或孔洞、地下室外墙的套管要预留好，并校验是否符合设计要求。室内装饰的种类确定后，可以进行室内地下管道及室外地下管道的安装。安装前对管材、管件进行质量检查并清除污物，按照各管段排列顺序，将地下管道试安装，然后动工，同时按设计的平面位置与墙面间的距离分出立管接口。

（3）立管的安装。应在土建主体的基础上完成。沟槽按设计位置和尺寸留好。检验沟槽，然后进行立管安装，栽立管卡，最后封沟槽。

（4）横支管安装。在立管安装完毕、卫生器具安装就位后可进行横支管安装。

2. 喷灌管架制作安装方法

（1）放样。在正式施工或制造之前，制作成所需要的管架模型作为样品。

（2）画线。检查核对材料；在材料上画出切割、刨、钻孔等加工位置；打孔；标出零件编号等。

（3）截料。将材料按设计要求进行切割。钢材截料的方法有氧割、机切、冲模落料和锯切等。

（4）平直。利用矫正机将钢材的弯曲部分调平。

（5）钻孔。将经过画线的材料利用钻机在作有标记的位置制孔。有冲击和旋转两种制孔方式。

（6）拼装。把制备完成的半成品和零件按图纸的规定装成构件或部件，然后经过焊接或铆接等工序使之成为整体。

（7）焊接。将金属熔融后对接为一个整体构件。

（8）成品矫正。不符合质量要求的成品经过再加工后达到标准，即为成品矫正。一般有冷矫正、热矫正和混合矫正三种。

3. 金属管道安装要求

（1）一般规定。

①金属管道安装前应进行外观质量和尺寸偏差检查，并进行耐水压试验，其要求应符合《低压流体输送用焊接钢管》（GB/T 3091—2015）、《喷灌用金属薄壁管及管件》（GB/T 24672—2009）等现行标准的规定。

②镀锌钢管安装应按现行《工业金属管道工程施工规范》（GB 50235—2010）执行。

③镀锌薄壁钢管、铝管及铝合金管应按安装使用说明书的要求进行。

（2）铸铁管安装规定。

①安装前，应清除承口内部及插口外部的沥青块、飞刺、铸砂和其他杂质；用小锤轻轻敲打管子，检查有无裂缝，如有裂缝，应予更换。

②铺设安装时，对口间隙、承插口环形间隙及接口转角，应符合表9-30的规定。

表 9-30　对口间隙、承插口环形间隙及接口转角值

名称	对口最小间隙（mm）	对口最大间隙（mm）		承插口标准环形间隙（mm）				每个接口允许转角（°）
		DN100～DN250	DN300～DN350	DN100～DN200		DN250～DN350		
				标准	允许偏差	标准	允许偏差	
沿直线铺设安装	3	5	6	10	+3 -2	11	+4 -2	—
沿曲线铺设安装	3	7～13	10～14	—	—	—	—	2

注：DN 为管公称内径。

③安装后，承插口应填塞，填料可采用膨胀水泥、石棉水泥和油麻等。

采用膨胀水泥和石棉水泥时，填塞深度应为接口深度的 1/2～2/3；填塞时应分层捣实，压平，并及时湿养护。

采用油麻时，应将麻拧成辫状填入，麻辫中麻段搭接长度应为 0.1～0.15m。麻辫填塞时应仔细打紧。

4. 塑料管道安装要求

（1）一般规定。塑料管道安装前应进行外观质量和尺寸偏差的检查，并应符合相关现行标准的规定。对于涂塑软管，不得有划伤、破损，不得夹有杂质。

塑料管道安装前宜进行爆破压力试验，并应符合下列规定。

①试样长度采用管外径的 5 倍，但不应小于 250mm。

②测量试样的平均外径和最小壁厚。

③按要求进行装配，并排除管内空气。

④在 1min 内迅速连续加压至爆破，读取最大压力值。

⑤瞬时爆破环向应力按式（9-6）计算，其值不得低于表 9-31 的规定。

$$\sigma = P_{max} \cdot \frac{D - e_{min}}{2e_{min}} - K_t(20 - t) \tag{9-6}$$

式中　σ——塑料管瞬时爆破环向应力（μPa）；

P_{max}——最大表压力（μPa）；

D——管平均外径（m）；

e_{min}——管最小壁厚（m）；

K_t——温度修正系数（$\mu Pa/℃$）；硬聚氯乙烯为 0.625，共聚聚丙烯为 0.30，低密度聚乙烯为 0.18；

t——试验温度（℃），一般为 5～35℃。

表9-31 塑料管瞬时爆破环向应力 σ 值

名 称	硬聚氯乙烯管	聚丙烯管	低密度聚乙烯管
$\sigma/\mu Pa$	45	22	9.6

⑥对于涂塑软管，其爆破压力不得低于表9-32的规定。

表9-32 涂塑软管爆破压力值

工作压力（μPa）	爆破压力（μPa）
0.4	1.3
0.6	1.8

（2）塑料管黏结连接要求。

黏结前：

①按设计要求，选择合适的胶粘剂。

②按黏结技术要求，对管或管件进行预加工和预处理。

③按黏结工艺要求，检查配合间隙，并将接头去污、打毛。

黏结：

①管轴线应对准，四周配合间隙应相等。

②胶粘剂涂抹长度应符合设计规定。

③胶粘剂涂抹应均匀，间隙应用胶粘剂填满，并有少量挤出。

黏结后：

①固化前管道不应移位。

②使用前应进行质量检查。

（3）塑料管翻边连接要求。

连接前：

①翻边前应将管端锯正、锉平、洗净、擦干。

②翻边应与管中心线垂直，尺寸应符合设计要求。

③翻边正反面应平整，并能保证法兰和螺栓或快速接头能自由装卸。

④翻边根部与管的连接处应熔合完好，无夹渣、穿孔等缺陷；飞边、毛刺应剔除。

连接：

①密封圈应与管同心。

②拧紧法兰螺栓时扭力应符合标准，各螺栓受力应均匀。

连接后：

①法兰应放入接头坑内。

②管道中心线应平直，管底与沟槽底面应贴合良好。

（4）塑料管套筒连接要求。

连接前：

①配合间隙应符合设计和安装要求。

②密封圈应装入套筒的密封槽内，不得有扭曲、偏斜现象。

连接：

①管子插入套筒深度应符合设计要求。

②安装困难时，可用肥皂水或滑石粉作润滑剂；可用紧线器安装，也可隔一木块轻敲打入。

连接后：

密封圈不得移位、扭曲、偏斜。

（5）塑料管热熔对接要求。

对接前：

①热熔对接管子的材质、直径和壁厚应相同。

②按热熔对接要求对管子进行预加工，清除管端杂质、污物。

③管端按设计温度加热至充分塑化而不烧焦；加热板应清洁、平整、光滑。

对接：

①加热板的抽出及两管合拢应迅速，两管端面应完全对齐；四周挤出的树脂应均匀。

②冷却时应保持清洁。自然冷却应防止尘埃侵入；水冷却应保持水质清净。

对接后：

①两管端面应熔接牢固，并按 10% 进行抽检。

②若两管对接不齐应切开重新加工对接。

③完全冷却前管道不应移动。

5. 水泥制品管道安装要求

（1）一般规定。水泥制品管道安装前应进行外观质量和尺寸偏差的检查，并应进行耐水压试验，其要求应符合相关规定。

（2）安装时要求。安装时应符合下列要求。

①承口应向上。

②套胶圈前，承插口应刷净，胶圈上不得粘有杂物，套在插口上的胶圈不得扭曲、偏斜。

③插口应均匀进入承插口，回弹就位后，仍应保持对口间隙 10～17mm。

在沟槽土壤或地下水对胶圈有腐蚀性的地段，管道覆土前应将接口封闭。

（3）水泥制品配用金属管。应进行防锈、防腐处理。

6. 螺纹阀门安装方法

（1）螺纹阀门安装。

①场内搬运：从机器制造厂把机器搬运到施工现场的过程。在搬运中注意人

身和设备安全，严格遵守操作规范，防止意外事故发生及机器损坏、缺失。

②外观检查：外观检查是从外观上观察，看机器设备有无损伤、油漆剥落、裂缝、松动及不固定的地方，并及时更换、检修缺损之处。

（2）螺纹法兰阀门安装。

①加垫：加垫指在阀门安装时，因为管材和其他方面的原因，在螺纹固定时，需要垫上一定形状或大小的铁或钢垫，这样有利于固定和安装。垫料要按不同情况而定，其形状因需要而定，确保加垫之后，安装连接处没有缝隙。

②螺纹法兰：螺纹法兰即螺纹方式连接的法兰。这种法兰与管道不直接焊接在一起，而是以管口翻边为密封接触面，套法兰起紧固作用，多用于铜、铅等有色金属及不锈耐酸管道上。其最大优点是法兰穿螺栓时非常方便，缺点是不能承受较大的压力。也有的是用螺纹与管端连接起来，有高压和低压两种。它的安装执行活头连接项目。

（3）焊接法兰阀门安装。

①螺栓：在拧紧过程中，螺母朝一个方向（一般为顺时针）转动，直到不能再转动为止，有时还需要在螺母与钢材间垫上一垫片，有利于拧紧，防止螺母与钢材磨损及滑丝。

②阀门安装：阀门是控制水流、调节管道内的水重和水压的重要设备。阀门通常放在分支管处、穿越障碍物和过长的管线上。配水干管上装设阀门的距离一般为 400～1000m，并不应超过 3 条配水支管。阀门一般设在配水支管的下游，以便关阀门时不影响支管的供水。在支管上也设阀门。配水支管上的阀门不应隔断 5 个以上消防栓。阀门的口径一般和水管的直径相同。给水用的阀门包括闸阀和蝶阀。

7. 水表安装及注意事项

（1）流速式水表。典型的流速式水表有旋翼式水表和螺翼式水表两种。

①旋翼式水表按计数机件所处的状态又分为干式和湿式两种。干式水表的计数机件和表盘与水隔开，湿式水表的计数机件和表盘浸没在水中，机件较简单，计量较准确，阻力比干式水表小，应用较广泛，但只能用于水中无固体杂质的横管上。湿式旋翼式水表，按材质又分为塑料表与金属表。

②螺翼式水表依其转轴方向又分为水平螺翼式和垂直螺翼式两种，前者又分为干式和湿式两类，但后者只有干式一种。湿式叶轮水表技术规格有具体规定。

（2）水表安装注意事项。水表安装时应注意：表外壳上所指示的箭头方向与水流方向一致；水表前后需装检修门，以便拆换和检修水表时关断水流；对于不允许断水或设有消防给水系统的，还需在设备旁设水表检查水龙头（带旁通管和不带旁通管的水表）。水表安装在查看方便、不受暴晒、不致冻结和不受污染的地方。一般设在室内或室外的专门水表井中，室内水表井及安装在资料上有详细图示说明。为了保证水表计量准确，螺翼式水表的上游端应有 8～10 倍水表公称直径的直径管段；其他类型水表的前后应有不小于 300mm 的直线管段。水表直径的选择如下：对于不均匀的给水系统，以设计流量选定水表的额定流量，来确定水表的直径；用水均匀的给水系统，以设计流量选定水表的额定流量，确定水表的直径；对于生活、生产和消防统一的给水系统，以总设计流量不超过水表的最大流量决定水表的直径。住宅内的单户水表，一般采用公称直径为 15mm 的旋翼式湿式水表。

第四节 园林微灌喷洒

一、园林微灌喷洒系统分类与供水方式

1. 园林微灌喷洒系统的分类

根据其灌水器出流方式不同，可分为滴灌、微灌和涌泉三种方式，如图 9-28 所示。由水源、枢纽设备、输配管网和灌水器组成，如图 9-29 所示。

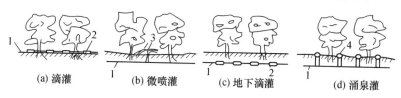

(a) 滴灌　　(b) 微喷灌　　(c) 地下滴灌　　(d) 涌泉灌

1—分支管；2—滴头；3—微喷头；4—涌泉器。

图 9-28　微灌出流方式

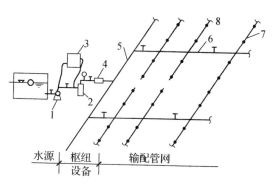

水源｜枢纽设备｜输配管网

1—水泵；2—过滤装置；3—施肥罐；4—水表；
5—干管；6—支管；7—分支管；8—出流灌水器。

图 9-29　微灌喷洒供水系统示意图

2. 供水方式

（1）当水源取自城市自来水时，枢纽设备仅为水泵、贮水池（包括吸水井）及必要的施肥罐等。

（2）当水源为园林附近的地面水，则根据水质悬浮固体情况除应有贮水池、

泵房、水泵、施肥罐外，还应设置过滤设施。

二、供水管、出流灌水器布置

1. 供水管布置

微灌喷洒供水系统的输配管网有干管、支管和分支管之分，干、支管可埋于地下，专用于输配水量，而分支管将根据情况或置于地下或置于地上，但出流灌水器宜置于地面上，以避免植物根须堵塞出流孔。

2. 出流灌水器布置

微灌出流灌水器有滴头、微喷头、涌水口和滴灌带等多种类型，其出流可形成滴水、漫射、喷水和涌泉。图 9-30 为几种常见的微灌出流灌水器。

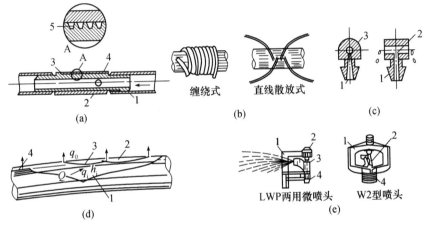

(a) 内螺纹管式滴头（1—毛管；2—滴头；3—滴头出水口；4—滴头进水口；5—螺纹流道槽。）

(b) 微管灌水器

(c) 孔口滴头构造示意图（1—进口；2—出口；3—横道出水道。）

(d) 双腔毛管（1—内管腔；2—外管腔；3—出水孔；4—配水孔。）

(e) 射流旋转式微喷头

（1—支架；2—散水锥；3—旋转臂；4—接头。）

图 9-30　几种常见的微灌出流灌水器

分支管上出流灌水器布置如图 9-31 所示，可布置成单行或双行，也可成环形布置。

微灌喷洒供水系统水力计算内容与固定或喷洒供水系统相同，在布置完成后选出设备并确定管径。

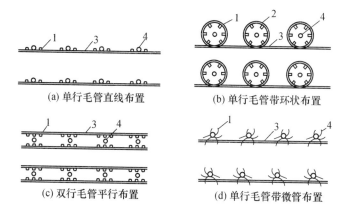

(a) 单行毛管直线布置　　(b) 单行毛管带环状布置

(c) 双行毛管平行布置　　(d) 单行毛管带微管布置

1—灌水器（滴头）；2—绕树环状管；3—毛管；4—果树。

图 9-31　滴灌时毛管与灌水器的布置

第 十 章

园林水景工程

第一节　驳岸与护坡施工

驳岸与护坡的施工属于特殊的砌体工程，施工时应遵循砌体工程的操作规程与施工验收规范，同时应注意驳岸和护坡的施工必须放干湖水，也可分段堵截逐一排空。采用灰土基础以在干旱季节为宜，否则会影响灰土的固结。

为防止冻凝，岸坡应设伸缩缝并兼做沉降缝。伸缩缝要做好防水处理，同时也可结合采用景观的设计使岸坡曲折有度，这样既丰富了岸坡的变化，又减少了伸缩缝的设置，使岸坡的整体性更强。

为排除地面渗水或地面水在岸墙后的滞留，应考虑设置泄水孔。泄水孔可等距离分布，平均 3～5m 处可设置一处。在孔后可设倒滤层，以防阻塞，如图 10-1 所示。

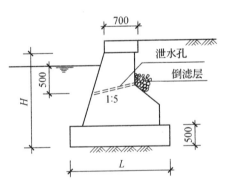

图 10-1　岸坡墙孔后的倒滤层

一、驳岸工程

1. 驳岸的含义、作用

（1）驳岸的含义。

驳岸是一面临水的挡土墙，是支撑陆地和防止岸壁坍塌的水工构筑物。

（2）驳岸的作用。

①驳岸是用来维系陆地与水面的界限，使其保持一定的比例关系。驳岸是正面临水的挡土墙，用来支撑墙后的陆地土壤。如果水际边缘不做驳岸处理，很容易因为水的浮托、冻胀或风浪淘刷使岸壁塌陷，导致陆地后退，岸线变形，这些将影响园林景观。

②驳岸能保证水体岸坡不受冲刷。通常水体岸坡受水冲刷的程度取决于水面大小、水位高低、风速及岸土的密实度等。当这些因素达到一定程度时，如水体岸坡不做工程处理，岸坡将失去稳定而遭到破坏。因此，要沿岸线设计驳岸以保证水体坡岸不受冲刷。

③驳岸还可增加岸线的景观层次。驳岸除具有支撑和防冲刷作用外，还可通过不同的处理形式，增加其变化，丰富水景的立面层次，增强景观的艺术效果。

2. 常见的驳岸

(1) 山石驳岸。

采用天然山石，不经人工整形，顺其自然石形砌筑而成的崎岖曲折、凹凸变化的自然山石驳岸。适用于水石庭院、园林湖池、假山山涧等水体。其地基采用沉褥作为基层。沉褥又称沉排，即用树木干枝编成的柴排，在柴排上加载块石，使之下沉到坡岸水下的地表，如图 10-2 所示。

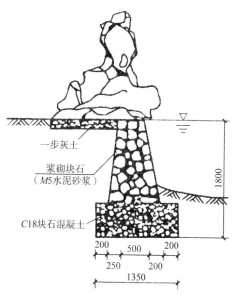

(a) 山石驳岸构造图

(b) 山石驳岸景观图

图 10-2 山石驳岸

特点：当底下的土被冲走而下沉时，沉褥也随之下沉，故坡岸下部分可随之得到保护。在水流不大、岸坡平缓、硬层较浅的岸坡水下部分使用较合适，而且可利用沉褥具有较大面积的特点，作为平缓岸坡自然式山石驳岸的基底，借以减少山石对基层土壤不均匀荷载和单位面积的压力，同时也可减少不均匀沉陷。

（2）卵石驳岸。

常水位以上用大卵石堆砌或将较小的卵石贴于混凝土上，风格朴素自然，如图 10-3 所示。

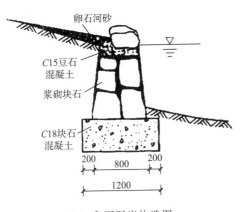

（a）卵石驳岸构造图

（b）卵石驳岸景观图

图 10-3　卵石驳岸

（3）虎皮墙驳岸。

采用水泥砂浆按照重力式挡土墙的方式砌筑成的块石驳岸为虎皮墙驳岸。一般用水泥砂浆抹缝，使岸壁壁面形成冰裂纹、松皮纹等装饰性缝纹。虎皮墙驳岸能适应大多数园林水体，是现代园林中运用较广泛的驳岸类型，如图 10-4 所示。

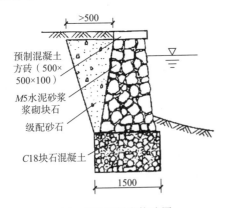

（a）虎皮墙驳岸构造图

（b）虎皮墙驳岸景观图

图 10-4　虎皮墙驳岸

特点：在驳岸的背水面铺宽约 50cm 的级配砂石带。湖底以下的基础用块石浇灌混凝土，使驳岸地基的整体性加强而不易产生不均匀沉陷；基础以上浆砌块石勾缝；水面以上形成虎皮石外观，朴素大方；岸顶用预制混凝土块压顶，向水面挑出 5cm，使岸顶统一、美观。驳岸并不绝对与水平面垂直，可有 1∶10 的倾斜度，每间隔 15cm 设伸缩缝。伸缩缝用涂有防腐剂的木板条嵌入，而上表略低于虎皮石墙面。缝上以水泥砂浆勾缝。虎皮石缝宽度以 2～3cm 为宜。

（4）干砌大块石驳岸。

这种驳岸不用任何胶结材料，只是利用大块石的自然纹缝进行拼接镶嵌。在保证砌叠牢固的前提下，人为造成大小、深浅、形状各异的石缝、石洞、石槽、石孔、石峡等。广泛用于多数园林湖池水体，如图 10-5 所示。

图 10-5　干砌大块石驳岸

（5）整形条石砌体驳岸。

利用加工整形成规则形状的石条整齐地砌筑成条石砌体驳岸。具有规则、整齐、工程稳固性好的特点，但造价较高，多用于较大面积的规则式水体。结合湖岸坡地地形或游船码头的修建，用整形石条砌筑成梯状的岸坡，这样不仅可适应水位的高低变化，还可利用阶梯作为座凳，增加游园乐趣，吸引游人近水赏景、休息或垂钓，如图 10-6 所示。

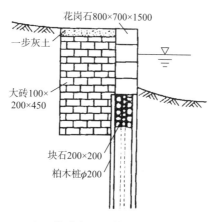

（a）整形条石砌体驳岸构造图

(b) 整形条石砌体驳岸景观图

图 10-6 整形条石砌体驳岸

(6) 木桩驳岸。

木桩驳岸施工前，先对木桩进行处理。木桩入土前，还应在入土的一端涂刷防腐剂，最好选用耐腐蚀的杉木作为木桩的材料。木桩驳岸在施打木桩前，为便于将木桩打入，还应对原有河岸的边缘进行修整，挖去一些泥土，修整原有河岸的泥土。如果原有的河岸边缘土质较松，易导致塌方，那么还应进行适当的加固处理，如图 10-7 所示。

图 10-7 木桩驳岸

(7) 仿木桩驳岸。

看起来和木桩驳岸一样，可以以假乱真。仿木桩驳岸施工前，应先预制加工仿木桩，一般是用钢筋混凝土预制小圆桩，长度根据河岸的标高和河底的标高决定。一般为 1～2m，直径为 15～20cm，一端头成尖状，内配 5φ10 钢筋，待小圆柱的混凝土强度达到 100% 后，便可施打。成排完成或全部完成后，再用白色水泥掺适量的颜料粉。调配成树皮的颜色，用工具把彩色水泥砂浆，采用粉、刮、批、拉、弹等手法装饰在圆柱体上，使圆柱体仿制成木桩，如图 10-8 所示。仿木桩驳岸的施工方法类似于木桩驳岸的施工方法。

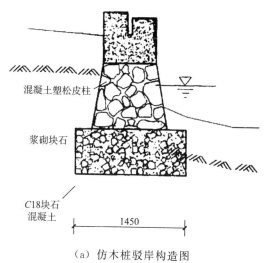

混凝土塑松皮柱

浆砌块石

$C18$块石
混凝土

1450

（a）仿木桩驳岸构造图

（b）仿木桩驳岸景观图

图 10-8 仿木桩驳岸

（8）竹桩驳岸。

南方地区冬季气温较高，没有冻胀破坏，又盛产毛竹，因此可用毛竹建造驳岸。竹桩驳岸由竹桩和竹片笆组成，竹桩间距一般为 60cm，竹片笆纵向搭接长度不少于 30cm 且位于竹桩处，如图 10-9 所示。

（9）草皮驳岸。

为防止河坡塌方，河岸的坡度应在自然安息角以内，也可以把河坡做得较平坦些，对河坡上的泥土进行处理，或铺筑一层易使绿植成活的营养土，然后再铺筑草皮。如果河岸较陡，还可以在草皮铺筑时，用竹钉钉在草坡上，使草皮不会下滑。草皮养护一段时间后，草皮长入土中，就完成了草皮驳岸的建设，如图 10-10 所示。

600

400

$\phi75$，长2000～2200毛竹涂柏油

竹片笆涂柏油

图 10-9 竹桩驳岸构造图

图 10-10 草皮驳岸

（10）景石驳岸。

这种是在块石驳岸完成后，在块石驳岸的岸顶放置景石，起到装饰作用。具

体施工时应根据现场实际情况及整个水系的迂回曲折点置景石，如图 10-11 所示。

图 10-11　景石驳岸

实际上除了竹桩驳岸外，大多数驳岸的墙身通常采用浆砌块石。对于这类砖、石驳岸，为了适应气温变化造成的热胀冷缩，其结构上应当设置伸缩缝。一般每隔 10～25m 设置一道，缝宽 20～30mm，内嵌木板条或沥青油毡等。

3. 驳岸施工

（1）严格管理，并严格按工程规范施工。

（2）岸坡施工前，一般应放空湖水，以便于施工。新挖湖池应在蓄水之前进行岸坡施工。属于城市排洪河道、蓄洪湖泊的水体，可分段围堵截流，排空作业现场围堰以内的水。选择枯水期施工，如枯水位距施工现场较远，也不必放空湖水。

（3）岸坡采用灰土基础时，以干旱季节施工为宜，否则会影响灰土的凝结。浆砌块石施工中，砌筑要密实，要尽量减少缝穴，缝中灌浆务必饱满。浆砌石块的缝宽应控制在 2～3cm，勾缝可稍高于石面。

（4）为防止冻凝，岸坡应设伸缩缝并兼作沉降缝。伸缩缝要做好防水处理，同时也可采用结合景观的设计使岸坡曲折有度，这样既丰富了岸坡的变化，又减少了伸缩缝的设置，使岸坡的整体性更强。

（5）为排除地面渗水或地面水在岸墙后的滞留，应考虑设置泄水孔。泄水孔可等距离分布，平均 3～5m 处可设置一处。在孔后可设倒滤层以防阻塞。

二、护坡工程

1. 铺石护坡

当坡岸较陡，风浪较大或因造景需要时，可采用铺石护坡，如图 10-12 所示。铺石护坡由于施工容易，抗冲刷能力强，经久耐用，护岸效果好，还能因地造景，灵活随意，因而是园林常见的护坡形式。

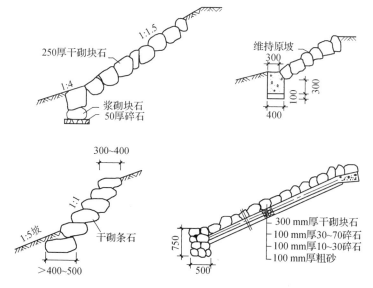

图 10-12 铺石护坡（单位：mm）

护坡石料要求吸水率低（不超过 1‰）、密度大（大于 2t/m³）和较强的抗冻性，如石灰岩、砂岩、花岗石等岩石，以块径 18～25cm、长宽比为 1：2 的长方形石料最佳。

铺石护坡的坡面应根据水位和土壤状况确定，一般常水位以下部分坡面的坡度小于 1：4，常水位以上部分采用 1：5～1：1.5。

施工方法如下：首先把坡岸平整好，并在最下部挖一条梯形沟槽，槽沟宽约 40～50cm，深约 50～60cm。铺石以前先将垫层铺好，垫层的卵石或碎石要求大小一致，厚度均匀，铺石时由下至上铺设。下部要选用大块的石料，以增加护坡的稳定性。铺时石块摆成丁字形，与岸坡平铺石护坡行，一行一行往上铺，石块与石块之间要紧密相贴，如有突出的棱角，应用铁锤将其敲掉。铺后检查一下质量，即当人在铺石上行走时铺石是否移动。如果不移动，则施工质量合乎要求。下一步就是用碎石嵌补铺石缝隙，再将铺石夯实即成。

2. 灌木护坡

灌木护坡较适用于大水面平缓的坡岸。由于灌木有韧性，根系盘结，不怕水淹，能削弱风浪冲击力，减少地表冲刷，因而护岸效果较好。护坡灌木要具备速生、根系发达、耐水湿、株矮常绿等特点，可选择沼生植物护坡。施工时可直播，可植苗，但要求较大的种植密度。若因景观需要，强化天际线变化，可适量植草和乔木，如图 10-13 所示。

3. 草皮护坡

草皮护坡适用于坡度在 1：20～1：5 之间的湖岸缓坡。护坡草种要求耐水湿，根系发达，生长快，生存力强，如假俭草、狗牙根等。护坡做法按坡面具体条件而定，如果原坡面有杂草生长，可直接利用杂草护坡，但要求美观。也有直接在坡面上播草种，加盖塑料薄膜；如图 10-14 所示，先在正方砖、六角砖上种草，然后用竹签四角固定作护坡。最为常见的是块状或带状种草护坡，铺草时沿坡面自下而上成网状铺草，用木方条分隔固定，稍加压踩。若要增加景观层次，丰富地貌，加强透视感，可在草地散置山石，配以花灌木。

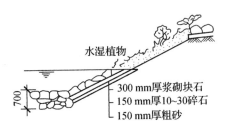

图 10-13　灌木护坡（单位：mm）

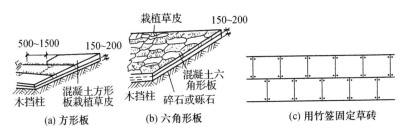

图 10-14　草皮护坡（单位：mm）

第二节　水池工程施工

一、刚性材料水池

刚性材料水池做法如图 10-15～图 10-17 所示。

（1）放样：按设计图纸要求放出水池的位置、平面尺寸、池底标高对桩位。

（2）开挖基坑：一般可采用人工开挖，如水面较大也可采用机挖；为确保池底基土不受扰动破坏，机挖应保留 200mm 的厚度，并由人工修整。需设置水生植物种植槽的，在放样时应明确，以防超挖而造成浪费；种植槽深度应视设计种植的水生植物特性决定。

（3）做池底基层：一般硬土层上只需用 C10 素混凝土找平约 100mm 厚，然后在找平层上浇捣刚性池底；如土质较松软，则必须经结构计算并设置块石垫层、碎石垫层、素混凝土找平层后，方可进行池底浇捣。

（4）池底、池壁结构施工：按设计要求，用钢筋混凝土作结构主体的，应先支模板，然后扎池底、池壁钢筋；两层钢筋需采用专用钢筋撑脚支撑，已完成的钢筋严禁踩踏或堆压重物。

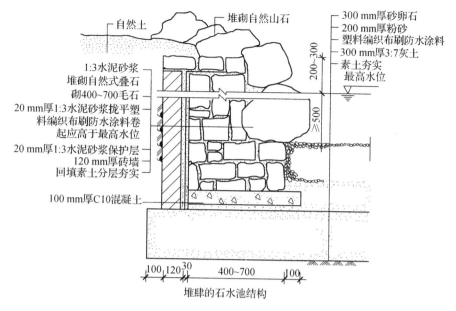

图 10-15 水池做法 (一)

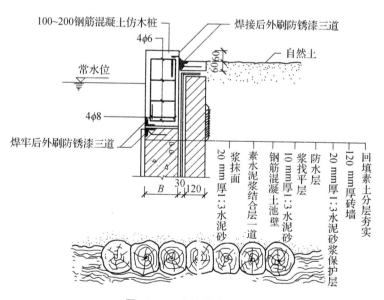

图 10-16 水池做法 (二)

浇捣混凝土需先底板，后池壁；如基底土质不均匀，为防止不均匀沉降造成水池开裂，可采用橡胶止水带分段浇捣；如水池面积过大，可能造成混凝土收缩裂缝的，则可采用后浇带法解决。

如要采用砖、石作为水池结构主体的，应采用 $M7.5 \sim M10$ 水泥砂浆砌筑底，灌浆饱满密实，在炎热天要及时洒水养护砌筑体。

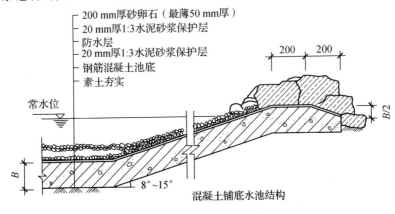

200 mm厚砂卵石（最薄50 mm厚）
20 mm厚1:3水泥砂浆保护层
防水层
20 mm厚1:3水泥砂浆保护层
钢筋混凝土池底
素土夯实

常水位

B/2

B

8°~15°

混凝土铺底水池结构

图 10-17　水池做法（三）

（5）水池粉刷：为保证水池防水可靠，在进行装饰前，首先应做好蓄水试验，在灌满水 24h 后未有明显水位下降后，即可对池底、池壁结构层采用防水砂浆粉刷，粉刷前要将池水放干清洗，不得有积水、污渍，粉刷层应密实牢固，不得出现空鼓现象。

二、柔性材料水池

柔性材料水池的结构，如图 10-18～图 10-20 所示。

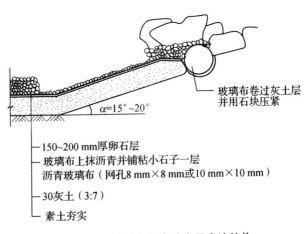

玻璃布卷过灰土层
并用石块压紧

$\alpha=15°\sim20°$

150~200 mm厚卵石层
玻璃布上抹沥青并铺粘小石子一层
沥青玻璃布（网孔8 mm×8 mm或10 mm×10 mm）
30灰土（3:7）
素土夯实

图 10-18　玻璃布沥青防水层水池结构

（1）放样、开挖基坑要求与刚性水池相同。

（2）池底基层施工：在地基土条件极差（如淤泥层很深，难以全部清除）的条件下，才有必要考虑采用刚性水池基层的做法。

不做刚性基层时，可将原土夯实整平，然后在原土上回填 300～500mm 的黏性黄土压实，即可在其上铺设柔性防水材料。

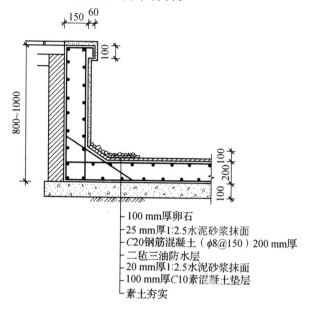

- 100 mm厚卵石
- 25 mm厚1:2.5水泥砂浆抹面
- C20钢筋混凝土（φ8@150）200 mm厚
- 二毡三油防水层
- 20 mm厚1:2.5水泥砂浆抹面
- 100 mm厚C10素混凝土垫层
- 素土夯实

图 10-19　油毡防水层水池结构（单位：mm）

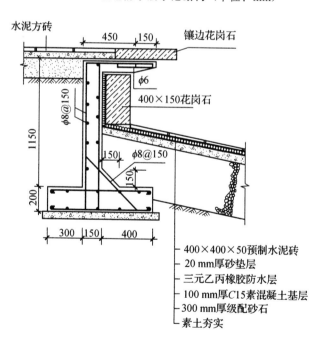

- 400×400×50预制水泥砖
- 20 mm厚砂垫层
- 三元乙丙橡胶防水层
- 100 mm厚C15素混凝土基层
- 300 mm厚级配砂石
- 素土夯实

图 10-20　三元乙丙橡胶防水层水池结构（单位：mm）

（3）水池柔性材料的铺设：铺设时应从最低标高开始向高标高位置铺设；在基层面应先按照卷材宽度及搭接长度要求弹线，然后逐幅分割铺贴，搭接也要用专用胶粘剂满涂后压紧，防止出现毛细缝。卷材底空气必须排出，最后在每个搭接边再用专用自粘式封口条封闭。一般搭接边长边不得小于80mm，短边不得小于150mm。

如采用膨润土复合防水垫，铺设方法和一般卷材类似，但卷材搭接处需满足搭接200mm以上，且搭接处按0.4kg/m铺设膨润土粉压边，防止渗漏产生。

（4）柔性水池完成后，为保护卷材不受冲刷破坏，一般需在面上铺压卵石或粗砂作保护。

三、水池的给水系统

（1）直流给水系统，如图10-21所示。将喷头直接与给水管网连接，喷头喷射一次后即将水排至下水道。这种系统构造简单、维护简单，且造价低，但耗水量较大。直流给水系统常与假山、盆景配合，作小型喷泉、瀑布、孔流等，适合在小型庭院、大厅内设置。

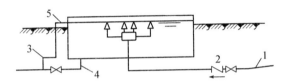

1—给水管；2—止回隔断阀；3—排水管；4—泄水管；5—溢流管。

图10-21　直流给水系统

（2）陆上水泵循环给水系统，如图10-22所示。该系统设有贮水池、循环水泵房和循环水管道，喷头喷射后的水多次循环使用，具有耗水量少、运行费用低的优点。但系统较复杂，占地较多，管材用量较大，投资费用高，维护管理麻烦。此种系统适合各种规模和形式的水景，一般用于较开阔的场所。

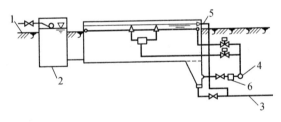

1—给水管；2—补给水井；3—排水管；4—循环水泵；5—溢流管；6—过滤器。

图10-22　陆上水泵循环给水系统

（3）潜水泵循环给水系统，如图10-23所示。该系统设有贮水池，将成组喷头和潜水泵直接放在水池内作循环使用。这种系统具有占地少，投资低，维护管理简单，耗水量少的优点，但是水姿花形控制调节较困难。潜水泵循环给水系统适用于各种形式的中型或小型喷泉、水塔、涌泉、水膜等。

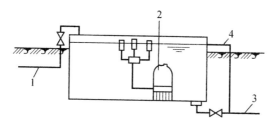

1—给水管；2—潜水泵；3—排水管；4—溢流管。

图 10-23　潜水泵循环给水系统

（4）盘式水景循环给水系统，如图 10-24 所示。该系统设有集水盘、集水井和水泵房。盘内铺砌踏石构成甬路。喷头设在石隙间，适当隐蔽。人们可在喷泉间穿行，满足人们的亲水感，增添欢乐气氛。该系统不设贮水池，给水均循环利用，耗水量少，运行费用低，但存在循环水易被污染、维护管理较麻烦的缺点。

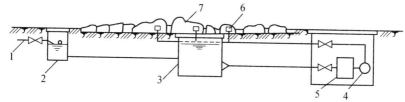

1—给水管；2—补给水井；3—集水井；4—循环泵；5—过滤器；6—喷头；7—踏石。

图 10-24　盘式水景循环给水系统

上述几种系统的配水管道宜以环状形式布置在水池内，小型水池可埋入池底，大型水池可设专用管廊。一般水池的水深采用 $0.4\sim0.5m$，超高为 $0.25\sim0.3m$，水池充水时间按 $24\sim48h$ 考虑。配水管的水头损失一般为 $5\sim10mmH_2O/m$ 为宜，配水管道接头应严密平滑，转弯处应采用大转弯半径的光滑弯头。每个喷头前应有不小于 20 倍管径的直线管段；每组喷头应有调节装置，以调节射流的高度或形状。循环水泵应靠近水池，以减少管道的长度。

为维持水池水位和进行表面排污，保持水面清洁，水池应有溢流口。常用的溢流形式有堰口式、漏斗式、管口式和联通管式等，如图 10-25 所示。大型水池宜设多个溢流口，均匀布置在水池中间或周边。溢流口的设置不能影响美观，并要便于清除积污和疏通管道，为防止漂浮物堵塞管道，溢流口要设置格栅，格栅间隙应不大于管径的 $1/4$。

为便于清洗、检修和防止水池停用时水质腐败或池水结冰，影响水池结构，池底应有 0.01 的坡度，坡向朝着泄水口。若采用重力泄水有困难时，在设置循环水泵的系统中，也可利用循环水泵泄水，并在水泵吸水口上设置格栅，以防水泵装置和吸水管堵塞，一般栅条间隙不大于管道直径的 $1/4$。

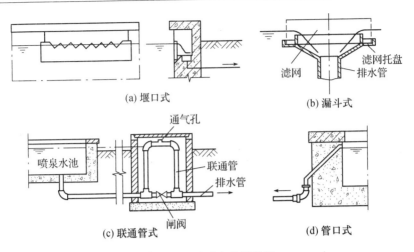

(a) 堰口式

(b) 漏斗式

滤网　滤网托盘　排水管

通气孔

喷泉水池　联通管　排水管

(c) 联通管式　闸阀

(d) 管口式

图 10-25　水池各种溢流口

四、室外水池防冻

1. 小型水池

一般是将池水排空，这样池壁受力状态是池壁顶部为自由端，池壁底部铰接（如砖墙池壁）或固接（如钢筋混凝土池壁）。空水池壁外侧受土层冻胀影响，池壁承受较大的冻胀推力，严重时会造成水池池壁产生水平裂缝或断裂。

冬季池壁防冻，可在池壁外侧使用排水性能较好的轻骨料如矿渣、焦渣或砂石等，并应解决地面排水问题，使池壁外回填土不发生冻胀情况，如图 10-26 所示，池底花管可解决池壁外积水（沿纵向将积水排除）。

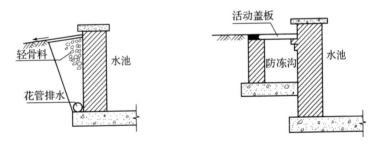

轻骨料　水池

花管排水

活动盖板　水池

防冻沟

图 10-26　池壁防冻措施

2. 大型水池

为了防止冻胀推裂池壁，可采取冬季池水不撤空，池中水面与池外地坪持平，使池水对池壁的压力与冻胀推力相抵消。因此，为了防止池面结冰，胀裂池壁，在寒冬季节，应将池边冰层破开，使池子四周为不结冰的水面。

第三节　喷泉工程施工

一、喷泉对环境的要求

1. 开朗空间

如广场、车站前公园入口、轴线交叉中心，宜用规则式水池，水池宜人，喷水要求水姿丰富，适当照明，铺装宜宽、规整，配盆花。

2. 半围合空间

如街道转角、多幢建筑物前，多用长方形或流线型水池，喷水柱宜细，组合简洁，草坪烘托。

3. 特殊空间

如旅馆、饭店、展览会场、写字楼，水池为圆形、长形或流线型，水量宜大，喷水优美多彩，层次丰富，照明华丽，铺装精巧，常配雕塑。

4. 喧闹空间

如商厦、游乐中心、影剧院，流线型水池，线型优美，喷水多姿多彩，水形丰富，音、色、姿结合，简洁明快，山石背景，雕塑衬托。

5. 幽静空间

如花园小水面、古典园林中、浪漫茶座，自然式水池，山石点缀，铺装细巧，喷水朴素，充分利用水声，强调意境。

6. 庭院空间

如建筑中、后庭，装饰性水池，圆形、半月形、流线型，喷水自由，可与雕塑、花台结合，池内养观赏鱼，水姿简洁，山石树花相间。

二、喷泉管道布置

1. 小型、大型喷泉管道布置

喷泉管道要根据实际情况布置。装饰性小型喷泉，其管道可直接埋入土中，或用山石、矮灌木遮盖。大型喷泉，分主管和次管，主管要敷设在可通行人的地沟中，为了便于维修应设检查井；次管直接置于水池内。管网布置应排列有序，整齐美观。

2. 环形管道

环形管道最好采用十字形供水，组合式配水管宜用分水箱供水，其目的是要获得稳定等高的喷流。

3. 溢水口

为了保持喷水池正常水位，水池要设溢水口。溢水口面积应是进水口面积的2倍，要在其外侧配备拦污栅，但不得安装阀门。溢水管要有3‰的顺坡，直接与泄水管连接。

4. 补给水管

补给水管的作用是启动前的注水及弥补池水蒸发和喷射的损耗，以保证水池正常水位。补给水管与城市供水管相连，并安装阀门控制。

5. 泄水口

泄水口要设于池底最低处，用于检修和定期换水时的排水。管径为 100mm 或 150mm，也可按计算确定，安装单向阀门，和公园水体以及城市排水管网连接。

6. 连接喷头的水管

连接喷头的水管不能有急剧变化，要求连接管至少有 20 倍管径的长度。如果不能满足时，需安装整流器。

7. 管线

喷泉所有的管线都要具有不小于 2% 的坡度，便于停止使用时将水排空，所有管道均要进行防腐处理；管道接头要严密，安装要牢固。

8. 喷头安装

管道安装完毕后应认真检查并进行水压试验，保证管道安全，一切正常后再安装喷头。为了便于水型的调整，每个喷头都应安装阀门控制。

三、喷水池施工

1. 基础

基础是水池的承重部分，由灰土和混凝土层组成。施工时先将基础底部素土夯实（密实度不得小于 85%）；灰土层一般厚 30cm（3 份石灰、7 份中性黏土）；C10 混凝土垫层厚 10～15cm。

2. 防水层材料

(1) 沥青材料：主要有建筑石油沥青和专用石油沥青两种。专用石油沥青可在音乐喷泉的电缆防潮防腐中使用。建筑石油沥青与油毡结合形成防水层。

(2) 防水卷材：品种有油毡、油纸、玻璃纤维毡片、三元乙丙再生胶及 603 防水卷材等。其中油毡应用最广，三元乙丙再生胶用于大型水池、地下室、屋顶花园作防水层效果较好；603 防水卷材是新型防水材料，具有强度高、耐酸碱、防水防潮、不易燃、有弹性、寿命长、抗裂纹等优点，且能在 −50～80℃ 环境中使用。

(3) 防水涂料：常见的有沥青防水涂料和合成树脂防水涂料两种。

(4) 防水嵌缝油膏：主要用于水池变形缝防水填缝，种类较多。按施工方法的不同分为冷用嵌缝油膏和热用灌缝胶泥两类。其中上海油膏、马牌油膏、聚氯乙烯胶泥、聚氯酯沥青弹性嵌缝胶等性能较好，质量可靠，使用较广。

(5) 防水剂和注浆材料：防水剂常用的有硅酸钠防水剂、氯化物金属盐防水剂和金属皂类防水剂。注浆材料主要有水泥砂浆、水泥玻璃浆液和化学浆液3种。

水池防水材料的选用，可根据具体要求确定，一般水池用普通防水材料即可。钢筋混凝土水池也可采用抹5层防水砂浆（水泥加防水粉）做法。临时性水池还可将吹塑纸、塑料布、聚苯板组合起来使用，也有很好的防水效果。

3. 池底

池底直接承受水的竖向压力，要求坚固耐久。多用钢筋混凝土池底，一般厚度大于20cm；如果水池容积大，要配双层钢筋网。施工时，每隔20m在最小断面处设变形缝（伸缩缝、防震缝），变形缝用止水带或沥青麻丝填充；每次施工应由变形缝开始，不得在中间留施工缝，以防漏水，如图10-27～图10-29所示。

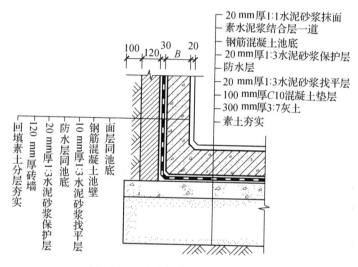

图 10-27 池底做法（单位：mm）

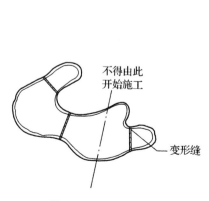

图 10-28 变形缝位置

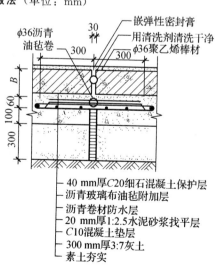

图 10-29 伸缩缝做法（单位：mm）

4. 池壁

池壁是水池的竖向部分，承受池水的水平压力，水愈深容积愈大，压力也愈大。池壁一般有砖砌池壁、块石池壁和钢筋混凝土池壁 3 种，如图 10-30 所示。壁厚视水池大小而定，砖砌池壁一般采用标准砖、M7.5 水泥砂浆砌筑，壁厚不小于 240mm。砖砌池壁虽然具有施工方便的优点，但红砖多孔，砌体接缝多，易渗漏，不耐风化，使用寿命短。块石池壁自然朴素，要求垒砌严密，勾缝紧密。混凝土池壁用 C20 混凝土现场浇筑厚度超过 400mm 的水池。钢筋混凝土池壁厚度多小于 300mm，常用的为 150~200mm，宜配 ϕ8mm、ϕ12mm 钢筋，中心距多为 200mm，如图 10-31 所示。

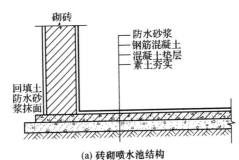

(a) 砖砌喷水池结构

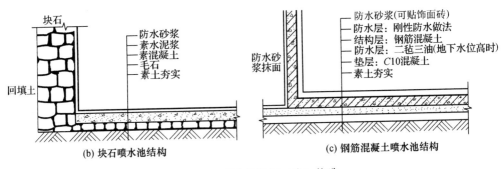

(b) 块石喷水池结构   (c) 钢筋混凝土喷水池结构

图 10-30 喷水池池壁（底）构造

5. 压顶

压顶属于池壁最上部分，其作用为保护池壁，防止污水泥沙流入池中，同时也防止池水溅出。对于下沉式水池，压顶至少要高于地面 5~10cm；而当池壁高于地面时，压顶做法必须考虑环境条件，要与景观相协调，可做成平顶、拱顶、挑伸、倾斜等多种形式。压顶材料常用混凝土和块石。

完整的喷水池还必须设有供水管、补给水管、泄水管、溢水管及沉泥池。其布置如图 10-32~图 10-34 所示。管道穿过水池时，应安装止水压顶环，以防漏水。供水管、补给水管安装调节阀；泄水管配单向阀门，防止反向流水污染水池；溢水管无需安装阀门，连接泄水管单向阀后，直接与排水管网连接（具体见管网布置部分）。沉泥池应设于水池的最低处并加过滤网。

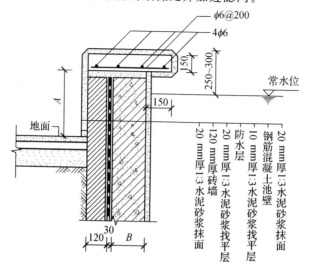

图 10-31 池壁常见做法（单位：mm）

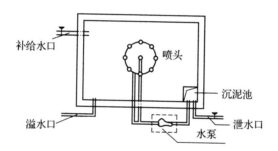

图 10-32 水泵加压喷泉管口示意图

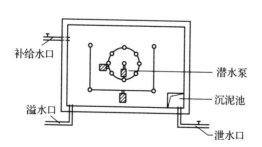

图 10-33 潜水泵加压喷泉管口示意图

图 10-35 是喷水池中管道穿过池壁的常见做法。图 10-36 是在水池内设置集水坑，以节省空间。集水坑有时也用做沉泥池，此时，要定期清淤，且于管口处设置格栅。图 10-37 是为防淤塞而设置的挡板。

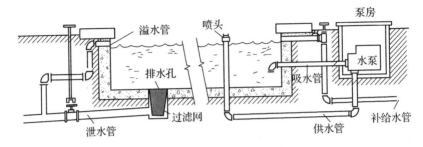

图 10-34　喷水池管线系统示意图

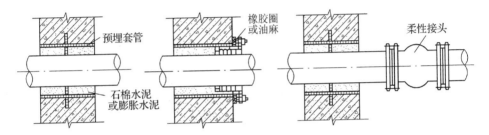

图 10-35　管道穿池壁做法

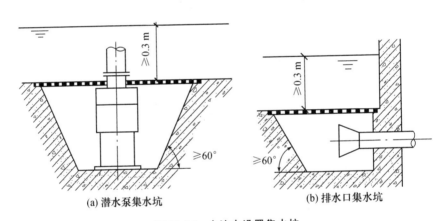

图 10-36　水池内设置集水坑

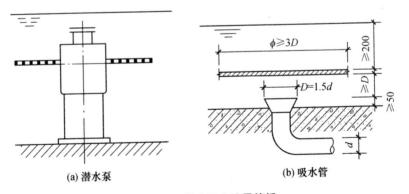

图 10-37　吸水口上设置挡板

四、喷泉的照明

1. 喷水照明的分类

（1）根据灯具与水面的位置关系分类。

①水上照明。灯具多安装于邻近的水上建筑设备上，此方式可使水面照度分布均匀，但往往使人们眼睛直接或通过水面反射间接地看到光源，使眼睛产生眩光，此时应加以调整。

②水下照明。灯具多置于水中，导致照明范围有限。为隐蔽和发光正常，灯具安装于水面以下 100~300mm 为佳。水下照明可以欣赏水面波纹，并且由于光是由喷水下面照射的，因此当水花下落时，可以映出闪烁的光。

（2）根据外观的构造分类。

①简易型灯具。灯的颈部电线进口部分备有防水机构，使用的灯泡限定为反射型灯泡，而且设置地点也只限于人们不能进入的场所。其特点是采用小型灯具，且容易安装。简易型灯具如图 10-38 所示。

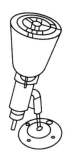

图 10-38　简易型灯具

②密闭型灯具。密闭型灯具有多种光源的类型，而且每种灯具限定了所使用的灯。例如，有防护式柱形灯、反射型灯、汞灯、金属卤化物灯等光源的照明灯具等。一般密封型灯具如图 10-39 所示。

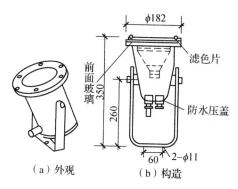

（a）外观　　　（b）构造

图 10-39　密闭型灯具

2. 喷泉的照明方式及施工要点

(1) 彩色照明。当需要进行色彩照明时，滤色片的安装方法有固定在前面玻璃处的（图 10-40）和可变换的（图 10-41）（滤色片旋转起来，由一盏灯而使光色自动地依次变化），一般使用固定滤色片的方式。

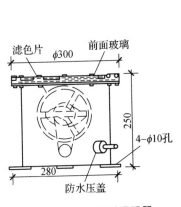

图 10-40　调光型照明器

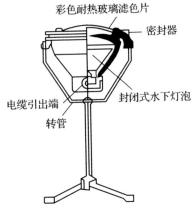

图 10-41　可变换的调光型照明器

国产的封闭式灯具（图 10-39）用无色的灯泡装入金属外壳。外罩采用不同颜色的耐热玻璃，而耐热玻璃与灯具间用密封橡胶圈密封，调换滤色玻璃片可以得到红、黄（琥珀）、绿、蓝、无色透明五种颜色。灯具内可以安装不同光束宽度的封闭式水下灯泡，从而得到几种不同光强。不同光束宽度的结果和性能见表 10-1。

表 10-1　配用不同封闭式水下灯泡灯具的性能

光束类型	型　　号	工作电压 （V）	光源功率 （W）	轴向光强 （cd）	光束发散角 （°）	平均寿命 （h）
狭光束	FSD200—300（N）	220	300	≥40 000	25＜水平＞60	1500
宽光束	FSD220—300（W）	220		≥80 000	垂直＞10	1500
狭光束	PSD220—300（H）	220		≥70 000	25＜水平＞30	750
宽光束	FSD12—300（N）	12		≥10 000	垂直＞15	1000

注：光束发散角的定义是当光轴两边光强降至中心最大光强的 1/10 时的角度。

(2) 施工要点。

①照明灯具应密封防水并具有一定的机械强度，以抵抗水花和意外的冲击。

②水下布线，应满足水下电气设备施工相关技术规程规定，为防止线路破损漏电，需常检验。严格遵守先通水浸没灯具，再开灯、关灯，后断水的操作规程。

③灯具要易于清洗和检验，防止异物或浮游生物的附着积淤。应定期清洗换

水，添加灭藻剂。

④灯光的配色，要防止多种色彩叠加后得到白色光，造成局部消失彩色。当在喷头四周配置各种彩灯时，在喷头背后色灯的颜色要比近在游客身边灯的色彩鲜艳得多。所以要将透射比高的色灯（黄色、玻璃色）安放到水池边近游客的一侧，同时也应相应调整灯对光柱照射部位，以加强表演效果。

⑤电源输入方式。电源线用水下电缆，其中一根应接地，并要求有漏电保护。在电源线通过镀锌铁管在水池底接到需要装灯的地方，将管子端部与水下接线盒输入端直接连接，再将灯的电缆穿入接线盒的输出孔中密封即可。

第十一章

园路与园桥工程

第一节　园路施工

园路的作用

扫码观看本视频

一、地基与路面基层施工

1. 放线

按路面设计中的中线，在地面上每 20～50m 放一中心桩，在弯道的曲线上，应在曲线的两端及中间各放一中心桩。在每一中心桩上要写上桩号。然后以中心桩为基准，定出边桩。沿着两边的边桩连成圆滑的曲线，这就是路面的平曲线。

2. 准备路槽

按设计路面的宽度，每侧放出 20cm 挖槽。路槽的深度应与路面的厚度相等，并且要有 2%～3% 的横坡度，使其成为中间高、两边低的圆弧形或线形。

路槽挖好后洒上水，使土壤湿润，然后用蛙式跳夯夯 2～3 遍，槽面平整度允许误差在 2cm 以下。

3. 地基施工

首先，确定路基作业使用的机械及其进入现场的日期，重新确认水准点，调整路基表面高程与其他高程的关系；然后，进行路基的填挖、整平、碾压作业。按已定的园路边线，每侧放宽 200mm 开挖路基的基槽；路槽深度应等于路面的厚度。按设计横坡度，进行路基表面整平，再碾压或打夯，压实路槽地面；路槽的平整度允许误差不大于 20mm。对填土路基，要分层填土分层碾压；对于软弱地基，要做好加固处理。施工中注意随时检查横断面坡度和纵断面坡度。

其次，要用暗渠、侧沟等排除流入路基的地下水、涌水、雨水等。

4. 垫层施工

运入垫层材料，将灰土、砂石按比例混合。进行垫层材料的铺垫，刮平和碾压。如用灰土做垫层，铺垫一层灰土就浇一步灰土，一步灰土的夯实厚度应为 150mm；而铺填时的厚度根据土质不同在 210～240mm 之间。

5. 路面基层施工

确认路面基层的厚度与设计标高，运入基层材料，分层填筑。基层的每层材料施工碾压厚度：下层为 200mm 以下，上层 150mm 以下。基层的下层要进行检验性碾压。基层经碾压后，没有达到设计标高的，应该翻起已压实部分，一面摊铺材料，一面重新碾压，直到压实为设计标高的高度。施工中的接缝，应将上次施工完成的末端部分翻起来，与本次施工部分一起滚碾压实。

6. 面层施工准备

在完成的路面基层上，重新定点、放线，放出路面的中心线及边线。设置整体边线处的施工挡板，确定砌块路面的砌块行列数及拼装方式。面层材料运入现场。

二、散料类面层铺砌

1. 土路

完全用当地的土加入适量砂和消石灰铺筑。常用于游人少的地方，或作为临时性道路。

2. 草路

一般用在排水良好，游人不多的地段，要求路面不积水，并选择耐践踏的草种，如绊根草、结缕草等。

3. 碎料路

它是指用碎石、卵石、瓦片、碎瓷等碎料拼成的路面。图案精美丰富，色彩素艳和谐，风格或圆润细腻或朴素粗犷，做工精细，具有很好的装饰作用和较高的观赏性，有助于强化园林意境，具有浓厚的民族特色和情调，多见于古典园林中。

施工方法：先铺设基层，一般用砂作基层，当砂不足时，可以用煤渣代替。基层厚约 20～25cm，铺后用轻型压路机压 2～3 次。面层（碎石层）一般为 14～20cm 厚，填后平整压实。当面层厚度超过 20cm 时，要分层铺压，下层 12～16cm，上层 10cm。面层铺设的高度应比实际高度要大些。

三、块料类面层铺砌

1. 砖铺路面

园林铺地多用青砖，风格朴素淡雅，施工简便，可以拼凑成各种图案，以席纹和同心圆弧放射式排列为多，如图 11-1 所示。砖铺地适用于庭院和古建筑物附近。因其耐磨性差，容易吸水，适用于冰冻不严重和排水良好之处；坡度较大和阴湿地段不宜采用，因易生青苔而行走不便。目前采用彩色水泥仿砖铺地，效果较好。日本、欧美等地尤喜用红砖或仿缸砖铺地，色彩明快艳丽。

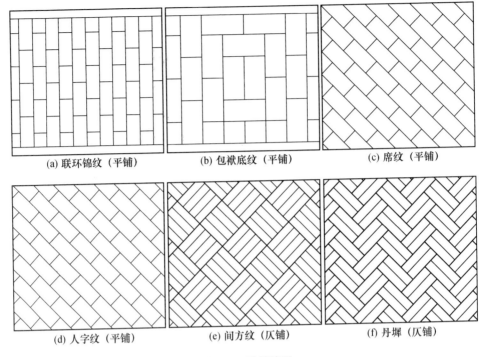

(a) 联环锦纹（平铺）　　(b) 包袱底纹（平铺）　　(c) 席纹（平铺）

(d) 人字纹（平铺）　　(e) 间方纹（仄铺）　　(f) 丹墀（仄铺）

图 11-1　砖铺路面

大青方砖规格为 500mm×500mm×100mm，平整、庄重、大方，多用于古典庭院。

2. 冰纹路面

冰纹路面是用边缘挺括的石板模仿冰裂纹样铺砌的地面，石板间接缝呈不规则折线，用水泥砂浆勾缝。多为平缝和凹缝，以凹缝为佳。也可不勾缝，便于草皮长出成冰裂纹嵌草路面，如图 11-2 所示。还可做成水泥仿冰纹路，即在现浇混凝土路面初凝时，模印冰裂纹图案，表面拉毛，效果也较好。冰纹路适用于池畔、山谷、草地、林中的游步道。

(a) 块石冰纹　　　　　　(b) 水泥仿冰纹

图 11-2　冰纹路面

3. 混凝土预制块铺路

用预先模制成的混凝土方砖铺砌的路面，形状多变，图案丰富（如各种几何图形、花卉、木纹、仿生图案等），也可添加无机矿物颜料制成彩色混凝土砖，色彩艳丽，路面平整、坚固、耐久。其适用于园林中的广场和规则式路段上，也可做成半铺装留缝嵌草路面，如图 11-3 所示。

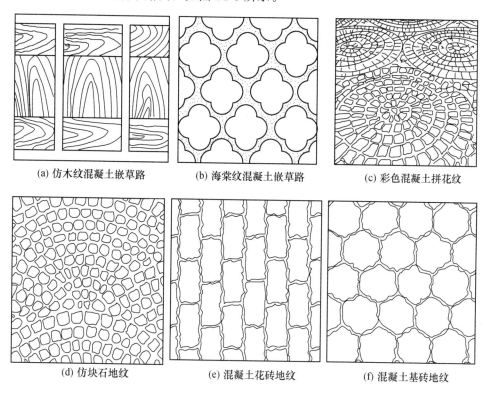

| (a) 仿木纹混凝土嵌草路 | (b) 海棠纹混凝土嵌草路 | (c) 彩色混凝土拼花纹 |
| (d) 仿块石地纹 | (e) 混凝土花砖地纹 | (f) 混凝土基砖地纹 |

图 11-3 预制混凝土方砖路

四、胶结料类面层施工

1. 水泥混凝土面层施工

（1）核实、检验和确认路面中心线、边线及各设计标高点的正确无误。

（2）若是钢筋混凝土面层，则按设计选定钢筋并绑扎成网。钢筋网应在基层表面以上架离，架离高度应距混凝土面层顶面 50mm。钢筋网接近顶面设置要比在底部加筋更能防止表面开裂，也更便于充分捣实混凝土。

（3）按设计的材料比例，配制、浇筑、捣实混凝土，并用长 1m 以上的直尺将顶面刮平。顶面稍干一点，再用抹灰砂板抹平至设计标高。施工中要注意做出路面的横坡与纵坡。

（4）混凝土面层施工完成后，应即时开始养护。养护期应为 7 天以上，冬期施工后的养护期还应更长些。可用湿的织物、稻草、锯木粉、湿砂及塑料薄膜等覆盖在路面上进行养护。冬季寒冷，养护期中要经常用热水浇洒，要对路面保温。

（5）混凝土路面可能因热胀冷缩造成破坏，故在施工完成、养护一段时间后用专用锯割机按 6～9m 间距割伸缩缝，深度约 50mm。缝内要冲洗干净后用弹性胶泥嵌缝。园林施工中也常用楔形木条预埋，浇捣混凝土后拆除的方法留伸缩缝，还可免去锯割手续。

2. 简易水泥路

底层铺碎砖瓦 6～8cm 厚，也可用煤渣代替。压平后铺一层极薄的水泥砂浆（粗砂）抹平、浇水、保养 2～3 天即可，此法常用于小路。也可在水泥路上划成方格或各种形状的花纹，既增加艺术性，又增强实用性。

五、嵌草路面铺砌

无论用预制混凝土铺路板、实心砌块、空心砌块，还是用顶面平整的乱石、整形石块或石板，都可以铺装成砌块嵌草路面。

施工时，先在整平压实的路基上铺垫一层栽培壤土作垫层。壤土要求肥沃，不含粗颗粒物，铺垫厚度为 100～150mm；然后在垫层上铺砌混凝土空心砌块或实心砌块，砌块缝中半填壤土，并播种草籽。

采用砌块嵌草铺装的路面，砌块和嵌草层是道路的结构面层，其下面只能有一个壤土垫层，且在结构上没有基层，只有这样的路面结构才能有利于草皮的存活与生长。

1. 实心砌块

尺寸较大的草皮嵌应种在砌块之间预留的缝中。草缝设计宽度可在 20～50mm 之间，缝中填土要达到砌块的 2/3 高。如上所述，砌块下面用壤土作垫层并起找平作用，砌块要铺装得尽量平整。实心砌块嵌草路面上，草皮形成的纹理是线网状的。

2. 空心砌块

尺寸较小的草皮嵌应种在砌块中心预留的孔中。砌块与砌块之间不留草缝，常用水泥砂浆黏结。砌块中心孔填土为砌块的 2/3 高；砌块下面仍用壤土作垫层找平，使嵌草路面保持平整。在空心砌块嵌草路面上，草皮呈点状而有规律地排列。要注意的是，空心砌块的设计制作一定要保证砌块的结实坚固和不易损坏，因此其预留孔径不能太大，孔径最好不超过砌块直径的 1/3 长。

六、道牙、边条、槽块

1. 道牙

道牙基础宜与地床同时填挖碾压，以保证整体的均匀密实度。结合层用 1：3 的白砂浆 2cm。安道牙要平稳、牢固，后用 M10 水泥砂浆勾缝，道牙背后应用灰土夯实，其宽度 50cm，厚度 15cm，密实度值在 90% 以上。

2. 边条

边条用于较轻的荷载处，且尺寸较小，一般宽 50mm，高 150～250mm，特别适用于步行道、草地或铺砌场地的边界。施工时应作为垂直阻拦物的效果，增加它对地基的密封深度。边条铺砌的深度相对于地面应尽可能低些，如广场铺地，边条铺砌可与铺地地面相平。

3. 槽块

槽块分凹面槽块和空心槽块，一般紧靠道牙设置，以利于地面排水，路面应稍稍高于槽块。

第二节　园桥施工

园路设计注意事项

扫码观看本视频

一、桥基施工

1. 基础与拱碹石工程施工

（1）模板安装。模板是施工过程中的临时性结构，对梁体的制作十分重要。桥梁工程中常用空心板梁的木制芯模构造。

模板在安装过程中，为避免壳板与混凝土黏结，通常均需在壳板面上涂以隔离剂，如石灰乳浆、肥皂水或废机油等。

（2）钢筋成型绑扎。在钢筋绑扎前要先拟定安装顺序。一般的梁肋钢筋，先放箍筋，再安下排主筋，最后装上排钢筋。

（3）混凝土搅拌。混凝土一般应采用机械搅拌，上料的顺序一般是先石子，次水泥，后砂子。人工搅拌只许用于少量混凝土工程的塑性混凝土或硬性混凝土。不管采用机械或人工搅拌，都应使石子表面包满砂浆，拌合料混合均匀、颜色一致。人工拌和应在铁板或其他不渗水的平板上进行，先将水泥和细骨料拌匀，再加入石子和水，拌至材料均匀、颜色一致为止，如需掺外加剂，应先将外加剂调成溶液，再加入拌和水中，与其他材料拌匀。

（4）浇捣。当构件的高度（或厚度）较大时，为了保证混凝土能振捣密实，就应采用分层浇筑法。浇筑层的厚度与混凝土的稠度及振捣方式有关，在一般稠度下，用插入式振捣器振捣时，浇筑层厚度为振捣器长度的 1.25 倍；用平板式振捣器时，浇筑厚度不超过 20cm。薄腹 T 形梁或箱形的梁肋，当用侧向附着式振捣器振捣时，浇筑层厚度一般为 30～40cm。采用人工捣固时，视钢筋密疏程度而定，通常取浇筑厚度为 15～25cm。

（5）养护。混凝土终凝后，在构件上覆盖草袋、麻袋、稻草或砂子，经常洒水，以保持构件处于湿润状态。这是 5℃ 以上桥梁施工的自然养护。

（6）灌浆。石活安装好后，先用麻刀灰对石活接缝进行勾缝（如缝很细，可勾抹油灰或石膏）以防灌浆时漏浆。灌浆前最好先灌注适量清水，以湿润内部空隙，有利于灰浆的流动。灌浆应在预留的"浆口"进行，一般分三次灌入，第一次要用较稀的浆，后两次逐渐加稠，每次相隔 3～4h。灌完浆后，应将弄脏的石面洗刷干净。

2. 细石安装方法

（1）石活的连接方法。

①构造连接。它是指将石活加工成公母榫卯，做成高低企口的"磕绊"，剔凿成凸凹仔口等形式，进行相互咬合的一种连接方式。

②铁件连接。它是指用铁制拉接件，将石活连接起来，如铁"拉扯"、铁"银锭"、铁"扒锔"等。铁"拉扯"是一种长脚丁字铁，将石构件打凿成丁字口和长槽口，埋入其中，再灌入灰浆。铁"银锭"是两头大，中间小的铁件，需将石构件剔出大小槽口，将银锭嵌入。铁"扒锔"是一种两脚扒钉，将石构件凿眼钉入。

③灰浆连接。这是最常用的一种方法，即采用铺垫坐浆灰、灌浆汁或灌稀浆灰等方式，进行砌筑连接。灌浆所用的灰浆多为桃花浆、生石灰浆或江米浆。

（2）砂浆、金刚墙、碹石、檐口和檐板、型钢。

①砂浆。一般用水泥砂浆，是指水泥、砂、水按一定比例配制成的浆体。对于配制构件的接头、接缝加固、修补裂缝应采用膨胀水泥。运输砂浆时，要保证砂浆具有良好的和易性，和易性良好的砂浆容易在粗糙的表面抹成均匀的薄层，砂浆的和易性包括流动性和保水性两个方面。

②金刚墙。它是指券脚下的垂直承重墙，即现代的桥墩，有叫"平水墙"。梢孔（即边孔）内侧的金刚墙一般做成分水尖形，故称为"分水金刚墙"。梢孔外侧的称为"两边金刚墙"。

③碹石。多称券石，在碹外面的称碹脸石，在碹脸石内的叫碹石，主要是加工面的多少不同，碹脸石可雕刻花纹，也可加工成光面。

④檐口和檐板。建筑物屋顶在檐墙的顶部位置称檐口。钉在檐口处起封闭作用的板称为檐板。

⑤型钢。一般指断面呈不同形状的钢材的统称。断面呈 L 形的称为角钢，呈 U 形的称为槽钢，呈圆形的称为圆钢，呈方形的称为方钢，呈工字形的称为工字钢，呈 T 形的称为 T 形钢。

将在炼钢炉中冶炼后的钢水注入锭模，烧铸成柱状的是钢锭。

3. 混凝土构件制作

（1）模板制作。

①木模板配制时要注意节约，考虑周转使用以及适当改制使用。

②配制模板尺寸时，要考虑模板拼装结合的需要。

③拼制模板时，板边要找平刨直，接缝严密，不漏浆；木料上有节疤、缺口

等瑕疵的部位，应放在模板反面或者截去，钉子长度一般宜为木板厚度的 2～2.5 倍。

④直接与混凝土相接触的木模板宽度不宜大于 20cm；工具式木模板宽度不宜大于 15 cm；梁和板的底板，如采用整块木板，其宽度不加限制。

⑤混凝土面不做粉刷的模板，一般宜刨光。

⑥配制完成后，不同部位的模板要进行编号，写明用途，分别堆放，备用的模板要遮盖保护，以免变形。

（2）拆模注意事项。

①拆模时不要用力过猛、过急，拆下来的木料要及时运走、整理。

②拆模顺序一般是后支的先拆，先支的后拆，先拆除非承重部分，后拆除承重部分，重大复杂模板的拆除，应预先制定拆模方案。

③定型模板，特别是组合式钢模板要加强保护，拆除后逐块传递下来，不得抛掷，拆下后，即清理干净，板面涂油，按规格堆放整齐，以备再用。如背面油漆脱落，应补刷锈漆。

二、桥面施工

1. 桥面铺装

桥面铺装的作用是防止车轮轮胎或履带直接磨耗行车道板；保护主梁免受雨水侵蚀，分散车轮的集中荷载。因此桥面铺装要求具有一定强度，耐磨，防止开裂。

桥面铺装一般采用水泥混凝土或沥青混凝土，厚 6～8cm，混凝土强度等级不低于行车道板混凝土的强度等级。在不设防水层的桥梁上，可在桥面上铺装厚 8～10cm 有横坡的防水混凝土，其强度等级不低于行车道板的混凝土强度等级。

2. 桥面排水和防水

桥面排水是借助于纵坡和横坡的作用，使桥面水迅速汇向集水碗，并从泄水管排出桥外。横向排水是在铺装层表面设置 1.5%～2% 的横坡，横坡的形成通常是铺设混凝土三角垫层构成，对于板桥或就地建筑的肋梁桥，也可在墩台上直接形成横坡，做成倾斜的桥面板。

当桥面纵坡大于 2% 而桥长小于 50m 时，桥上可不设泄水管，而在车行道两侧设置流水槽以防止雨水冲刷引道路基。当桥面纵坡大于 2% 但桥长大于 50m 时，应沿桥长方向 12～15m 设置一个泄水管；如桥面纵坡小于 2%，则应将泄水管的距离减小至 6～8m。

桥面防水是将渗透过铺装层的雨水挡住并汇集到泄水管排出。一般可在桥面上铺 8～10cm 厚的防水混凝土，其强度等级一般不低于桥面板混凝土强度等级。当对防水要求较高时，为了防止雨水渗入混凝土微细裂纹和孔隙，在保护钢筋时，可以采用"三油三毡"防水层。

3. 伸缩缝

为了保证主梁在外界变化时能自由变形，就需要在梁与桥台之间，梁与梁之间设置伸缩缝（也称变形缝）。伸缩缝的作用除保证梁自由变形外，还能使车辆在接缝处平顺通过，防止雨水及垃圾、泥土等渗入，其构造使施工安装方便和维修。

常用的伸缩缝有 U 形镀锌薄钢板式伸缩缝、钢板伸缩缝、橡胶伸缩缝。

4. 人行道、栏杆和灯柱

城市桥梁一般设置人行道，人行道一般采用肋板式构造。

栏杆是桥梁的防护设备，城市桥梁栏杆应该美观实用、朴素大方，栏杆高度通常为 1.0～1.2m，标准高度是 1.0m。栏杆柱的间距一般为 1.6～2.7m，标准设计为 2.5m。

城市桥梁应设照明设备，照明灯柱可以设在栏杆扶手的位置上，也可靠近边缘石处，其高度一般高出车道 5m 左右。

5. 桥梁支座

梁桥支座的作用是将上部结构的荷载传递给墩台，同时保证结构的自由变形，使结构的受力情况与计算简图相一致。

梁桥支座按桥梁的跨径、荷载等情况分为简易垫层支座、弧形钢板支座、钢筋混凝土支柱、橡胶支柱。桥面的一般构造如图 11-4 所示。

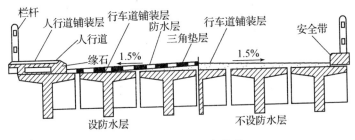

图 11-4 桥面的一般构造

三、栏杆安装

1. 寻杖栏板

寻杖栏板是指在两栏杆柱之间的栏板中，最上面为一根圆形模杆的扶手，即为寻杖，其下由雕刻云朵状石块承托，此石块称为云扶，再下为瓶颈状石件称为瘿项。支立于盆臀之上，再下为各种花饰的板件。

2. 罗汉板

罗汉板是指只有栏板而不用望板的栏杆，在栏杆端头用抱鼓石封头。

位于雁翅桥面里端拐角处的柱子称为"八字折柱"，其余的栏杆柱都称为"正柱"或"望柱"，简称栏杆柱。

3. 栏杆地栿

它是栏杆和栏板最下面一层的承托石，在桥长正中带弧形的称为"罗锅地栿"，在桥面两头的称为"扒头地栿"。

第 十 二 章

园林假山工程

第一节　假山材料

一、山石种类

1. 湖石

（1）太湖石。色泽于浅灰中露白色，比较丰润、光洁，紧密的细粉砂质地，质坚而脆，纹理纵横，脉络显隐。轮廓柔和圆润，婉约多变，石面环纹、曲线婉转回还，穴窝（弹子窝）、孔眼、漏洞错杂其间，使石形变异极大。太湖石原产于苏州所属太湖中的西洞庭山，江南其他湖泊区也有出产。

（2）房山石。新开采的房山石呈土红色、橘红色或更淡一些的土黄色，日久以后表面带些灰黑色。质地坚硬，质量大，有一定韧性，不像太湖石那样脆。这种山石也具有太湖石的涡、沟、环、洞的变化，因此也有人称它们为北太湖石。它的特征除了颜色和太湖石有明显的区别以外，容重比太湖石大，扣之无共鸣声，多密集的小孔穴而少有大洞，因此外观比较沉实、浑厚、雄壮。这和太湖石外观轻巧、清秀、玲珑是有明显差别的。和这种山石比较接近的还有镇江所产的砚山石，其形态颇多变化而色泽淡黄清润，扣之微有声。房山石产于北京房山县大灰厂一带的山上。

（3）英德石。多为灰黑色，但也有灰色和灰黑色中含白色晶纹等其他颜色。由于色泽的差异，英德石又可分为白英、灰英和黑英。灰英居多而价低。白英和黑英甚为罕见，但多为盆景用的小块石。

（4）灵璧石。此石产土中，被赤泥渍满，须刮洗方显本色。其石中灰色且甚为清润，质地亦脆，用手弹亦有共鸣声。石面有坳坎的变化，石形亦千变万化，但其很少有婉转回折之势，须借人工以全其美。这种山石可掇山石小品，多数情况下作为盆景石玩，原产安徽灵璧县。

（5）宣石。初出土时表面有铁锈色，经刷洗过后，时间久了就转为白色；或在灰色山石上有白色的矿物成分，若有皑皑白雪盖于石上，具有特殊的观赏价值。此石极坚硬，石面常有明显棱角，皴纹细腻且多变化，线条较直。宣石产于安徽省宁国市。

2. 黄石

它是一种呈茶黄色的细砂岩，以其黄色而得名。质重、坚硬、形态浑厚沉实、拙重顽夯，且具有雄浑挺括之美。其大多产于山区，但以产自江苏常熟虞山的黄石质地为最好。

采下的单块黄石多呈方形或长方墩状，少有极长或薄片状者。由于黄石节理接近于相互垂直，所形成的峰面具有棱角锋芒毕露，棱之两面具有明暗对比、立体感较强的特点，无论掇山、理水都能发挥出其石形的特点。

3. 青石

它属于水成岩中呈青灰色的细砂岩，质地纯净而少杂质。由于是沉积而成的岩石，石内就有一些水平层理。水平层的间隔一般不大，所以石形大多为片状，而有"青云片"的称谓。石形也有块状的，但成厚墩状者较少。这种石材的石面有相互交织的斜纹，不像黄石那样是相互垂直的直纹。青石在北京园林假山叠石中较常见，在北京西郊洪山口一带都有出产。

4. 石笋石

颜色多为淡灰绿色、土红灰色或灰黑色。质重而脆，它是一种长形的砾岩岩石。石形修长呈条柱状，立于地上即为石笋，顺其纹理可竖向劈分。石柱中含有白色的小砾石，如白果般大小。石面上"白果"未风化的称为龙岩；若石面砾石已风化成一个个小穴窝，则称为风岩。石面还有不规则的裂纹。石笋石产于浙江与江西交界的常山、玉山一带。

5. 钟乳石

钟乳石多为乳白色、乳黄色、土黄色等颜色；质优者洁白如玉，作石景珍品；质色稍差者可作假山。钟乳石质重，坚硬，是石灰岩被水溶解后又在山洞、崖下沉淀生成的一种石灰华。石形变化大。石内较少孔洞，石的断面可见同心层状构造。这种山石的形状千奇百怪，石面肌理丰腴，用水泥砂浆砌假山时附着力强，山石结合牢固，山形可根据设计需要随意变化。钟乳石广泛出产于我国南方和西南地区。

6. 石蛋

石蛋即大卵石，产于河床之中，经流水的冲击和相互摩擦而成。大卵石的石质有花岗石、砂岩、流纹岩等，有白、黄、红、绿、蓝等颜色。

这类石多用作园林的配景小品，如路边、草坪、水池旁等的石桌石凳；棕树、蒲葵、芭蕉、海芋等植物处的石景。

7. 黄蜡石

它是具有蜡质光泽，圆光面形的墩状块石，也有呈条状的。其产地主要分布在我国南方地区。此石以石形变化大而无破损、无灰砂，表面滑若凝脂、石质晶莹润泽的黄蜡石为上品。一般多用作庭园石景小品，将墩、条配合使用，成为更富于变化的组合景观。

8. 水秀石

水秀石颜色有黄白色、土黄色和红褐色，是石灰岩的砂泥碎屑，随着含有碳酸钙的地表水，被冲到低洼地或山崖下沉淀凝结而成。石质不硬，疏松多孔，石内含有草根、苔藓、枯枝化石和树叶印痕等，易于雕琢。其石面形状有纵横交错的树枝状、草秆化石状、杂骨状、粒状、蜂窝状等凹凸形状。

二、胶结材料

胶结材料是指将山石黏结起来掇石成山的一些常用黏结性材料，如水泥、石灰、砂和颜料等，市场供应比较普遍。

黏结时拌和成砂浆，受潮部分使用水泥砂浆，水泥与砂配合比为1：2.5～1：1.5；不受潮部分使用混合砂浆，水泥：石灰：砂＝1：3：6。水泥砂浆干燥比较快，不怕水；混合砂浆干燥较慢，怕水，但强度较水泥砂浆高，价格也较低廉。

第二节　假山工程施工

假山的造型

扫码观看本视频

一、假山山脚施工

1. 拉底

（1）拉底的方式。拉底的方式有满拉底和线拉底两种。

①满拉底是将山脚线范围之内用山石满铺一层。这种方式适用于规模较小、山底面积不大的假山，或者有冻胀破坏的北方地区及有振动破坏的地区。

②线拉底是按山脚线的周边铺砌山石，而内空部分用乱石、碎砖、泥土等填补筑实。这种方式适用于底面积较大的大型假山。

（2）拉底的技术要求。

①底层山脚石应选择大小合适、不易风化的山石。

②每块山脚石应垫平垫实，不得有丝毫摇动。

③各山石之间要紧密咬合。

④拉底的边缘要错落变化，避免做成平直和浑圆形状的脚线。

2. 起脚

拉底之后，开始砌筑假山山体的首层山石层叫"起脚"。

起脚时，定点、摆线要准确。先选到山脚突出点的山石，并将其沿着山脚线砌筑，待多数主要的凸出点山石都砌筑好了，再选择砌筑平直线、凹进线处所用的山石。这样，既保证了山脚线按照设计弯曲成转折状，避免山脚平直的毛病，又能使山脚突出部位具有最佳的形状和最好的皱纹，增加了山脚部分的景观效果。

3. 做角

（1）点脚法。在山脚边线上，每隔不同的距离用山石作墩点，墩点之上再用片块状山石盖上，做成透空小洞穴，如图 12-1（a）所示。这种做法多用于空透型假山的山脚。

（2）连脚法。按山脚边线连续摆砌弯弯曲曲、高低起伏的山脚石，形成整体的连线山脚线，如图 12-1（b）所示。这种做法可用于各种山形。

（3）块面法。用大块面的山石连线摆砌成大凸大凹的山脚线，使凸出凹进部分的整体感都很强，如图 12-1（c）所示。这种做法多用于造型雄伟的大型山体。

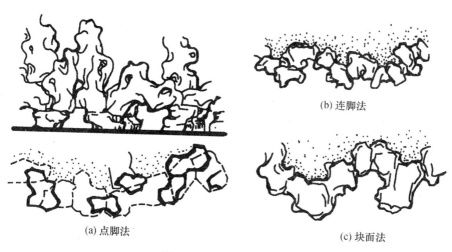

(a) 点脚法　　(b) 连脚法　　(c) 块面法

图 12-1　做脚的三种方法

二、山石的固定

1. 山石的加固设施

山石的加固设施见表 12-1。

表 12-1　山石的加固设施

项　目	方　法	图　例
银锭口	用生铁铸成，有大、中、小三种规格。主要用以加固山石间的水平联系。先将石头水平朝向的接缝作为中心线，再按银锭口的大小画线凿槽打下去	

项　目	方　法	图　例
铁爬钉	或称"铁锔子"。用熟铁制成，用以加固山石水平向及竖向的衔接。南京明代瞻园北山之山洞中尚可发现用小型铁爬钉作水平向加固的结构；北京圆明园西北角之"紫碧山房"假山坍倒后，山石上可见约 10 cm 长、6 cm 宽、5 cm 厚的石槽，槽中都有铁锈痕迹，也似同一类做法；北京乾隆花园内所见铁爬钉尺寸较大，长约 80 cm、宽 10 cm 左右、厚 7 cm，两端各打入石内 9 cm。也有向假山外侧下弯头而铁爬钉内侧平压于石下的做法。避暑山庄则在烟雨楼峭壁上有用于竖向联系的做法	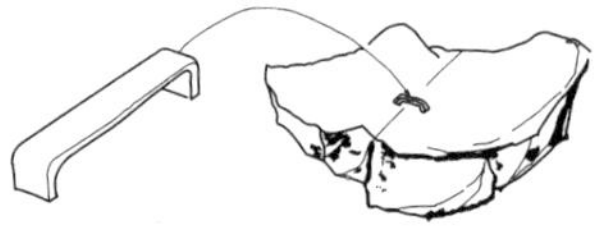
铁扁担	多用于加固山洞，作为石梁下面的垫梁。铁扁担之两端成直角上翘，翘头略高于所支承石梁的两端。北海静心斋沁泉廊东北，有象征着"蛇"出挑悬岩，选用了长约 2m，宽 160 cm，厚 6 cm 的铁扁担镶嵌于山石底部。如果不是下到池底仰望，铁扁担是看不出来的	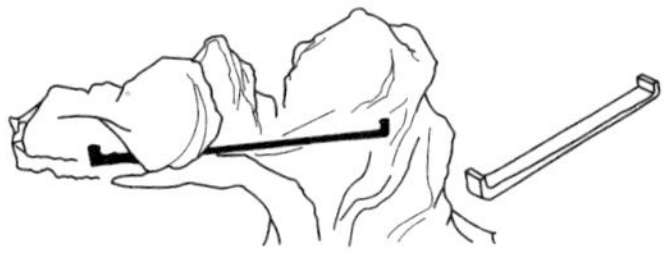
马蹄形吊架和叉形吊架	见于江南一带。扬州清代宅园"寄啸山庄"的假山洞底，由于用花岗石做石梁只能解决结构问题，外观极不自然。用这种吊架从条石上挂下来，架上再安放山石便可裹在条石外面，便接近自然山石的外貌	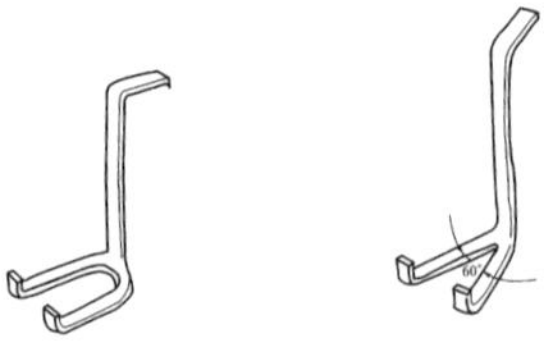

2. 山石的支撑和捆绑方法

（1）支撑。山石吊装到山体一定位点上，经过调整后，可使用木棒支撑将山石固定在一定的状态上，使山石临时固定下来。以木棒的上端顶着山石的凹处，木棒的下端则斜着落在地面，并用一块石头将棒脚压住，如图 12-2 所示。一般每块山石都要用 2～4 根木棒支撑。此外，铁棍或长形山石也可作为支撑材料。

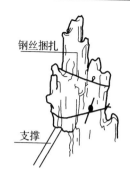

图 12-2 山石捆扎与支撑

（2）捆扎。山石的固定还可采用捆扎的方法，如图 12-2 所示。山石捆扎固定一般采用 8 号或 10 号钢丝，用单根或双根铅丝做成圈，套上山石，并在山石的接触面垫上或抹上水泥砂浆后再进行捆扎。捆扎时铅丝圈先不必收紧，应适当松一点；然后再用小钢钎（錾子）将其绞紧，使山石固定，此方法适用于小块山石，对大块山石应以支撑为主。

三、山石勾缝和胶结

1. 假山结合材料

（1）古代。主要是以石灰为主，用石灰作胶结材料时，为了提高石灰的胶合性需加入一些辅助材料，配制成纸筋石灰、明矾石灰、桐油石灰和糯米浆拌石灰等。纸筋石灰凝固后硬度和韧性都有所提高，且造价相对较低。桐油石灰凝固较慢，造价高，但黏结性能良好，凝固后很结实，适宜小型石山的砌筑。明矾石灰和糯米浆石灰的造价较高，凝固后的硬度很大，黏结牢固，是较为理想的胶合材料。

（2）现代。基本上全用水泥砂浆或混合砂浆来胶合山石。水泥砂浆的配制，是用普通灰色水泥和粗砂，按 1:1.5～1:2.5 比例加水调制而成，主要用来粘合石材、填充山石缝隙和假山抹缝。有时，为了增加水泥砂浆的和易性和对山石缝隙的充满度，可以在其中加进适量的石灰浆，配成混合砂浆。

湖石勾缝再加青煤，黄石勾缝后刷铁屑盐卤，使缝的颜色与石色相协调。

2. 胶结操作

（1）胶结用水泥砂浆要现配现用。

（2）待胶合山石石面刷洗干净。

（3）待胶合山石石面都涂上水泥砂浆（混合砂浆），并及时相互贴合、支撑捆扎固定。

（4）胶合缝应用水泥砂浆（混合砂浆）补平填平填满。

（5）胶合缝与山石颜色相差明显时，应用水泥砂浆（混合砂浆硬化前）对胶合缝撒布同色山石粉或砂子进行变色处理。

四、人工塑造山石

1. 设置基架

可根据石形和其他条件分别采用砖基架或钢筋混凝土基架。坐落在地面的塑山要有相应的地基处理，坐落在室内的塑山则应根据楼板的构造和荷载条件作结构设计，包括地梁和钢材梁、柱和支撑设计。基架将自然山形概括为内接的几何形体的桁架，并用防锈漆将其基架涂两遍。

2. 铺设钢丝网

砖基架可设或不设钢丝网。一般形体较大者都必须设钢丝网。钢丝网要选易于挂泥的材料。若是钢基架则还需先做分块钢架，附在形体简单的基架上，变几何形体为凸凹的自然外形，再挂钢丝网。钢丝网根据设计模型用木槌和其他工具做成型。

3. 挂水泥砂浆

水泥砂浆中可加纤维性附加料以增加表面抗拉的力量，减少裂缝。用 M7.5 水泥砂浆作初步塑型，用 M15 水泥砂浆罩面作最后成型。现在多以特种混凝土作为塑型成型的材料，其施工工艺简单、塑性良好。常见特种混凝土的配比见表 12-2。

表 12-2　树脂混凝土的配合比（重量比）

原材料		聚酯混凝土		环氧混凝土	酚醛混凝土	聚氨基甲酸酯混凝土
胶结料		不饱和聚酯树脂 10	不饱和聚酯树脂 11.25	环氧树脂（含固化剂）10	酚醛树脂 10	聚氨基甲酸酯（含固化剂、填料）20
填料		碳酸钙 12	碳酸钙 11.25	碳酸钙 10	碳酸钙 10	—
骨料（mm）	细砂	(0.1～0.8) 20	(<1.2) 38.8	(<1.2) 20	(<1.2) 20	(<1.2) 20
	粗砂	(0.8～4.8) 25	(1.2～5) 9.6	(1.2～5) 15	(1.2～5) 15	(1.2～5) 15
	石子	(4.5～20) 33	(5～20) 29.1	(5～20) 45	(5～20) 45	(5～20) 45
其他材料		短玻璃纤维（12.7mm）过氧化物促凝剂	过氧化甲基乙基甲酮	邻苯二甲酸二丁酯	—	—

4. 上色

根据设计对石色的要求，刷涂或喷涂非水溶性颜色，达到其设计效果。由于新材料新工艺不断推出，第三步、第四步往往合并处理。如将颜料混合于灰浆中，直接抹上加工成型。也有先在工厂制作出一块块仿石料，运到施工现场缚挂或焊挂在基架上，当整体成型达到要求后，对接缝及石脉纹理作进一步加工处理，即可成山。

5. 塑山喷吹新工艺

为了克服钢、砖骨架塑山存在着施工技术难度大，皱纹很难逼真，材料自重大，易裂和褪色等缺陷，近年来国内外园林科研工作者探索出一种新型的塑山材料——玻璃纤维强化水泥（简称GRC）。这种工艺在中央新闻电影制片厂、秦皇岛野生动物园、中共中央党校、北京重庆饭店庭园、广东飞龙世界、黑龙江大庆石油管理局体育中心海洋馆等工程中进行了实践，均取得了较好的效果。GRC材料用于塑山的优点主要表现在以下几个方面。

（1）用GRC造假山石，石的造型、皱纹逼真，具有岩石坚硬润泽的质感。

（2）用GRC造假山石，材料自身重量轻，强度高，抗老化且耐水湿，易进行工厂化生产，施工方法简便、快捷，造价低，可在室内外及屋顶花园等处广泛使用。

（3）GRC假山造型设计、施工工艺较好，与植物、水景等配合，可使景观更富于变化和表现力。

（4）GRC造假山可利用计算机进行辅助设计，结束了过去假山工程无法做到的石块定位设计的历史，不仅使假山在制作技术上，而且在设计手段上取得了新突破。

GRC塑山的工艺流程由生产流程和安装流程组成，如图12-3和图12-4所示。

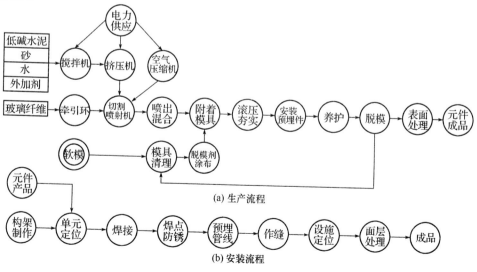

图 12-3　安装流程

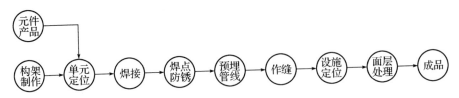

图 12-4 生产流程

第 十 三 章

园林绿化工程

第一节　树木栽植

行道树修剪

扫码观看本视频

一、基本知识

1. 移植期

移植期是指栽植树木的时间。树木是有生命的机体，在一般情况下，夏季树木生命活动最旺盛，冬天其生命活动最微弱或近乎休眠状态，可见树木的种植是有季节性的。移植的最佳时间是在树木休眠期，也有因特殊需要进行非植树季节栽植树木的情况，但需经特殊处理。

华北地区大部分落叶树和常绿树在 3 月中上旬至 4 月中下旬种植。常绿树、竹类和草皮等，在 7 月中旬左右进行雨季栽植。秋季落叶后可选择耐寒、耐旱的树种，用大规格苗木进行栽植，这样可以减轻春季植树的工作量。一般常绿树、果树不宜秋天栽植。

华东地区落叶树的种植，一般在 2 月中旬至 3 月下旬，也可以在 11 月上旬至 12 月中下旬。早春开花的树木，应在 11 月至 12 月种植。常绿阔叶树以 3 月下旬最宜，也可以在 6－7 月、9－10 月进行种植。香樟、柑橘等以春季种植为好。针叶树春、秋都可以栽种，但以秋季为好。竹子一般在 9－10 月栽植为好。

东北和西北北部严寒地区，在秋季树木落叶后、土地封冻前种植成活更好。冬季采用带冻土移植大树，其成活率也很高。

2. 栽植对环境的要求

（1）对温度的要求。植物的自然分布和气温有密切的关系，不同的地区就应选用能适应该区域条件的树种，并且栽植当日平均温度等于或略低于树木生物学最低温度，栽植成活率高。

（2）对光的要求。一般光合作用的速度，随着光的强度的增加而加强。在光线强的情况下，光合作用强，植物生命特征表现强；反之，光合作用减弱，植物生命特征表现弱，故阴天或遮光的条件有利于提高种植成活率。

（3）对土壤的要求。土壤是树木生长的基础，它是通过水分、肥分、空气、温度等来影响植物生长的。适应植物生长的土壤成分包括矿物质 45%，有机质

5%，空气20%，水30%（以上按体积比）。

土壤水分和土壤的物理组成有密切的关系，对植物生长有很大影响。当土壤不能提供根系所需的水分时，植物就产生枯萎，当达到永久枯萎点时，植物便死亡。因此，在初期枯萎以前，应开始浇水。掌握土壤含水率，可及时补水。

土壤养分充足对于种植的成活率和种植后植物的生长发育有很大影响。

树木有深根性和浅根性两种。种植深根性的树木应有深厚的土壤，移植大乔木比移植小乔木、灌木需要更多的根土，所以栽植地要有有效深度。具体可见表13-1。

表13-1　植物生长所必需的最低限度土层厚度　　　　　　（单位：cm）

种　别	植物生存的最小厚度	植物培育的最小厚度
草类、地被	15	30
小灌木	30	45
大灌木	45	60
浅根性乔木	60	90
深根性乔木	90	150

二、准备工作

1. 清理障碍物

在施工场地上，凡对施工有碍的障碍物如堆放的杂物、违章建筑、坟堆、砖石块等要清除干净。一般情况下已有树木能保留的尽可能保留。

2. 整理现场

根据设计图纸的要求，将绿化地段与其他用地界限区划开来，整理出预定的地形，使其与周围排水趋向一致。整理工作一般应在栽植前3个月以内进行。

（1）对8°以下的平缓耕地或半荒地，应满足植物种植所需的最低土层厚度要求，见表13-2。通常翻耕30～50cm深度，以利蓄水保墒，并视土壤情况，合理施肥以改变土壤肥性。平地整理要有一定倾斜度，以便排除过多的雨水。

表13-2　绿地植物种植必需的最低土层厚度

植被类型	草木花卉	草坪地被	小灌木	大灌木	浅根乔木	深根乔木
土层厚度/cm	30	30	45	60	90	150

（2）整理工程场地应先清除杂物、垃圾，随后换土。种植地的土壤含有建筑废土及其他有害成分，如强酸性土、强碱土、盐碱土、黏土、砂土等，应根据设计规定，采用客土或改良土壤的技术措施。

（3）对低湿地区，应先挖排水沟降低地下水位，防止返碱。通常在种植前一年，每隔 20m 左右就挖出一条深 1.5～2.0m 的排水沟，并将掘起来的表土翻至一侧培成垅台，经过一个生长季，土壤受雨水的冲洗，盐碱减少，杂草腐烂，土质疏松，不干不湿，即可在垅台上种树。

（4）对新堆土山的整地，应经过一个雨季使其自然沉降后，才能进行整地植树。

（5）对荒山整地，应先清理地面，刨出枯树根，搬除可以移动的障碍物，在坡度较平缓，土层较厚的情况下，可以采用水平带状整地。

三、定点与放线

1. 行道树的定点放线

道路两侧成行列式栽植的树木，称行道树。要求栽植位置准确，株行距相等（在国外有用不等距的）。一般是按设计断面定点。在已有道路旁定点，以路牙为依据，然后用皮尺、钢尺或测绳定出行位，再按设计定株距，每隔 10 株于株距中间钉一木桩（不是钉在所挖坑穴的位置上），作为行位控制标记的依据，以确定每株树木坑（穴）位置，然后用白灰点标出单株位置。

由于道路绿化与市政、交通、沿途单位、居民等关系密切，植树位置的确定，除和规定设计部门配合协商外，在定点后还应请设计人员验点。

2. 自然式定位放线

（1）坐标定点法。根据植物配置的疏密度先按一定的比例在设计图及现场分别打好方格，在图上用尺量出树木在某方格的纵横坐标尺寸，再按此位置用皮尺标示在现场相应的方格内。

（2）仪器测放法。用经纬仪或小平板仪依据地上原有基点或建筑物、道路将树群或孤植树依照设计图上的位置依次定出每株的位置。

（3）目测法。对于设计图上无固定点的绿化种植，如灌木丛、树群等，可用上述两种方法画出树群的栽植范围，其中每株树木的位置和排列可根据设计要求在所定范围内用目测法进行定点。定点时应注意植株的生态要求并注意自然美观。定好点后，多采用白灰打点或打桩，标明树种、栽植数量（灌木丛、树群）、坑径等。

四、栽植穴、槽的挖掘

1. 栽植穴质量、规格要求

栽植穴、槽的质量，对植株以后的生长有很大的影响。除按设计确定位置外，应根据根系或土球大小、土质情况来确定坑（穴）径大小。一般来说，栽植穴规格应比规定的根系或土球直径大 60～80cm。深度加深 20～30cm，并留 40cm 的操作沟。坑（穴）或沟槽口径应上下一致，以免植树时根系不能舒展或填土不实。栽植穴、槽的规格可参见表 13-3～表 13-7。

表 13-3　常绿乔木类种植穴规格　　　　（单位：cm）

树　高	土球直径	种植穴深度	种植穴直径
150	40～50	50～60	80～90
150～250	70～80	80～90	100～110
250～400	80～100	90～110	120～130
400 以上	140 以上	120 以上	180 以上

表 13-4　落叶乔木类种植穴规格　　　　（单位：cm）

胸　径	种植穴深度	种植穴直径	胸　径	种植穴深度	种植穴直径
2～3	30～40	40～60	5～6	60～70	80～90
3～4	40～50	60～70	6～8	70～80	90～100
4～5	50～60	70～80	8～10	80～90	100～110

表 13-5　花灌木类种植穴规格　　　　（单位：cm）

冠　径	种植穴深度	种植穴直径
200	70～90	90～110
100	60～70	70～90

表 13-6　竹类种植穴规格　　　　（单位：cm）

种植穴深度	种植穴直径
盘根或土球深	比盘根或土球大
20～40	40～50

表 13-7　绿篱类种植穴规格　　　　（单位：cm）

苗高	种植方式	
	单　行 （深×宽）	双　行 （深×宽）
50～80	40×40	40×60
100～120	50×50	50×70
120～150	60×60	60×80

2. 栽植穴挖掘注意事项

栽植穴的形状应为直筒状，穴底挖平后使底土稍耙细，保持平底状。穴底不能挖成尖底状或锅底状时，在新土回填的地面挖穴，穴底要用脚踏实或夯实，以免灌水时渗漏太快。在斜坡上挖穴时，应先将坡面铲成平台，然后再挖栽植穴，而穴深则按穴口的下沿计算。

挖穴时挖出的坑土若含碎砖、瓦块、灰团太多，就应另换好土栽树。若土中含有少量碎块，则可除去碎块后再用。如果挖出的土质太差，也要换成客土。

栽植穴挖好之后，可开始种树。若种植土太瘦瘠，就先要在穴底垫一层基肥。基肥一定要用经过充分腐熟的有机肥，如堆肥、厩肥等。基肥层以上还应当铺一层壤土，厚5cm以上。

五、掘苗（起苗）

1. 选苗

在起苗之前，首先要进行选苗。除了根据设计对规格和树形的特殊要求外，还要注意选择生长健壮、无病虫害、无机械损伤、树形端正和根系发达的苗木。做行道树种植的苗木分枝点应不低于2.5m。选苗时还应考虑起苗包装运输的方便。苗木选定后，要挂牌或在根基部位画出明显标记，以免挖错。

2. 掘苗前的准备工作

起苗时间最好是在秋天落叶后或土冻前、解冻后，因此正值苗木休眠期，生理活动微弱，起苗对它们影响不大，起苗时间和栽植时间最好能紧密配合，做到随起随栽。

为了便于挖掘，起苗前1～3天可适当浇水使泥土松软，对起裸根苗来说也便于多带宿土，少伤根系。

3. 掘苗规格

掘苗规格主要指根据苗高或苗木胸径确定苗木的根系大小。苗木的根系是苗木的重要器官，受伤的、不完整的根系将影响苗木生长和成活，苗木根系是苗木分级的重要指标。因此，起苗时要保证苗木根系符合有关的规格要求，参见表13-8～表13-10。

表 13-8　小苗的掘苗规格

苗木高度（cm）	应留根系长度（cm）	
	侧根（幅度）	直根
＜30	12	15
31～100	17	20
101～150	20	20

表 13-9 大、中苗的掘苗规格

苗木胸径（cm）	应留根系长度（cm）	
	侧根（幅度）	直根
3.1～4.0	35～40	25～30
4.1～5.0	45～50	35～40
5.1～6.0	50～60	40～50
6.1～8.0	70～80	45～55
8.1～10.0	85～100	55～65
10.1～12.0	100～120	65～75

表 13-10 带土球苗的掘苗规格

苗木高度（cm）	土球规格（cm）	
	横径	纵径
＜100	30	20
101～200	40～50	30～40
201～300	50～70	40～60
301～400	70～90	60～80
401～500	90～110	80～90

4. 掘苗

掘苗时间和栽植时间最好能紧密配合，做到随起随栽。掘苗时，常绿苗应当带有完整的根团土球，土球散落的苗木成活率会降低。土球的大小一般可按树木胸径的 10 倍左右确定。对于特别难成活的树种要考虑加大土球，土球的包装方法，如图 13-1 所示。土球高度一般可比宽度少 5～10cm。一般的落叶树苗也多带有土球，但在秋季和早春起苗移栽时，也可裸根起苗。裸根苗木若运输距离比较远，需要在根蔸里填塞湿草，或在其外包裹塑料薄膜保湿，以免根系失水过多，影响栽植成活率。为了减少树苗水分蒸发，提高移栽成活率，掘苗后、装车前应进行粗略修剪。

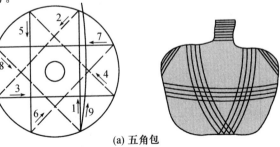

(a) 五角包

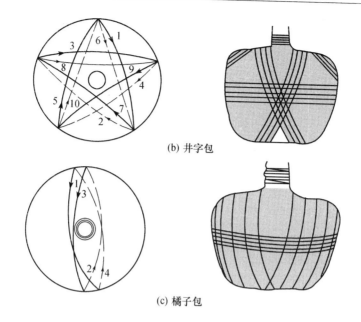

(b) 井字包

(c) 橘子包

图 13-1　土球包装方法示意图

六、包装运输与假植

1. 包装

落叶乔、灌木在掘苗后、装车前应进行粗略修剪，以便于装车运输和减少树木水分的蒸腾。

包装前应先对根系进行处理，一般是先用泥浆或水凝胶等吸水保水物质蘸根，以减少根系失水，再包装。泥浆一般是用黏度比较大的土壤，加水调成糊状。水凝胶是由吸水极强的高分子树脂加水稀释而成的。

包装要在背风庇荫处进行，有条件时可在室内、棚内进行。包装材料可用麻袋、蒲包、稻草包、塑料薄膜、牛皮纸袋、塑膜纸袋等。无论是包裹根系，还是全苗包装，包裹后要将封口扎紧，减少水分蒸发，防止包装材料脱落。将同一品种相同等级的存放在一起，挂上标签，便于管理和销售。

包装的程度视运输距离和存放时间而定。运距短，存放时间短，包装可简便一些；运距长，存放时间长，包装要细致一些。

2. 装运

（1）根苗。

①装运乔木时，应将树根朝前，树梢向后，按顺序安（码）放。

②车后厢板，应铺垫草袋、蒲包等物，以防碰伤树根、干皮。

③树梢不得拖地，必要时要用绳子围绕吊起，捆绳子的地方也要用蒲包垫上，避免勒伤树皮。

④装车不得超高，且压得不要太紧。

⑤装完后用苫布将树根盖严、捆好，以防树根失水。

（2）带土球苗。

①2m以下的苗木可以立装，2m以上的苗木必须斜放或平放。土球朝前，树梢向后，并用木架将树冠架稳。

②土球直径大于20cm的苗木只装一层，小土球可以码放2～3层。土球之间应安（码）放紧密，以防摇晃。

③土球上不准站人或放置重物。

3. 卸车

苗木在装卸车时应轻吊轻放，不得损伤苗木和造成散球。起吊带土球（台）的小型苗木时，应用绳网兜土球使其吊起，不得用绳索缚捆根茎起吊。重量超过1t的大型土球，应在土球外部套钢丝缆起吊。

4. 假植

（1）带土球的苗木假植。假植时，可将苗木的树冠捆扎收缩起来，使每一棵树苗都是土球挨土球，树冠靠树冠，密集地挤在一起。然后，在土球层上面盖一层壤土，填满土球间的缝隙，再对树冠及土球均匀地洒水，使上面湿透，仅保持湿润就可以了；或者把带着土球的苗木临时性地栽到一块绿化用地上，土球埋入土中1/3～1/2深，株距根据苗木假植时间长短和土球、树冠的大小而定。一般土球与土球之间相距15～30cm即可。苗木成行列式栽好后，浇水并保持一定湿度即可。

（2）裸根苗木假植。裸根苗木应当天种植，自起苗开始，暴露时间不宜超过8h，当天不能种植的苗木应进行假植。对裸根苗木，一般采取挖沟假植方式，先在地面挖浅沟，沟深40～60cm；然后将裸根苗木一棵棵紧靠着呈30°角斜栽到沟中，使树梢朝向西边或朝向南边。如树梢向西，开沟的方向为东西向；若树梢向南，则沟的方向为南北向。苗木密集斜栽好以后，在根蔸上分层覆土，层层插实。要经常对枝叶喷水，保持湿润。

不同的苗木假植时，最好按苗木种类和规格分区假植，以方便绿化施工。假植区的土质不宜太泥泞，地面不能积水，在周围边沿地带要挖沟排水。假植区内要留出起运苗木的通道。在太阳特别强烈的日子里，假植苗木上面应该设置遮光网，减弱光照强度。对珍贵树种和非种植季节所需苗木，应在合适的季节起苗，并用容器假植。

七、苗木种植前的修剪

1. 根系修剪

为保持树姿平衡，保证树木成活，种植前应对苗木根系进行修剪，应将劈裂根、病虫根、过长根剪除，并对树冠进行修剪，保持地上地下平衡。

2. 乔木类修剪

（1）具有明显主干的高大落叶乔木应保持原有树形，适当疏枝，对保留的主侧枝应在健壮芽上短截，可剪去枝条的 1/5～1/3。

（2）无明显主干、枝条茂密的落叶乔木，对干径 10cm 以上的，可疏枝保持原树形；对干径为 5～10cm 的苗木，可选留主干上的几个侧枝，保持原有树形进行短截。

（3）枝条茂密如圆头形树冠的常绿乔木可适量疏枝。枝叶集生树干顶部的苗木可不修剪。具轮生侧枝的常绿乔木用作行道树时，可剪除基部 2～3 层轮生侧枝。

（4）常绿针叶树，不宜修剪，只剪除病虫枝、枯死枝、生长衰弱枝、过密的轮生枝和下垂枝。

（5）用作行道树的乔木，定干高度宜大于 3m，第一分枝点以下枝条应全部剪除，分枝点以上枝条酌情疏剪或短截，并应保持树冠原型。

（6）珍贵树种的树冠宜作少量疏剪。

3. 灌木及藤蔓类修剪

（1）带土球或湿润地区带宿土裸根苗木及上年花芽分化的开花灌木不宜做修剪，当有枯枝、病虫枝时应予剪除。

（2）枝条茂密的大灌木，可适量疏枝。

（3）对嫁接灌木，应将接口以下砧木萌生枝条剪除。

（4）分枝明显、新枝着生花芽的小灌木，应顺其树势适当强剪，促生新枝，更新老枝。

（5）用作绿篱的乔灌木可在种植后按设计要求整形修剪。苗圃培育成型的绿篱，种植后应加以整修。

（6）攀缘类和蔓性苗木可剪除过长部分。攀缘上架苗木可剪除交错枝、横向生长枝。

4. 苗木修剪质量要求

（1）剪口应平滑，不得劈裂。

（2）枝条短截时应留外芽，剪口应距留芽位置以上 1cm。

（3）修剪直径 2cm 以上大枝及粗根时，截口应削平并涂防腐剂。

八、定植

1. 定植的方法

（1）将苗木的土球或根蔸放入种植穴内，使其居中。

（2）将树干立起扶正，使其保持垂直。

（3）分层回填种植土，填土至一半后，将树根稍向上提一提，使根茎部位置与地表相平，让根群舒展开，每填一层土就要用锄把将土压紧实，直到填满穴坑，并使土面能够盖住树木的根茎部位。

（4）检查扶正后，把余下的穴土绕根茎一周进行培土，做成环形的拦水围堰。其围堰的直径应略大于种植穴的直径，堰土要拍压紧实，不能松散。

（5）种植裸根树木时，将原根际埋下 3～5cm 即可，种植穴底填土呈半圆土堆，置入树木填土至 1/3 时，应轻提树干使根系舒展，并充分接触土壤，随填土分层踏实。

（6）带土球树木应踏实穴底土层，而后置入种植穴，填土踏实。

（7）绿篱成块种植或群植时，应按由中心向外顺序退植。坡式种植时应由上向下种植。大型块植或不同彩色丛植时，应分区分块。

（8）假山或岩缝间种植，应在种植土中掺入苔藓、泥炭等保湿透气材料。

（9）落叶乔木在非种植季节种植时，应根据不同情况分别采取以下技术措施。

①苗木应提前采取疏枝、环状断根或在适宜季节起苗用容器假植等处理。

②苗木应进行强修剪，剪除部分侧枝，保留的侧枝也应疏剪或短截，并保留原树冠的 1/3，同时应加大土球体积。

③可摘叶的应摘去部分叶片，但不得伤害幼芽。

④夏季可采取搭棚遮阴、树冠喷雾、树干保湿等措施，保持空气湿润；冬季应防风防寒。

⑤干旱地区或干旱季节，种植裸根树木应采取根部喷布生根激素、增加浇水次数等措施。

（10）对排水不良的种植穴，可在穴底铺 10～15cm 沙砾或铺设渗入管、盲沟，以利排水。

（11）栽植较大的乔木时，在定植后应加支撑，以防浇水后大风吹倒苗木。

2. 注意事项和要求

（1）树身上、下应垂直。如果树干有弯曲，其弯向应朝当地风方向。行列式栽植应保持横平竖直，左右相差最多不超过树干一半。

（2）栽植深度：裸根乔木苗，应较原根茎土痕深 5～10cm；灌木应与原土痕齐；带土球苗木比土球顶部深 2～3cm。

（3）行列式植树，应事先栽好"标杆树"。其方法是每隔 20 株左右，用皮尺量好位置，先栽好一株，然后以这些标杆树为瞄准依据，全面开展栽植工作。

（4）灌水堰筑完后，将捆拢树冠的草绳解开取下，使枝条舒展。

九、栽植后的养护管理

1. 立支柱

为了防止较大苗木被风吹倒，应立支柱支撑；多风地区尤应注意，沿海多台风地区，往往需埋水泥预制柱以固定高大乔木。

（1）单支柱：用固定的木棍或竹竿斜立于下风方向，深埋入土 30cm 厚。支柱与树干之间用草绳隔开，并将两者捆紧。

（2）双支柱：用两根木棍在树干两侧垂直钉入土中。支柱顶部捆一横档，先用草绳将树干与横档隔开以防擦伤树皮，然后用绳将树干与横档捆紧。

行道树立支柱应注意不影响交通，一般不用斜支法，常用双支柱、三脚撑或定型四脚撑。

2. 灌水

树木定植后应在 24h 内浇上第一遍水，定植后第一次灌水称为头水。水要浇透，使泥土充分吸收水分，灌头水主要目的是通过灌水将土壤缝隙填实，保证树根与土壤紧密结合以便根系发育，故亦称为压水。水灌完后应作一次检查，由于踩不实树身就会倒歪，应注意扶正，树盘被冲坏时要修好。之后应连续灌水，尤其是大苗，在气候干旱时，灌水极为重要，千万不可疏忽。常规做法为定植后应连续灌 3 次水，之后视情况适时灌水。第一次连续 3 天灌水后，要及时封堰（穴），即将灌足水的树盘撒上细面土封住，称为封堰，以免蒸发和土表开裂透风。树木栽植后的浇水量参见表 13-11。

表 13-11 树木栽植后的浇水量

乔木及常绿树胸径/cm	灌木高度（m）	绿篱高度（m）	树堰直径/cm	浇水量/kg
—	1.2～1.5	1～1.2	60	50
—	1.5～1.8	1.2～1.5	70	75
3～5	1.8～2	1.5～2	80	100
5～7	2～2.5	—	90	200
7～10			110	250

3. 扶植封堰

（1）扶直：浇的第一遍水渗入后的次日应检查树苗是否有倒歪现象，若有应及时扶直，并用细土将堰内缝隙填严，将苗木固定好。

（2）中耕：水分渗透后，用小锄或铁耙等工具，将土堰内的土表锄松，称"中耕"。中耕可以切断土壤的毛细管，减少水分蒸发，有利于保墒。植树后浇三次水之间，都应中耕一次。

（3）封堰：浇第三遍水并待水分渗入后，用细土将灌水堰内填平，使封堰土堆稍高于地面。如果土中含有砖石杂质等物应挑拣出来，以免影响下次开堰。华北、西北等地秋季植树，应在树干基部堆成 30cm 高的土堆，以保持土壤水分，并能保护树根，防止风吹摇动，影响成活。

4. 其他养护管理

（1）对受伤枝条和栽前修剪不理想的枝条，应进行复剪。

（2）对绿篱进行造型修剪。

（3）防治病虫害。

（4）进行巡查、围护、看管，防止人为破坏。

（5）清理场地，做到工完场净，文明施工。

第二节　大树移植

树木栽植

扫码观看本视频

一、大树的选择和移植的时间

1. 大树的选择

（1）要选择接近新栽地环境的树木。野生树木主根发达，长势过旺的，适应能力也差，不易成活。

（2）不同类别的树木，移植难易不同。一般灌木比乔木容易移植；落叶树比常绿树容易移植；扦插繁殖或经多次移植须根发达的树比播种未经移植直根性和肉质根类树木容易移植；叶型细小比叶少而大的树木容易移植；树龄小的比树龄大的容易移植。

（3）一般慢生树选20～30年生，速生树种则选用10～20年生，中生树可选15年生，果树、花灌木为5～7年生，一般乔木树高在4m以上，胸径12～25cm的树木则最合适移植。

（4）应选择生长正常的树木以及没有感染病虫害和未受机械损伤的树木。

（5）选树时还应考虑移植地点的自然条件和施工条件，移植地的地形应平坦或坡度不大，过陡的山坡，根系分布不正，不仅操作困难且容易伤根，而且不易起出完整的土球，因而应选择便于挖掘的树木，最好使用能到达树旁的起运工具。

2. 大树移植的时间

如果掘起的大树带有较大的土球，在移植过程中严格执行操作规程，移植后又注意养护，那么在任何时间都可以进行大树移植。但在实际工作中，最佳移植时间是早春，因为这时树液开始流动并开始生长、发芽，挖掘时损伤的根系容易愈合和再生，移植后经过从早春到晚秋的正常生长，树木移植时受伤的部分已复原，给树木顺利越冬创造了有利条件。

在春季树木开始发芽而树叶还没全部长成以前，树木的蒸腾还未达到最旺盛时期，此时带土球移植，缩短土球暴露的时间，栽后加强养护也能确保大树的存活。

盛夏季节，由于树木的蒸腾量大，此时移植对大树成活不利，在必要时可加大土球，加强修剪、遮阴，尽量减少树木的蒸腾量。必要时对叶片、树干、土球进行补水处理，但费用较高。

在北方的雨季和南方的梅雨期，由于空气中的湿度较大，有利于移植，可移植一些带土球的针叶树种。

从树木开始落叶到气温不低于−15℃这段时间，也可移植大树，在此期间，树木虽处于休眠状态，但地下部分尚未完全停止活动，故移植时被切断的根系能在这段时间进行愈合，给来年春季发芽生长创造良好的条件。但在严寒的北方，应对移植的树木进行土面保护，才能达到这一目的。南方地区，尤其在一些气温不太低、湿度较大的地区一年四季可移植，落叶树还可裸根移植。

二、移植前的准备工作

1. 大树预掘的方法

（1）多次移植。在专门培养大树的苗圃中经常采用多次移植法，在头几年速生树种的苗木可以每隔1~2年移植一次，待胸径达6cm以上时，可每隔3~4年再移植一次。慢生树待其胸径达3cm以上时，每隔3~4年移一次，长到6cm以上时，则隔5~8年移植一次，这样树苗经过多次移植，大部分的须根都聚生在一定的范围，因而再移植时可缩小土球的尺寸和减少对根部的损伤。

（2）预先断根法（回根法）。适用于一些野生大树或一些具有较高观赏价值的树木的移植，一般是在移植前1~3年的春季或秋季，以树干为中心，2.5~3倍胸径为半径或以较小于移植时土球尺寸为半径画一个圆或方形，再在相对的两面向外挖30~40cm宽的沟（其深度则视根系分布而定，一般为50~80cm）。对较粗的根应用锋利的锯或剪，齐平内壁切断，然后用沃土（最好是砂壤土或壤土）填平，分层踩实，定期浇水，这样便会在沟中长出许多须根。到第二年的春季或秋季再以同样的方法挖掘另外相对的两面，到第三年时，在四周沟中均长满了须根，这时便可移走，如图13-2所示。挖掘时应从沟的外缘开挖，断根的时间可按各地气候条件不同来定。

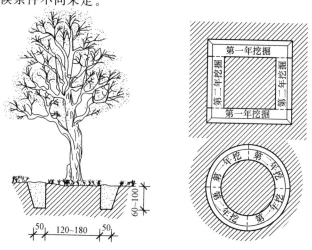

图13-2 大树分期断根挖掘法示意（单位：cm）

（3）根部环状剥皮法。同预先断根法挖沟，但不切断大根，而是采取环状剥皮的方法，剥皮的宽度为10～15cm，这样也能促进须根的生长，由于大根未断，树身稳固，可不加支柱。

2. 大树的修剪

修剪是大树移植过程中，对地上部分进行处理的主要措施，修剪的内容大致有6个方面，如图13-3所示。

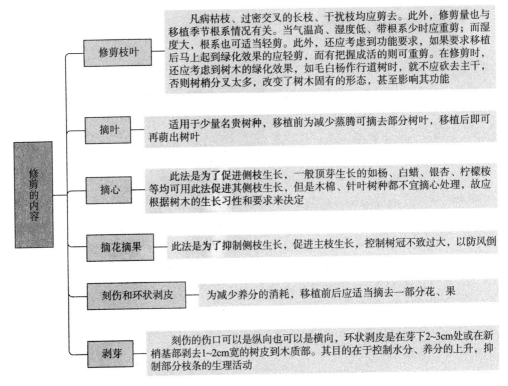

凡病枯枝、过密交叉的长枝、干扰枝均应剪去。此外，修剪量也与移植季节根系情况有关。当气温高、湿度低、带根系少时应重剪；而湿度大，根系也可适当轻剪。此外，还应考虑到功能要求，如果要求移植后马上起到绿化效果的应轻剪，而有把握成活的则可重剪。在修剪时，还应考虑到树木的绿化效果，如毛白杨作行道树时，就不应砍去主干，否则树梢分叉太多，改变了树木固有的形态，甚至影响其功能

修剪枝叶

摘叶 — 适用于少量名贵树种，移植前为减少蒸腾可摘去部分树叶，移植后即可再萌出树叶

摘心 — 此法是为了促进侧枝生长，一般顶芽生长的如杨、白蜡、银杏、柠檬桉等均可用此法促进其侧枝生长，但是木棉、针叶树种不宜摘心处理，故应根据树木的生长习性和要求来决定

摘花摘果 — 此法是为了抑制侧枝生长，促进主枝生长，控制树冠不致过大，以防风倒

刻伤和环状剥皮 — 为减少养分的消耗，移植前后应适当摘去一部分花、果

剥芽 — 刻伤的伤口可以是纵向也可以是横向，环状剥皮是在芽下2~3cm处或在新梢基部剥去1~2cm宽的树皮到木质部。其目的在于控制水分、养分的上升，抑制部分枝条的生理活动

修剪的内容

图 13-3 修剪的内容

3. 编号定向

编号是在移栽成批的大树时，为使施工有计划地顺利进行，把栽植坑及要移植的大树均编上——对应的号码，使其移植时对号入座，以减少现场的混乱及错误。定向是在树干上标出南北方向，使其在移植时仍保持原方位栽下，以满足它对庇荫以及阳光的要求。

4. 清理现场及安排运输路线

在起树前，应把树干周围的碎石、瓦砾堆、灌木丛及其他障碍物清除干净，并将地面大致整平，为顺利移植大树创造条件。然后按树木移植的先后次序，合理安排运输路线，以使每棵树都能顺利运出。

5. 支柱、捆扎

为了防止在挖掘时由于树身不稳、倒伏引起工伤事故及损坏树木，在挖掘前

应对需移植的大树支柱。一般是用三根直径 15cm 以上的大戗木，分立在树冠分支点的下方，然后再用粗绳将三根戗木和树干一起捆紧，戗木底脚应牢固支持在地面，与地面成 60°左右，支柱时应使三根戗木受力均匀，特别是避风向的一面；戗木的长度不定，底脚应立在挖掘范围以外，以免妨碍挖掘工作。

三、大树移植的方法

1. 软材包装移植法

适用于挖掘圆形土球，树木胸径为 10～15cm 或稍大一些的常绿乔木，土球的直径和高度应根据树木胸径的大小来确定，参见表 13-12。

表 13-12　土球规格

树木胸径（cm）	土球规格		
	土球直径（cm）	土球高度（cm）	留底直径
10～12	胸径 8～10 倍	60～70	土球直径的 1/3
13～15	胸径 7～10 倍	70～80	

2. 木箱包装移植法

适用于挖掘方形土台，树木的胸径为 15～25cm 的常绿乔木，土台的规格一般按树木胸径的 7～10 倍选取，可参见表 13-13。大树箱板式包装和吊运如图 13-4所示。

表 13-13　土台规格

树木胸径（cm）	15～18	18～24	25～27	28～30
木箱规格（m）（上边长×高）	1.5×0.60	1.8×0.70	2.0×0.70	2.2×0.80

3. 移树机移植法

在国外已经生产出专门移植大树的移植机，适用于移植胸径为 25cm 以下的乔木。

4. 冻土移植法

在我国北方寒冷地区采用较多。

一般地区大树移植时，应按树木胸径的 6～8 倍挖掘土球或方形土台装箱。高寒地区可挖掘冻土台移植。

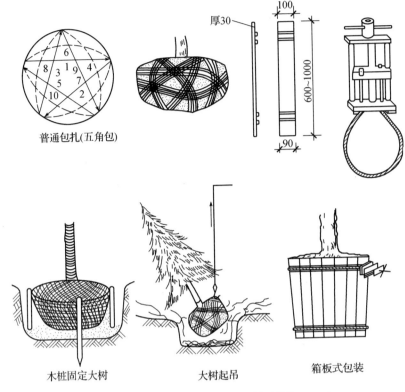

普通包扎(五角包)

木桩固定大树　　　　　大树起吊　　　　　箱板式包装

图 13-4　大树箱板式包装和吊运图（单位：mm）

四、大树的吊运

1. 大树的吊运方法

（1）起重机吊运法。目前我国常用的是汽车起重机，其优点是机动灵活，行动方便，装车简捷。

木箱包装吊运时，用两根 7.5～10mm 的钢索将木箱两头围起，钢索放在距木板顶端 20～30cm 的地方（约为木板长度的 1/5），把 4 个绳头结在一起，挂在起重机的吊钩上，并在吊钩和树干之间系一根绳索使树木不致被拉倒，还要在树干上系 1～2 根绳索，以便在启动时用人力来控制树木的位置，避免损伤树冠，有利于起重机工作。在树干上束绳索处应垫上柔软材料，以免损伤树皮。

吊运软材料包装的或带冻土球的树木时，为了防止钢索损坏包装的材料，最好用粗麻绳。先将双股绳的一头留出超 1 m 的长度，结扣固定，再将双股绳分开，捆在土球由上向下 3/5 的位置上，然后将大绳的两头扣在吊钩上，在绳与土球接触处用木块垫起，轻轻起吊后，再用脖绳套在树干下部，扣在吊钩上即可起吊。这些工作做好后，再开动起重机就可将树木吊起装车。

（2）滑车吊运法。在树旁用杉篙搭一木架（杉篙的粗细根据所起运树木的大小而定），把滑车挂在架顶，利用滑车将树木吊起后，立即在穴面铺上两条 50～

60cm 宽的木板，其厚度根据汽车和树木的重量及坑的大小来决定。

2. 大树的运输

树木装进汽车时，先使树冠向着汽车尾部，土块靠近司机室，树干包上柔软材料放在木架或竹架上，用软绳扎紧，土块下垫一块木衬垫，然后用木板将上球夹住或用绳子将土球缚紧于车厢两侧。

通常一辆汽车只装一株树，在运输前，应先进行行车路线的调查，以免中途遇故障无法通行，行车路线一般都是城市划定的运输路线，应了解其路面宽度、路面质量、横架空线、桥梁及其负荷情况和人流量等。行车过程中押运员应站在车厢尾一面检查运输途中土球绑扎是否松动、树冠是否扫地、左右是否影响其他车辆及行人，同时要手持长竿，不时挑开横架空线，以免发生危险。

五、大树的栽植及养护管理

1. 栽植方法

（1）栽植前应根据设计要求定好位置，测定标高，编好树号，以便栽植时对号入座，准确无误。

（2）挖穴（刨坑），树穴（坑）的规格应比土球的规格大些，一般在土球直径基础上加大 40cm 左右，深度加大 20cm 左右为宜；土质不好的则更应加大坑的规格，并更换适于树木生长的好土。

如果需要施用底肥，事先应准备好优质腐熟有机肥料，并和回填的土壤搅拌均匀，随栽填土时施入穴底和土球外围。

（3）吊装入穴前，要按计划将树冠生长最丰满、完好的一面朝向主要观赏方向。吊装入穴（坑）时，粗绳的捆绑方法同大树的吊运，但在吊起时应尽量保持树身直立。入穴（坑）时还要有人用木棍轻撬土球，使树直立。土球上表面应与地表标高平，防止栽植过深或过浅，对树木生长不利。

（4）树木入坑放稳后，应先用支柱将树身支稳，再拆包填土。填土时，尽量将包装材料取出，实在不好取出者可将包装材料压入坑底。如发现土球松散，则千万不可松解腰绳和下部的包装材料，但土球上半部的蒲包、草绳要解开取出坑外，否则会影响所浇水分的渗入。

（5）树放稳后应分层填土，分层夯实，操作时注意保护土球，以免损伤。

（6）在穴（坑）的外缘用细土培筑一道 30cm 左右高的灌水堰，并用铁锹拍实，以便栽后能及时灌水。第一次灌水量不要太大，起到压实土壤的作用即可；第二次水量要足；第三次灌水后可以培土封堰。以后视需要再灌，为促使移栽大树发根复壮，可在第二次灌水时加入 0.2‰ 的生根剂促使新根萌发。每次灌水时都要仔细检查，发现塌陷漏水现象时，则应填土堵严漏眼，并将所漏水量补足。

2. 养护管理措施

（1）刚栽上的大树特别容易歪倒，要将结实的木杆搭在树干上构成三脚架，把树木牢固地支撑起来，确保大树不会歪斜。

（2）在养护期中，平时要注意浇水，发现土壤水分不足就要及时浇灌。在夏天，要多对地面和树冠喷洒清水，增加环境湿度，降低蒸腾作用。

（3）为了促进新根生长，可在浇灌的水中加入 0.02％的生长素，使根系提早生长健全。

（4）移植后第一年秋天，就应当施一次追肥。第二年早春和秋季，也至少要施肥 2～3 次，肥料的成分以氮肥为主。

（5）为了保持树干的湿度，减少从树皮蒸腾的水分，要对树干进行包裹。裹干时，可用浸湿的草绳从树基往上密密地缠绕树干，一直缠裹到主干顶部。接着，再将调制的黏土泥浆厚厚地糊满草绳并裹着树干。以后，可经常用喷雾器为树干喷水保湿。

第三节　屋顶绿化

道路护坡绿化

扫码观看本视频

一、屋顶绿化类型

1. 花园式屋顶绿化

（1）新建建筑原则上应采用花园式屋顶绿化，在建筑设计时统筹考虑，以满足不同绿化形式对于屋顶荷载和防水的不同要求。

（2）现状建筑根据允许荷载和防水的具体情况，可以考虑进行花园式屋顶绿化。

（3）建筑静荷载应不小于 250kg/m²。乔木、园亭、花架、山石等较重的物体应设计在建筑承重墙、柱、梁的位置。

（4）以植物造景为主，应采用乔、灌、草结合的复层植物配植方式，产生较好的生态效益和景观效果。花园式屋顶绿化建议性指标参见表 13-14。

表 13-14　屋顶绿化建议性指标

项　目		指　标
花园式屋顶绿化	绿化屋顶面积占屋顶总面积	≥60％
	绿化种植面积占绿化屋顶面积	≥85％
	铺装园路面积占绿化屋顶面积	≤12％
	园林小品面积占绿化屋顶面积	≤3％
简单式屋顶绿化	绿化屋顶面积占屋顶总面积	≥80％
	绿化种植面积占绿化屋顶面积	≥90％

2. 简单式屋顶绿化

（1）建筑受屋面本身荷载或其他因素的限制，不能进行花园式屋顶绿化时，可进行简单式屋顶绿化。

（2）建筑静荷载应不小于 $100kg$（m）^{2}，建议性指标参见表 13-14。

（3）主要绿化形式。

①覆盖式绿化。根据建筑荷载较小的特点，利用耐旱草坪、地被、灌木或可匍匐的攀援植物进行屋顶覆盖绿化。

②固定种植池绿化。根据建筑周边圈梁位置荷载较大的特点，在屋顶周边女儿墙一侧固定种植池，利用植物直立、悬垂或匍匐的特性，种植低矮灌木或攀援植物。

③可移动容器绿化。根据屋顶荷载和使用要求，以容器组合形式在屋顶上布置观赏植物，可根据季节不同随时变化组合。

二、种植设计与植物选择

1. 种植设计

（1）花园式屋顶绿化。

植物种类的选择，应符合下列规定。

①适应栽植地段立地条件的当地适生种类。

②林下植物应具有耐阴性，其根系发展不得影响乔木根系的生长。

③垂直绿化的攀缘植物依照墙体附着情况确定。

④具有相应抗性的种类。

⑤适应栽植地养护管理条件。

⑥改善栽植地条件后可以正常生长的、具有特殊意义的种类。

绿化用地的栽植土壤应符合下列规定。

①栽植土层厚度符合相关标准的数值，且无大面积不透水层。

②废弃物污染程度不致影响植物的正常生长。

③酸碱度适宜。

④物理性质符合表 13-15 的规定。

表 13-15　土壤物理性质指标

指　标	土层深度范围（cm）	
	0～30	30～110
质量密度（g/cm^2）	1.17～1.45	1.17～1.45
总孔隙度（%）	＞45	45～52
非毛管孔隙度（%）	＞10	10～20

⑤凡栽植土壤不符合以上各款规定的应进行土壤改良。

铺装场地内的树木其成年期的根系伸展范围应采用透气性铺装。

以突出生态效益和景观效益为原则，根据不同植物对基质厚度的要求，通过适当的微地形处理或对种植池栽植进行绿化。屋顶绿化植物基质厚度要求见表13-16。

表 13-16   屋顶绿化植物基质厚度要求

植物类型	规格（m）	基质厚度（cm）
小型乔木	$H=2.0\sim2.5$	≥60
大灌木	$H=1.5\sim2.0$	50～60
小灌木	$H=1.0\sim1.5$	30～50
草本、地被植物	$H=0.2\sim1.0$	10～30

利用丰富的植物色彩来渲染建筑环境，适当增加色彩明快的植物种类，丰富建筑整体景观。

植物配置以复层结构为主，由小型乔木、灌木和草坪、地被植物组成。本地常用和引种成功的植物应占绿化植物的80%以上。

（2）简单式屋顶绿化。

①绿化以低成本、低养护为原则，所用植物的滞尘和控温能力要强。

②根据建筑自身条件，尽量达到植物种类多样，绿化层次丰富，生态效益突出的效果。

2. 植物选择原则

（1）遵循植物多样性和共生性原则，以生长特性和观赏价值相对稳定、滞尘控温能力较强的本地常用和引种成功的植物为主。

（2）以低矮灌木、草坪、地被植物和攀援植物为主，原则上不用大型乔木，有条件时可少量种植小型耐旱乔木。

（3）应选择根须发达的植物，不宜选用根系穿刺性较强的植物，防止植物根系穿透建筑防水层。

（4）选择易移植、耐修剪、耐粗放管理、生长缓慢的植物。

（5）选择抗风、耐旱、耐高温的植物。

（6）选择抗污性强，可耐受、吸收、滞留有害气体或污染物质的植物。

（7）华北地区屋顶绿化部分植物种类参考见表13-17。

表 13-17 屋顶绿化部分植物种类

种类	特性	种类	特性
油松	阳性,耐旱,耐寒;观树形	玉兰*	阳性,稍耐阴;观花、叶
华山松*	耐阴;观树形	垂枝榆	阳性,极耐旱;观树形
白皮松	阳性,稍耐阴;观树形	紫叶李	阳性,稍耐阴;观花、叶
西安桧	阳性,稍耐阴;观树形	柿树	阳性,耐旱;观果、叶
龙柏	阳性,不耐盐碱;观树形	七叶树*	阳性,耐半阴,观树形、叶
桧柏	偏阴性;观树形	鸡爪槭*	阳性,喜湿润;观叶
龙爪槐	阳性,稍耐阴;观树形	樱花*	喜阳;观花
银杏	阳性,耐旱;观树形、叶	海棠类	阳性,稍耐阴;观花、果
栾树	阳性,稍耐阴;观枝叶果	山楂	阳性,稍耐阴;观花
珍珠梅	喜阴;观花	碧桃类	阳性;观花
大叶黄杨*	阳性,耐阴,较耐旱;观叶	迎春	阳性,稍耐阴;观花、叶、枝
小叶黄杨	阳性,稍耐阴;观叶	紫薇*	阳性;观花、叶
凤尾丝兰	阳性;观花、叶	金银木	耐阴;观花、果
金叶女贞	阳性,稍耐阴;观叶	果石榴	阳性,耐半阴;观花、果、枝
红叶小檗	阳性,稍耐阴;观叶	紫荆*	阳性,耐阴;观花、枝
矮紫杉*	阳性,观树形	平枝枸子	阳性,耐半阴;观果、叶、枝
连翘	阳性,耐半阴;观花、叶	海仙花	阳性,耐半阴;观花
榆叶梅	阳性,耐寒,耐旱;观花	黄栌	阳性,耐半阴,耐旱;观花、叶
紫叶矮樱	阳性、观花、叶	锦带花类	阳性;观花
郁李*	阳性,稍耐阴;观花、果	天目琼花	喜阴;观果
寿星桃	阳性,稍耐阴;观花、叶	流苏	阳性,耐半阴;观花、枝
丁香类	稍耐阴;观花、叶	海州常山	阳性,耐半阴;观花、果
棣棠*	喜半阴;观花、叶、枝	木槿	阳性,耐半阴;观花
红瑞木	阳性,观花、果、枝	腊梅*	阳性,耐半阴;观花
月季类	阳性;观花	黄刺玫	阳性,耐寒,耐旱;观花
大花绣球*	阳性,耐半阴;观花	猬实	阳性;观花

乔木、灌木

续表

种 类	特 性	种 类	特 性
玉簪类	喜阴,耐寒、耐热;观花、叶	大花秋葵	阳性,观花
马蔺	阳性;观花、叶	小菊类	阳性;观花
石竹类	阳性,耐寒;观花、叶	芍药*	阳性,耐半阴;观花、叶
随意草	阳性;观花	鸢尾类	阳性,耐半阴;观花、叶
铃兰	阳性,耐半阴;观花、叶	萱草类	阳性,耐半阴;观花、叶
荚果蕨*	耐半阴;观叶	五叶地锦	喜阴湿;观叶;可匍匐栽植
白三叶	阳性,耐半阴;观叶	景天类	阳性,耐半阴,耐旱;观花、叶
小叶扶芳藤	阳性,耐半阴;观叶;可匍匐栽植	常春藤*	阳性,耐半阴;观叶;可匍匐栽植
砂地柏	阳性,耐半阴;观叶	台尔曼忍冬*	阳性,耐半阴;观花、叶;可匍匐栽植

地被植物

注:加"*"为在屋顶绿化中,需一定小气候条件下栽植的植物。

三、屋顶绿化施工

1. 屋顶绿化施工操作程序

(1) 花园式屋顶绿化。花园式屋顶绿化施工流程如图 13-5 所示。

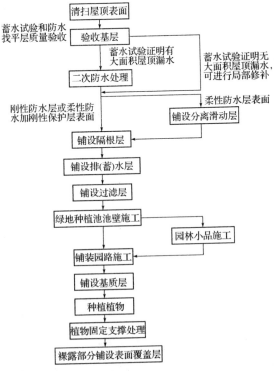

图 13-5 花园式屋顶绿化施工流程示意图

（2）简单式屋顶绿化。简单式屋顶绿化施工流程如图 13-6 所示。

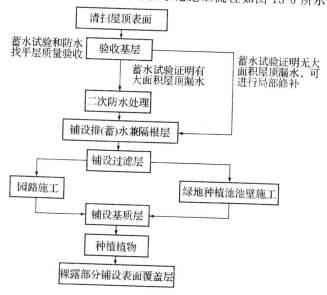

图 13-6　简单式屋顶绿化施工流程示意图

2. 屋顶绿化种植区构造及施工

（1）屋顶绿化种植区构造层剖面示意图如图 13-7 所示。

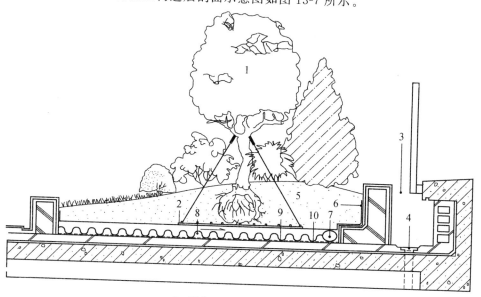

1—乔木；2—地下树木支架；

3—与围护墙之间留出适当间隔或围护墙防水层高度与基质上表面间距不小于 15cm；

4—排水口；5—基质层；6—隔离过滤层；7—渗水管；8—排（蓄）水层；9—隔根层；10—分离滑动层。

图 13-7　屋顶绿化种植区构造层剖面示意图

（2）屋顶绿化种植区构造层施工要求。

①植被层。通过移栽、铺设植生带和播种等形式种植的各种植物，包括小型乔木、灌木、草坪、地被植物、攀援植物等。屋顶绿化植物种植方法如图 13-8 和图 13-9 所示。

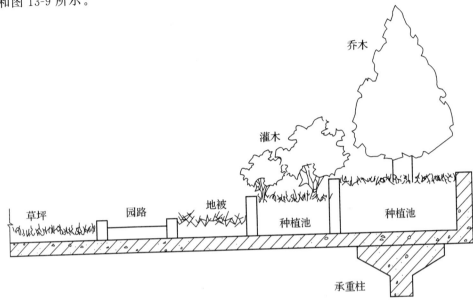

图 13-8　屋顶绿化植物种植池处理方法示意图

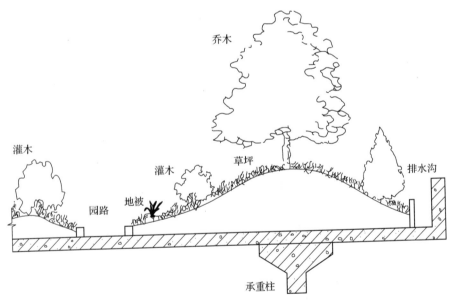

图 13-9　屋顶绿化植物种植微地形处理方法示意图

②基质层。基质层是指满足植物生长条件，具有一定的渗透性能、蓄水能力和空间稳定性的轻质材料层。

基质的理化性状要求见表 13-18。

表 13-18　基质的理化性状要求

理化性状	要　求
湿密度	$450\sim1300$ kg/m³
非毛管孔隙度	>10%
pH 值	$7.0\sim8.5$
含盐量	<0.12%
含氮量	>1.0 g/kg
含磷量	>0.6 g/kg
含钾量	>17 g/kg

基质主要包括改良土和超轻量基质两种类型。改良土由田园土、排水材料、轻质骨料和肥料混合而成；超轻量基质由表面覆盖层、栽植育成层和排水保水层三部分组成。目前常用的改良土与超轻量基质的理化性状见表 13-19。

表 13-19　常用改良土与超轻量基质的理化性状

理化指标		改良土	超轻量基质
密度（kg/m³）	干密度	$550\sim900$	$120\sim150$
	湿密度	$780\sim1300$	$450\sim650$
导热系数		0.5	0.35
内部孔隙度		5%	20%
总孔隙度		49%	70%
有效水分		25%	37%
排水速率（mm/h）		42	58

基质配制。屋顶绿化基质荷重应根据湿密度进行核算，不应超过 1300kg/m³。常用的基质类型和配制比例参见表 13-20，可在建筑荷载和基质荷重允许的范围内，根据实际情况酌情配比。

表 13-20 常用基质类型和配制比例参考

基质类型	主要配比材料	配制比例	湿密度（kg/m³）
改良土	田园土，轻质骨料	1：1	1200
	腐叶土，蛭石，砂土	7：2：1	780～1000
	田园土，草炭，蛭石和肥	4：3：1	1100～1300
	田园土，草炭，松针土，珍珠岩	1：1：1：1	780～1100
	田园土，草炭，松针土	3：4：3	780～950
	轻砂壤土，腐殖土，珍珠岩，蛭石	2.5：5：2：0.5	1100
	轻砂壤土，腐殖土，蛭石	5：3：2	1100～1300
超轻量基质	无机介质	—	450～650

注：基质湿密度一般为干密度的 1.2～1.5 倍。

③隔离过滤层。一般采用既能透水又能过滤的聚酯纤维无纺布等材料，阻止基质进入排水层。

隔离过滤层铺设在基质层下，搭接缝的有效宽度应达到 10～20cm，并向建筑侧墙面延伸至基质表层下方 5cm 处。

④排（蓄）水层。一般包括排（蓄）水板、陶砾（荷载允许时使用）和排水管（屋顶排水坡度较大时使用）等不同的排（蓄）水形式，用于改善基质的通气状况，迅速排出多余水分，有效缓解瞬时压力，并可蓄存少量水分。

排（蓄）水层铺设在过滤层下，应向建筑侧墙面延伸至基质表层下方 5cm 处，铺设方法如图 13-10 所示。

施工时应根据排水口设置排水观察井，并定期检查屋顶排水系统的通畅情况，及时清理枯枝落叶，防止排水口堵塞造成壅水倒流。

⑤隔根层。一般有合金、橡胶、PE（聚乙烯）和 HDPE（高密度聚乙烯）等材料类型，用于防止植物根系穿透防水层。

隔根层铺设在排（蓄）水层下，搭接宽度不小于 100cm，并向建筑侧墙面延伸 15～20cm。

⑥分离滑动层。一般采用玻纤布或无纺布等材料，用于防止隔根层与防水层材料之间产生粘连现象。

柔性防水层表面应设置分离滑动层；刚性防水层或有刚性保护层的柔性防水层表面，分离滑动层可省略不铺。

分离滑动层铺设在隔根层下。搭接缝的有效宽度应达到 10～20cm，并向建筑侧墙面延伸 15～20cm。

⑦屋面防水层。屋顶绿化防水做法应符合设计要求，达到二级建筑防水标准。

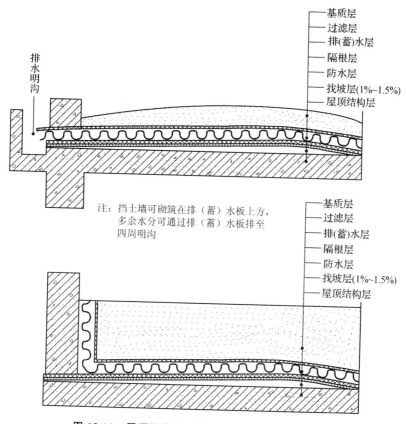

图 13-10　屋顶绿化排（蓄）水板铺设方法示意图

绿化施工前应进行防水检测并及时补漏，必要时做二次防水处理。

宜优先选择耐植物根系穿刺的防水材料。

铺设防水材料应向建筑侧墙面延伸，应高于基质表面 15cm 以上。

3. 园林小品施工

（1）一般要求。

①园林小品设计要与周围环境和建筑物本体风格相协调，适当控制尺度。

②材料选择应质轻、牢固、安全，并注意选择好建筑承重位置。

③与屋顶楼板的衔接和防水处理应在建筑结构设计时统一考虑，或单独做防水处理。

（2）水池。

①屋顶绿化原则上不提倡设置水池，必要时应根据屋顶面积和荷载要求，确定水池的大小和水深。

②水池的荷重可根据水池面积、池壁的重量和高度进行核算。池壁重量可根据使用材料的密度计算。

（3）景石。

①优先选择塑石等人工轻质材料。

②采用天然石材要准确计算其荷重，并应根据建筑层面荷载情况，布置在楼体承重柱、梁之上。

4. 园林铺装与照明系统施工

（1）园路铺装。

①设计手法应简洁大方，与周围环境相协调，追求自然朴素的艺术效果。

②材料选择以轻型、生态、环保、防滑材质为宜。

（2）照明系统。

①花园式屋顶绿化可根据使用功能和要求，适当设置夜间照明系统。

②简单式屋顶绿化原则上不设置夜间照明系统。

③屋顶照明系统应采取特殊的防水、防漏电措施。

5. 植物防风固定技术和养护管理技术

（1）植物防风固定技术。

①种植高于 2m 的植物应采用防风固定技术。

②植物的防风固定方法主要包括地上支撑法和地下固定法，如图 13-11～图 13-14 所示。

1—带有土球的木本植物；2—圆木直径大约 60～80mm，呈三角形支撑架；
3—将圆木与三角形钢板（5mm×25mm×120mm），用螺栓拧紧固定；
4—基质层；5—隔离过滤层；6—排（蓄）水层；7—隔根层；8—屋面顶板。

图 13-11　植物地上支撑示意图（一）

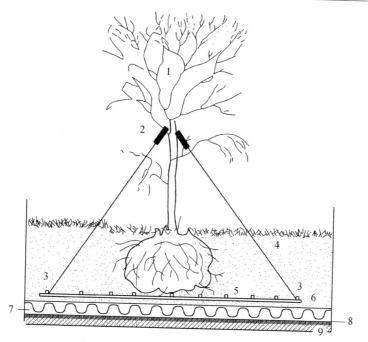

1—带有土球的木本植物；2—三角支撑架与主分支点用橡胶缓冲垫固定；
3—将三角支撑架与钢板用螺栓拧紧固定；4—基质层；5—底层固定钢板；
6—隔离过滤层；7—排（蓄）水层；8—隔根层；9—屋面顶板。

图 13-12　植物地上支撑法示意图（二）

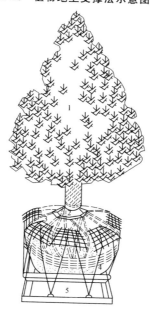

1—带有土球的树木；2—钢板、φ3 螺栓固定；3—扁铁网固定土球；
4—固定弹簧绳；5—固定钢架（依土球大小而定）。

图 13-13　植物地下固定法示意图（一）

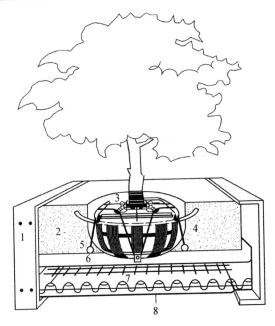

1—种植法；2—基质层；3—钢丝牵索，用螺栓拧紧固定；4—弹性绳索；
5—螺栓与底层钢丝网固定；6—隔离过滤层；7—排（蓄）水层；8—隔根层。

图 13-14 植物地下固定法示意图（二）

（2）养护管理技术。

①浇水。花园式屋顶绿化养护管理，灌溉间隔一般控制在 10～15 天。

简单式屋顶绿化一般基质较薄，应根据植物种类和季节不同，适当增加灌溉次数。

②施肥。应采取控制水肥的方法或生长抑制技术，防止植物生长过旺而加大建筑荷载和维护成本。

植物生长较差时，可在植物生长期内按照 30～50g/m² 的比例，每年施 1～2 次长效氮、磷、钾复合肥。

③修剪。根据植物的生长特性，进行定期整形修剪和除草，并及时清理落叶。

④病虫害防治。应采用对环境无污染或污染较小的防治措施，如人工及物理防治、生物防治、环保型农药防治等措施。

⑤防风防寒。应根据植物抗风性和耐寒性的不同，采取搭风障、支防寒罩和包裹树干等措施进行防风防寒处理。使用材料应具备耐火、坚固、美观的特点。

⑥灌溉设施：

宜选择滴灌、微喷、渗灌等灌溉系统。

有条件的情况下，应建立屋顶雨水和空调冷凝水的收集回灌系统。

第四节　花坛施工

一、施工前的准备

1. 整地

开辟花坛之前，一定要先整地，将土壤深翻 40～50cm，挑出草根、石头及其他杂物。如果栽植深根性花木，还要翻得更深一些；如土质很坏，则应全都换成好土。根据需要，施加适量肥性平和、肥效长久、经充分腐熟的有机肥作底肥。

绿篱布置

扫码观看本视频

为便于观赏和有利排水，花坛表面应处理成一定坡度，可根据花坛所在位置，决定坡的形状，若从四面观赏，可处理成尖顶状、台阶状、圆丘状等形式；如果只单面观赏，则可处理成一面坡的形式。

花坛的地面，应高出所在地平面，尤其是四周地势较低之处，更应该如此。同时，应作边界，以固定土壤。

2. 定点放线与图案放样

种植花卉的各种花坛（花带、花境等）应按照设计图定点放线，在地面准确画出位置、轮廓线。面积较大的花坛，可用方格线法，按比例放大到地面。

放样时，若要等分花坛表面，可从花坛中心桩牵出几条细线，分别拉到花坛边缘各处，用量角器确定各线之间的角度，就能够将花坛表面等分成若干份。以这些等分线为基准，比较容易放出花坛面上对称、重复的图案纹样。有些比较细小的曲线图样，可先在硬纸板上放样，然后将硬纸板剪成图样的模板，再依照模板把图样画到花坛土面上。

二、花坛边缘石砌筑

1. 基槽施工

沿着已有的花坛边线开挖边缘石基槽，基槽的开挖宽度应比边缘石基础宽 10cm 左右，深度可在 12～20cm 之间。槽底土面要整平、夯实；有松软处要进行加固，不得留下不均匀沉降的隐患。在砌基础之前，槽底还应做一个 3～5cm 厚的粗砂垫层，作基础施工找平用。

2. 矮墙施工

边缘石多以砖砌筑 15～45cm 高的矮墙，其基础和墙体可用 1∶2 水泥砂浆或 M2.5 混合砂浆砌 MU7.5 标准砖做成。矮墙砌筑好之后，回填泥土将基础埋上，并夯实泥土。再用水泥和粗砂配成 1∶2.5 的水泥砂浆，对边缘石的墙面抹面，抹平即可，不可抹光。最后按照设计用磨制花岗石石片、釉面墙地砖等贴面装饰，或者用彩色水磨石、干黏石等方法饰面。

3. 花式施工

对于设计有金属矮栏花饰的花坛，应在边缘石饰面之前安装好。矮栏的柱脚要埋入边缘石，用水泥砂浆浇筑固定。待矮栏花饰安装好后，才进行边缘石的饰面工序。

三、栽植

1. 起苗

（1）裸根苗：应随栽随起，尽量保持根系完整。

（2）带土球苗：如果花圃土地干燥，应事先灌水。起苗时要保持土球完整，根系丰满；如果土壤过于松散，可用手轻轻捏实。起苗后，最好于阴凉处囤放一两天，再运苗栽植。这样，可以保证土壤不松散，又可以缓缓苗，有利于成活。

（3）盆育花苗：栽时最好将盆退去，但应保证盆土不散。也可以连盆栽入花坛。

2. 花苗栽入花坛的基本方式

（1）一般花坛：如果小花苗就具有一定的观赏价值，可以将幼苗直接定植，但应保持合理的株行距；甚至还可以直接在花坛内播花籽，出苗后及时管理。这种方式不仅省人力、物力，而且也有利于花卉的生长。

（2）重点花坛：一般先在花圃内育苗。待花苗基本长成后，于适当时期选择符合要求的花苗栽入花坛内。这种方法比较复杂，各方面的花费也较多，但可以及时发挥效果。

宿根花卉和一部分盆花，也可以按上述方法处理。

3. 栽植方法

（1）在从花圃挖起花苗之前，应先灌水浸湿圃地，起苗时根土才不易松散。同种花苗的大小、高矮应尽量保持一致，过于弱小或过于高大的都不要选用。

（2）花卉栽植时间，在春、秋、冬三季基本没有限制，但夏季的栽种时间最好在上午 11 时之前和下午 4 时以后，要避开太阳暴晒。

（3）花苗运到后，应即时栽种，不要放了很久才栽。栽植花苗时，一般的花坛都从中央开始栽，栽完中部图案纹样后，再向边缘部分扩展栽下去。在单面观赏花坛中栽植时，则要从后边栽起，逐步栽到前边。宿根花卉与一二年生花卉混植时，应先种植宿根花卉，后种植一二年生花卉；大型花坛，宜分区、分块种植。若是模纹花坛和标题式花坛，则应先栽模纹、图线、字形，后栽底面的植物。在栽植同一模纹的花卉时，若植株稍有高矮不齐，应以矮植株为准，对较高的植株则栽得深一些，以保持顶面整齐。立体花坛制作模型后，按上述方法种植。

（4）花苗的株行距应随植株大小高低而定，以成苗后不露出地面为宜。植株小的株行距可为 15cm×15cm；植株中等大小的可为 20cm×20cm～40cm×

40cm；对较大的植株，则可采用 50cm×50cm 的株行距。五色苋及草皮类植物是覆盖型的草类，可不考虑株行距，密集铺种即可。

（5）栽植的深度，对花苗的生长发育有很大的影响，栽植过深，花苗根系生长不良，甚至会腐烂死亡；栽植过浅，则不耐干旱，而且容易倒伏。一般栽植深度，以所埋之土刚好与根茎处相齐为最好。球根类花卉的栽植深度，应更加严格掌握，一般覆土厚度应为球根高度的 1~2 倍。

（6）栽植完成后，要立即浇一次透水，使花苗根系与土壤密切接合，并应保持植株清洁。

四、花坛的管理

1. 浇水

花苗栽好后，要不断浇水，以补充土中水分不足。浇水的时间、次数、灌水量则应根据气候条件及季节的变化灵活掌握。每天浇水时间，一般应安排在上午 10 时前或下午 2—4 时。如果一天只浇一次，则应安排傍晚前后为宜；忌在中午气温正高、阳光直射的时间浇水。浇水量要适度，避免花根腐烂或水量不足；浇水水温要适宜，夏季不能低于 15℃，春秋两季不能低于 10℃。

2. 施肥

草花所需要的肥料，主要依靠整地时所施入的基肥。在定植的生长过程中，也可根据需要，进行几次追肥。追肥时，千万注意不要污染花、叶。施肥后应及时浇水。

对球根花卉不可使用未经充分腐熟的有机肥料，否则会造成球根腐烂。

3. 中耕除草

花坛内发现杂草应及时清除，以免杂草与花苗争肥、争水、争光。另外，为了保持土壤疏松，有利花苗生长，还应经常中耕、松土。但中耕深度要适当，不要损伤花根，中耕后的杂草及残花、败叶要及时清除掉。

4. 修剪

为控制花苗的植株高度，促使茎部分蘖，保证花丛茂密、健壮以及保持花坛整洁、美观，应随时清除残花、败叶，经常修剪，以保持图案明显、整齐。

5. 补植

花坛内如果有缺苗现象，应及时补植，以保持花坛内的花苗完美无缺。补植花苗的品种、规格都应和花坛内的花苗一致。

6. 立支柱

生长高大以及花朵较大的植株，为防止倒伏、折断，应设立支柱，将花茎轻轻绑在支柱上，支柱的材料可用细竹竿或定型塑料杆。有些花朵多而大的植株，除立支柱外，还应用铅丝编成花盘将花朵托住。支柱和花盘都不可影响花坛的观瞻，最好涂以绿色。

7. 防治病虫害

花苗生长过程中，要注意及时防治地上和地下的病虫害，由于草花植株娇嫩，所施用的农药要掌握浓度，避免发生药害。

8. 更换花苗

由于草花生长期短，为了保持花坛经常性的观赏效果，要做好更换花苗的工作。

第五节　草坪的施工与养护

修剪草坪

扫码观看本视频

一、草种选择的步骤

1. 确定草坪建植区的气候类型

（1）确定草坪建植区的气候类型。

（2）分析当地气候特点以及小环境条件。

（3）要以当地气候与土壤条件作为草坪草种选择的生态依据。

2. 决定可供选择的草坪草种

（1）在冷季型草坪草中，草坪型高羊茅抗热能力较强，在我国东部沿海可向南延伸到上海地区，但是向北达到黑龙江南部地区即会产生冻害。

（2）多年生黑麦草的分布范围比高羊茅要小，其适宜范围在沈阳和徐州之间的广大过渡地带。

（3）草地早熟禾则主要分布在徐州以北的广大地区，是冷季型草坪草中抗寒性最强的草种之一。

（4）正常情况下，多数紫羊茅类草坪草在北京以南地区难以度过炎热的夏季。

（5）暖季型草坪草中，狗牙根适宜在黄河以南的广大地区栽植，但狗牙根种内抗寒性变异较大。

（6）结缕草是暖季型草坪草中抗寒性较强的草种，沈阳地区有天然结缕草的广泛分布。

（7）野牛草是良好的水土保持用草坪草，同时也具有较强的抗寒性。

（8）在冷季型草坪草中，匍匐翦股颖对土壤肥力要求较高，而细羊茅较耐瘠薄；暖季型草坪草中，狗牙根对土壤肥力要求高于结缕草。

3. 选择具体的草坪草种

（1）草种选择要以草坪的质量要求和草坪的用途为出发点。

①用于水土保持和护坡的草坪，要求草坪草出苗快，根系发达，能快速覆盖地面，以防止水土流失，但对草坪外观质量要求较低，管理粗放，在北京地区高羊茅和野牛草均可选用。

②对于运动场草坪，则要求有低修剪、耐践踏和再恢复能力强的特点，由于草地早熟禾具有发达的根茎，耐践踏和再恢复能力强，是运动场草坪的最佳选择。

（2）要考虑草坪建植地点的微环境。

①在遮阴情况下，可选用耐阴草种或混合种。

②多年生黑麦草、草地早熟禾、狗牙根、日本结缕草不耐阴，高羊茅、匍匐翦股颖、马尼拉结缕草在强光照条件下生长良好，但也具有一定的耐阴性。

③钝叶草、细羊茅则可在树阴下生长。

（3）管理水平对草坪草种的选择也有很大影响。

管理水平包括技术水平、设备条件和经济水平三个方面。许多草坪草在低修剪时需要较高的管理技术，同时也需用较高级的管理设备。例如匍匐翦股颖和改良狗牙根等草坪草质地细，可形成致密的高档草坪，但养护管理需要滚刀式剪草机、较多的肥料，需要及时灌溉和进行病虫害防治，因而养护费用也较高。选用结缕草时，养护管理费用会大大降低，这在较缺水的地区尤为明显。

二、施工前的准备

1. 场地清理

（1）在有树木的场地上，要全部或者有选择地把树和灌丛移走，也要把影响下一步草坪建植的岩石、碎砖瓦块以及所有对草坪草生长不利的因素清除掉，还要控制草坪建植中或建植后可能与草坪草竞争的杂草。

（2）对木本植物进行清理，包括树木、灌丛、树桩及埋藏树根的清理。

（3）清除裸露石块、砖瓦等。在35cm以内表层土壤中，不应当有大的砾石瓦块。

2. 翻耕

（1）面积大时，可先用机械犁耕，再用圆盘犁耕，最后耙地。

（2）面积小时，用旋耕机耕一两次也可达到同样的效果，一般耕深10～15cm。

（3）耕作时要注意土壤的含水量，土壤过湿或太干都会破坏土壤的结构。看土壤水分含量是否适于耕作，可用手紧握一小把土，然后用大拇指使之破碎，如果土块易于破碎，则说明适宜耕作。土太干会很难破碎，太湿则会在压力下形成泥条。

3. 整地

（1）为了确保整出的地面平坦，使整个地块达到所需的高度，按设计要求，每相隔一定距离设置木桩标记。

（2）填充土壤松软的地方，土壤会沉实下降，填土的高度要高出所设计的高度，用细质土壤充填时，大约要高出15％；用粗质土时可低些。

（3）在填土量大的地方，每填30cm就要镇压，以加速沉实。

（4）为了使地表水顺利排出场地中心，体育场草坪应设计成中间高、四周低的地形。

（5）地形之上至少需要 15cm 厚的覆土。

（6）进一步整平地面坪床，同时也可把底肥均匀地施入表层土壤中。

①在种植面积小、大型设备工作不方便的场地上，常用铁耙人工整地。为了提高效率，也可用人工拖耙耙平。

②种植面积大，应用专用机械来完成。与耕作一样，细整也要在适宜的土壤水分范围内进行，以保证良好的效果。

4. 土壤改良

土壤改良是把改良物质加入土壤中，从而改善土壤理化性质的过程。保水性差、养分贫乏、通气不良等都可以通过土壤改良得到改善。

大部分草坪草适宜的 pH 值在 6.5～7.0 之间。土壤过酸过碱，一方面会严重影响养分有效性，另一方面，有些矿质元素含量过高会对草坪草产生毒害，从而大大降低草坪质量。因此，对过酸过碱的土壤要进行改良。对过酸的土壤，可通过施用石灰来降低酸度。对于过碱的土壤，可通过加入硫酸镁等来调节。

5. 排水及灌溉系统

草坪与其他场地一样，需要考虑排除地面水，因此，最后平整地面时，要结合地面排水问题考虑，不能有低凹处，以避免积水。做成水平面也不利于排水。草坪多利用缓坡来排水。在一定面积内修一条缓坡的沟道，其最低下的一端可设雨水口接纳排出的地面水，并经地下管道排走，或以沟直接与湖池相连。理想的平坦草坪的表面应是中部稍高，逐渐向四周或边缘倾斜。建筑物四周的草坪应比房基低 5cm，然后向外倾斜。

地形过于平坦的草坪或地下水位过高或聚水过多的草坪、运动场的草坪等均应设置暗管或明沟排水，最完善的排水设施是用暗管组成一系统与自由水面或排水管网相连接。

草坪灌溉系统是兴造草坪的重要项目。目前国内外草坪大多采用喷灌，为此，在场地最后整平前，应将喷灌管网埋设完毕。

6. 施肥

若土壤养分贫乏和 pH 值不适，在种植前有必要施用底肥和土壤改良剂。施肥量一般应根据土壤测定结果来确定，土壤施用肥料和改良剂后，要通过耙、旋耕等方式把肥料和改良剂翻入土壤一定深度并混合均匀。

在细整地时一般还要对表层土壤施用少量氮肥和磷肥，以促进草坪幼苗的发育。苗期浇水频繁，速效氮肥容易淋洗，为了避免氮肥在未被充分吸收之前出现淋失，一般不把它翻到深层土壤中，同时要对灌水量进行适当控制。施用速效氮肥时，一般种植前施氮量为 $50\sim80\mathrm{kg/hm^2}$，对较肥沃土壤可适当减少，较瘠薄土壤可适当增加。如有必要，出苗两周后再追施 $25\mathrm{kg/hm^2}$。施用氮肥要十分小心，用量过大会将子叶烧坏，导致幼苗死亡。喷施时要等到叶片干后进行，施后应立即喷水。如果施的是缓效性氮肥，施肥量一般是速效氮肥用量的 2～3 倍。

三、种植

1. 种子建植建坪方法

（1）播种时间。主要根据草种与气候条件来决定。播种草籽自春季至秋季均可进行。在冬季不过分寒冷的地区，以早秋播种为最好，此时土温较高，根部发育好，耐寒力强，有利于越冬。如在初夏播种，冷季型草坪草的幼苗常因受热和干旱而不易存活。同时，夏季生杂草也会与冷季型草坪草发生激烈竞争，而且夏季前根系生长不充分，抗性差。反之，如果播种延误至晚秋，较低的温度会不利于种子的发芽和生长，幼苗越冬时出现发育不良、缺苗、霜冻和随后的干燥脱水会使幼苗死亡。最理想的情况是在冬季到来之前，新植草坪已成坪，草坪草的根和匍匐茎纵横交错，这样才具有抵抗霜冻和土壤侵蚀的能力。

在晚秋之前来不及播种时，有时可用休眠（冬季）播种的方法来建植冷季型草坪草，土壤温度稳定在 10℃ 以下时播种。这种方法应用适当的覆盖物进行保护。

在有树荫的地方建植草坪，由于光线不足，采取休眠（冬季）播种的方法且春季播种建植比秋季要好。草坪草可在树叶较小、光照较好的阶段生长。当然在有树遮阴的地方种植草坪，所选择的草坪品种应适于弱光照条件，否则生长将受到影响。

在温带地区，暖季型草坪草最好是在春末和初夏之间播种。只要土壤温度达到适宜发芽温度时即可进行。在冬季来临之前，草坪已经成坪，具备了较好的抗寒性，有利于安全越冬。秋季土壤温度较低，不宜播种暖季型草坪草。晚夏播种虽有利于暖季型草坪草的发芽，但形成完整草坪所需的时间往往不够。播种晚了，草坪草根系发育不完善，植株不成熟，冬季常发生冻害。

（2）播种量。播种量的多少受多种因素限制，包括草坪草种类及品种、发芽率、环境条件、苗床质量、播后管理水平和种子价格等。一般由两个基本要素决定：生长习性和种子大小。每个草坪草种的生长特性各不相同。匍匐茎型和根茎型草坪草一旦发育良好，其蔓伸能力将强于母体。因此，相对低的播种量也能够达到所要求的草坪密度，成坪速度要比种植丛生型草坪草快得多。草地早熟禾具有较强的根茎生长能力，在草地早熟禾草皮生产中，播种量常低于推荐的正常播种量。

（3）播种方法。

①撒播法。播种草坪草时要求把种子均匀地撒于坪床上，并把它们混入6mm深的表土中。播深取决于种子大小，种子越小，播种越浅。播得过深或过浅都会导致出苗率低。如播得过深，在幼苗进行光合作用和从土壤中吸收营养元

素之前，胚胎内储存的营养不能满足幼苗的营养需求而导致幼苗死亡。播得过浅，没有充分混合时，种子会被地表径流冲走、被风刮走或发芽后干枯。

②喷播法。喷播是一种把草坪草种子、覆盖物、肥料等混合后加入液流中进行喷射播种的方法。喷播机上安装了大功率、大出水量单嘴喷射系统，把预先混合均匀的种子、胶黏剂、覆盖物、肥料、保湿剂、染色剂和水的浆状物，通过高压喷到土壤表面。施肥、播种与覆盖一次操作完成，特别适宜陡坡场地，如高速公路、堤坝等大面积草坪的建植。该方法中，混合材料选择及其配比是保证播种质量效果的关键。喷播使种子留在表面，不能与土壤混合直接滚压，通常需要在上面覆盖植物（秸秆或无纺布）才能获得满意的效果。当气候干旱、土壤水分蒸发太大、太快时，应及时喷水。

③后期管理。播种后应及时喷水，水点要细密、均匀，从上而下慢慢浸透地面。第1～2次喷水量不宜太大；喷水后应检查，如发现草籽被冲出时，应及时覆土埋平。两遍水后则应加大水量，经常保持土壤潮湿，喷水不可间断。这样，经一个多月时间，就可以形成草坪了。此外，还应注意围护，防止有人践踏，否则会造成出苗严重不齐。

2. 营养体建植建坪方法

（1）草皮铺栽法。这种方法的主要优点是形成草坪的速度快，可以在任何时候（北方封冻期除外）进行，且栽后管理容易，缺点是成本高，并要求有丰富的草源。质量良好的草皮均匀一致、无病虫、杂草，根系发达，在起卷、运输和铺植操作过程中不会散落，并能在铺植后1～2周内扎根。起草皮时，厚度应该越薄越好，所带土壤以1.5～2.5cm为宜，草皮中无或有少量枯草层形成。也可以把草皮上的土壤洗掉以减轻重量，促进扎根，减少草皮土壤与移植地土壤质地差异较大而引起土壤层次形成的问题。

典型的草皮块一般长度为60～180cm，宽度为20～45cm。有时在铺设草皮面积很大时会采用大草皮卷。通常是以平铺、折叠或成卷运送草皮。为了避免草皮（特别是冷季型草皮）受热或脱水而造成损伤，起卷后应尽快铺植，一般要求在24～48h内铺植好。草皮堆积在一起，由于草皮植物呼吸产出的热量不能排出，使温度升高，能导致草皮损伤或死亡。在草皮堆放期间，气温高、叶片较长、植株体内含氮量高、病害、通风不良等都可加重草皮发热产生的危害。为了尽可能减少草皮发热，用人工方法进行真空冷却效果十分明显，但费用会大大提高。

草皮的铺栽方法常见的有下列三种。

①无缝铺栽，是不留间隔全部铺栽的方法。草皮紧连，不留缝隙，相互错缝，要求快速造成草坪时常使用这种方法。草皮的需要量和草坪面积相同（100%），如图13-15（a）所示。

②有缝铺栽，各块草皮相互间留有一定宽度的缝进行铺栽。缝的宽度为

4～6cm，当缝宽为 4cm 时，草皮应占草坪总面积的 70％以上。如图 13-15（b）所示。

③方格形花纹铺栽，草皮的需用量只需占草坪面积的 50％，建成草坪较慢。如图 13-15（c）所示。注意密铺应互相衔接不留缝，密铺间隙应均匀，并填以种植土。草块铺设后应滚压、灌水。

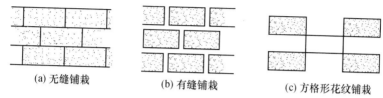

(a) 无缝铺栽　　　(b) 有缝铺栽　　　(c) 方格形花纹铺栽

图 13-15　草坪的铺栽方法

铺草皮时，要求坪床潮而不湿。如果土壤干燥，温度高，应在铺草皮前稍微浇水，润湿土壤，铺后立即灌水。坪床浇水后，人或机械不可在上行走。

铺设草皮时，应把所铺的相接草皮块调整好，使相邻草皮块首尾相接，尽量减少由于收缩而出现的裂缝。要把各个草皮块与相邻的草皮块紧密相接，并轻轻夯实，以便与土壤均匀接触。在草皮块之间和各暴露面之间的裂缝用过筛的土壤填紧，这样可减少新铺草皮的脱水问题。填缝隙的土壤应不含杂草种子，这样可把杂草减少到最低限度。当把草皮块铺在斜坡上时，要用木桩固定，等到草坪草充分生根，并能够固定草皮时再移走木桩。如坡度大于 10％，每块草皮钉两个木桩即可。

（2）直栽法。

①栽植正方形或圆形的草坪块。草坪块的大小约为 5cm×5cm，栽植行间距为 30～40cm，栽植时应注意使草坪块上部与土壤表面齐平。常用此方法建植草坪的草坪草有结缕草，但也可用于其他多匍匐茎或强根茎草坪草。

②把草皮分成小的草坪束，按一定的间隔尺寸栽植。这一过程一般可以用人工完成，也可以用机械完成。机械直栽法是采用带有正方形刀片的旋筒把草皮切成草坪草束，通过机器进行栽植，这是一种高效的种植方法，特别适用于不能用种子建植的大面积草坪中。

③采用在果岭通气打孔过程中得到的多匍匐茎的草坪草束（如狗牙根和匍匐翦股颖）来建植草坪。把这些草坪草束撒在坪床上，经过滚压使草坪草束与土壤紧密接触和坪面平整。由于草坪草束上的草坪草易于脱水，因而要经常保持坪床湿润，直到草坪草长出足够的根系为止。

（3）枝条匍茎法。枝条和匍匐茎是单株植物或者是含有几个节的植株的一部分，节上可以长出新的植株。插枝条法通常的做法是把枝条种在条沟中，相距15～30cm，深 5～7cm。每根枝条要有 2～4 个节，栽植过程中，要在条沟填土后使一部分枝条露出土壤表层。插入枝条后要立刻滚压和灌溉，以加速草坪草的恢复和生长。也可使用直栽法中使用的机械来栽植，它把枝条（而非草坪块）成束地送入机器的滑槽内，并且自动地种植在条沟中。有时也可直接把枝条放在土壤表面，然后用扁棍把枝条插入土壤中。插枝条法主要用来建植有匍匐茎的暖季型草坪草，但也能用于匍匐翦股颖草坪的建植。

匍茎法是指把无性繁殖材料（草坪草匍匐茎）均匀地撒在土壤表面，然后再覆土和轻轻滚压的建坪方法。一般在撒匍匐茎之前喷水，使坪床土壤潮而不湿。用人工或机械把打碎的匍匐茎均匀撒到坪床上，而后覆土，使草坪草匍匐茎部分覆盖，或者用圆盘犁轻轻耙过，使匍匐茎部分地插入土壤中。轻轻滚压后立即喷水，保持湿润，直至匍匐茎扎根。

四、草坪的修剪

1. 草坪修剪的作用、高度和修剪频率

（1）修剪的作用。

①修剪的草坪显得均一、平整而更加美观，提高了草坪的观赏性。草坪若不修剪，草坪草容易出现生长参差不齐的现象，会降低其观赏价值。

②在一定的条件下，修剪可以维持草坪草在一定的高度下生长，增加分蘖，促进横向匍匐茎和根茎的发育，增加草坪密度。

③修剪可抑制草坪草的生殖生长，提高草坪的观赏性和运动功能。

④修剪可以使草坪草叶片变窄，提高草坪草的质地，使草坪更加美观。

⑤修剪能够抑制杂草的入侵，减少杂草种源。

⑥正确的修剪还可以增加草坪抵抗病虫害的能力。修剪有利于改善草坪的通风状况，降低草坪冠层温度和湿度，从而减少病虫害发生的机会。

（2）修剪的高度。草坪实际修剪高度是指修剪后的植株茎叶高度。草坪修剪应遵守 1/3 原则，即每次修剪时，剪掉部分的高度不能超过草坪草茎叶自然高度的 1/3。每一种草坪草都有其特定的耐修剪高度范围，这个范围常常受草坪草种及品种生长特性、草坪质量要求、环境条件、发育阶段、草坪利用强度等诸多因素的影响，根据这些因素可以大致确定某一草种的耐修剪高度范围，见表 13-21。多数情况下，在这个范围内可以获得令人满意的草坪质量。

表 13-21　主要草坪草的参考修剪高度（个别品种除外）

草　种	修剪高度（cm）	草　种	修剪高度（cm）
巴哈雀稗	5.0～10.2	地毯草	2.5～5.0
普通狗牙根	2.1～3.8	假俭草	2.5～5.0
杂交狗牙根	0.6～2.5	钝叶草	5.1～7.6
结缕草	1.3～5.0	多年生黑麦草 *	3.8～7.6

续表

草　种	修剪高度（cm）	草　种	修剪高度（cm）
匍匐翦股颖	0.3～1.3	高羊茅	3.8～7.6
细弱翦股颖	1.3～2.5	沙生冰草	3.8～6.4
细羊茅	3.8～7.6	野牛草	1.8～7.5
草地早熟禾	3.8～7.6 *	格兰马草	5.0～6.4

注：* 某些品种可忍受更低的修剪高度。

（3）修剪频率。修剪频率是指在一定的时期内草坪修剪的次数，修剪频率主要取决于草坪草的生长速率和对草坪的质量要求。冷季型庭院草坪草在温度适宜和保证水分的春、秋两季生长旺盛，每周可能需要修剪两次，而在高温胁迫的夏季生长受到抑制，每两周修剪一次即可；相反，暖季型草坪草在夏季生长旺盛，需要经常修剪，在温度较低、不适宜生长的其他季节则需要减少修剪频率。

①对草坪的质量要求越高，养护水平越高，修剪频率也越高。

②不同草种的草坪其修剪频率也不同。

③表13-22给出几种不同用途草坪的修剪频率和次数，仅供参考。

表 13-22　草坪修剪的频率及次数

应用场所	草坪草种类	修剪频率（次/月）			年修剪次数
		4～6 月	7～8 月	9～11 月	
庭院	细叶结缕草 翦股颖	1 2～3	2～3 8～9	1 2～3	5～6 15～20
公园	细叶结缕草 翦股颖	1 2～3	2～3 8～9	1 2～3	10～15 20～30
竞技场、校园	细叶结缕草、 狗牙根	2～3	8～9	2～3	20～30
高尔夫球场发球台	细叶结缕草	1	16～18	13	30～35
高尔夫球场果岭区	细叶结缕草 翦股颖	38 51～64	34～43 25	38 51～64	110～120 120～150

2. 草坪修剪机械

（1）滚刀式剪草机。剪草装置由带有刀片的滚筒和固定的底刀组成，滚筒的形状像一个圆柱形鼠笼，切割刀呈螺旋形安装在圆柱表面上。滚筒旋转时，把叶片推向底刀，产生一个逐渐切割的滑动剪切将叶片剪断，剪下的草屑被甩

（2）滚刀式剪草机。由于滚刀剪草机的工作原理类似于剪刀的剪切，只要保持刀片锋利，剪草机调整适当，其剪草质量是几种剪草机中最佳的。滚刀式剪草机主要有手推式、坐骑式和牵引式。

缺点是对具有硬质穗和茎秆的禾本科草坪草的修剪存在一定困难；无法修剪某些具有粗质穗部的暖季型草坪草；无法修剪高度超过 10.2～15.2cm 的草坪草；价格较高。因此，只有在具有相对平整表面的草坪上使用滚刀式剪草机才能获得最佳的效果。

（3）旋刀式剪草机。主要部件是横向固定在直立轴末端上的刀片。剪草原理是通过高速旋转的刀片将叶片水平切割下来，为无支撑切割，类似于镰刀的切割作用，修剪质量不能满足较高要求的草坪。旋刀式剪草机主要有气垫式、手推式和坐骑式。

缺点是不宜用于修剪低于 2.5cm 的草坪草，因为难以保证修剪质量。当旋刀式剪草机遇到跨度较小的土墩或坑洼不平地面时，由于高度不一致极易出现"剪秃"现象；刀片高速旋转，易造成安全事故。

（4）甩绳式剪草机。它是割灌机附加功能的实现，即将割灌机工作头上的圆锯条或刀片用尼龙绳或钢丝代替，高速旋转的绳子与草坪茎叶接触时将其击碎从而实现剪草的目的。

这种剪草机主要用于高速公路路边绿化草坪、护坡护堤草坪以及树干基部、雕塑、灌木、建筑物等与草坪临界的区域。在这些地方其他类型的剪草机难以使用。

缺点是操作人员要熟练掌握操作技巧，否则容易损伤树木和灌木的韧皮部以及出现"剪秃"现象，而且转速要控制适中，否则容易出现"拉毛"现象或硬物飞弹伤人事故。更换甩绳或排除缠绕时应先切断动力。

（5）甩刀式剪草机。构造类似于旋刀式剪草机，但工作原理与连枷式剪草机相似。它的主要工作部件是横向固定于直立轴上的圆盘形刀盘，刀片（一般为偶数个）对称地铰接在刀盘边缘上。工作时旋转轴带动刀盘高速旋转，离心力使刀片崩直，端部以冲击力切割草坪草茎叶。由于刀片与刀盘铰接，当碰到硬物时可以避让而不致损坏机械并降低伤人的可能性。

缺点是剪草机无刀离合装置，草坪密度较大和生长较高情况下，启动机械有一定阻力，而且修剪质量较差，容易出现"拉毛"现象。

（6）连枷式剪草机。刀片铰接或用铁链连接在旋转轴或旋转刀盘上，工作时旋转轴或刀盘高速旋转，离心力使刀片崩直，端部以冲击力切割草坪茎叶。由于刀片与刀轴或刀盘铰接，当碰到硬物时可以避让而不致损坏机器。连枷式剪草机适用于杂草和灌木丛生的绿地，能修剪 30cm 高的草坪。

缺点是研磨刀片很费时间，而且修剪质量也较差。

（7）气垫式剪草机。工作部分一般也采用旋刀式，特殊的部分在于它是靠安装在刀盘内的离心式风机和刀片高速转动产生的气流形成气垫托起剪草机修剪，托起的高度就是修剪高度。气垫式剪草机没有行走机构，工作时悬浮在草坪上方，特别适合修剪地面起伏不平的草坪。

3. 修剪准备和修剪操作

（1）修剪准备。

①修剪机的检查。检查机油的状态，机油量是否达到规定加注体积，小于最小加注量时要及时补加，大于最大加注量时要及时倒出；检查机油颜色，如果为黑色或有明显杂质应及时更换规定标准的机油，一般累计工作时间达 25～35h 更换机油一次，新机器累计工作 5h 后更换新机油。更换机油要在工作一段时间或工作完毕后，将剪草机移至草坪外，趁热更换，此时，杂质和污物很好地溶解于机油中，有利于更换。废机油要妥善处理，多余的机油要擦干净，千万不要将机油滴在草坪上，否则将导致草坪草死亡。

检查汽油的状态，汽油量不足时要及时加注，但不要超过标识，超过部分用虹吸管吸出。发动机发热时，禁止向油箱里加汽油，要等发动机冷却后再加。汽油变质要完全吸出更换，否则容易阻塞化油器。所有操作都应移至草坪外进行。

检查空气滤清器是否需要清理，纸质部分用真空气泵吹净，海绵部分用肥皂水清洗晾干，均匀滴加少许机油，增强过滤效果。若效果不佳，应及时更换新滤清器（一般一年左右）。

检查轮子旋转是否同步顺畅，某些剪草机轮轴需要加注黄油。检查轮子是否在同一水平面上，并调节修剪高度。

检查甩绳式剪草机尼龙绳伸出工作头的长度，过短需延长。工作头中储存的尼龙绳不足时应更换，尼龙绳的缠绕方向及方法对修剪效果及工作头的使用寿命影响很大，要由专业人员演示。更换甩绳或排除缠绕时应先切断动力。

②修剪前，要对草坪中的杂物进行认真清理，拣除草坪中的石块、玻璃、钢丝、树枝、砖块、钢筋、铁管、电线及其他杂物等，并对喷头、接头等处进行标记。

③操作剪草机时，应穿戴较厚的工作服和平底工作鞋，佩戴耳塞减轻噪声。尤其是在操作甩绳式剪草机时，一定要佩戴手套和护目镜或一体式安全帽。

④机器启动后仔细倾听发动机的工作声音，如果声音异常立即停机检查，注意检查时将火花塞拔掉，防止意外启动。

（2）修剪操作。

①一般先绕目标草坪外围修剪 1～2 圈，这有利于在修剪中间部分时机器的调头，防止机器与边缘硬质砖块、水泥路等碰撞损坏机器，以及防止操作人员意外摔倒。

②剪草机工作时，不要移动集草袋（斗）或侧排口。集草袋长时间使用会由于草屑汁液与尘土混合，导致通风不畅影响草屑收集效果，因此要定期清理集草袋。

不要等集草袋太满才倾倒草屑，否则也会影响草屑收集效果或遗漏草屑于草坪上。

③在坡度较小的斜坡上剪草时，手推式剪草机要横向行走，坐骑式剪草机则要顺着坡度上下行走，坡度过大时要应用气垫式剪草机。

④在工作途中需要暂时离开剪草机时，务必要关闭发动机。

⑤具有刀离合装置的剪草机，在开关刀离合时，动作要迅速，这有利于延长传动皮带或齿轮的寿命。对于具有刀离合装置的手推式剪草机，如果已经将目标草坪外缘修剪 1～2 周，由于机身小则在每次调头时，尽量不要关闭刀离合，以延长其使用寿命，但要时刻注意安全。

⑥剪草时操作人员要保持头脑清醒，时刻注意前方是否有遗漏的杂物，以免损坏机器。长时间操作剪草机要注意休息，切忌心不在焉。剪草机工作时间也不应过长，尤其是在炎热的夏季要防止机体过热，影响其使用寿命。

⑦旋刀式剪草机在刀片锋利、自走速度适中、操作规范的情况下仍然出现"拉毛"象，则可能是由于发动机转速不够，可由专业维修人员调节转速以达到理想的修剪效果。

⑧剪草机的行走速度过快，滚刀式剪草机会形成"波浪"现象，旋刀式剪草机会出现"圆环"状，从而严重影响草坪外观和修剪质量。

⑨对于甩绳式剪草机，操作人员要熟练掌握操作技巧，否则容易损伤树木和旁边的花灌木以及出现"剪秃"的现象，而且转速要控制适中，否则容易出现"拉毛"现象或硬物飞溅伤人事故。不要长时间使油门处于满负荷工作状态，以免机器过早磨损。

⑩手推式剪草机一般向前推，尤其在使用自走时切忌向后拉，否则，有可能伤到操作人员的脚。

⑪修剪后的注意事项。

草坪修剪完毕，要将剪草机置于平整地面，拔掉火花塞进行清理。

放倒剪草机时要从空气滤清器的另一侧抬起，确保放倒后空气滤清器置于发动机的最高处，防止机油倒灌淹灭火花塞火花，造成无法启动。

清除发动机散热片和启动盘上的杂草、废渣和灰尘（特别是化油器旁的散热片很容易堵塞，要用钢丝清理）。因为这些杂物会影响发动机的散热，导致发动机过热而损坏。但不要用高压水雾冲洗发动机，可用真空气泵吹洗。

清理刀片和机罩上的污物，清理甩绳式剪草机的发动机和工作头。

每次清理要及时彻底，为以后清理打下良好的基础。清理完毕后，检查剪草机的启动状况，一切正常后入库存放于干净、干燥、通风、温度适宜的地方。

五、草坪的施肥

1. 草坪生长所需的营养元素

在草坪草的生长发育过程中必需的营养元素有碳（C）、氢（H）、氧（O）、氮（N）、磷（P）、钾（K）、钙（Ca）、镁（Mg）、硫（S）、铁（Fe）、锰（Mn）、铜（Cu）、锌（Zn）、硼（B）、钼（Mo）、氯（Cl）等 16 种。草坪草的生长对每一种元素的需求量有较大差异，通常按植物对每种元素需求量的多少，将营养元素分为三组，即大量元素、中量元素和微量元素，参见表 13-23。

无论是大量、中量还是微量营养元素，只有在适宜的含量和适宜的比例时才能保证草坪草的正常生长发育。根据草坪草的生长发育特性，进行科学的、合理的养分供应，即按需施肥，才能保证草坪各种功能的正常发挥。

表 13-23 草坪草生长所需要的营养元素

分 类	元素名称	化学符号	有效形态
大量元素	氮	N	NH_4^+，NO_3^-
	磷	P	HPO_4^{2-}，$H_2PO_4^-$
	钾	K	K^+
中量元素	钙	Ca	Ca^{2+}
	镁	Mg	Mg^{2+}
	硫	S	SO_4^{2-}
微量元素	铁	Fe	Fe^{2+}，Fe^{3+}
	锰	Mn	Mn^{2+}
	铜	Cu	Cu^{2+}
	锌	Zn	Zn^{2+}
	钼	Mo	MoO_4^{2-}
	氯	Cl	Cl^-
	硼	B	$H_2BO_3^-$

2. 合理施肥

草坪施肥是草坪养护管理的重要环节。通过科学施肥，不但为草坪草生长提供所需的营养物质，还可增强草坪草的抗逆性，延长绿色期，维持草坪应有的功能。

对草坪质量的要求决定肥料的施用量和施用次数。对草坪质量要求越高，所需的养分供应也越高。如运动场草坪、高尔夫球场果岭、发球台和球道草坪以及作为观赏用草坪对质量要求较高，其施肥水平也比一般绿地及护坡草坪要高得多。表 13-24 和表 13-25 分别列出了暖季型草坪草和冷季型草坪草作为不同用途时对氮素的需求状况，以供参考。

表 13-24　不同暖季型草坪草对氮素的需求状况

暖季型草坪草	每个生长月的需氮量（kg/hm²）		
中文名	一般绿地草坪	运动场草坪	需氮情况
美洲雀稗	0.0～9.8	4.9～24.4	低
普通狗牙根	9.8～19.5	19.5～34.2	低～中
杂交狗牙根	19.5～29.3	29.3～73.2	中～高
格兰马草	0.0～14.6	9.8～19.5	很低
野牛草	0.0～14.6	9.8～19.5	很低
假俭草	0.0～14.6	14.6～19.5	很低
铺地狼尾草	9.8～14.6	14.6～29.3	低～中
海滨雀稗	9.8～19.5	19.5～39.0	低～中
钝叶草	14.6～24.2	19.5～29.3	低～中
普通结缕草	4.9～14.6	14.6～24.4	低～中
改良结缕草	9.8～14.6	14.6～29.3	低～中

表 13-25　不同冷季型草坪草对氮素的需求状况

冷季型草坪草	每个生长月的需氮量（kg/hm²）		
中文名	一般绿地草坪	运动场草坪	需氮情况
碱茅	0.0～9.8	9.8～19.5	很低
一年生早熟禾	14.6～24.4	19.5～39.0	低～中
加拿大早熟禾	0.0～9.8	9.8～19.5	很低
细弱翦股颖	14.6～24.4	19.5～39.0	低～中
匍匐翦股颖	14.6～29.3	14.6～48.8	低～中
邱氏羊茅	9.8～19.5	14.6～24.4	低
匍匐紫羊茅	9.8～19.5	14.6～24.4	低
硬羊茅	9.8～19.5	14.6～24.4	低
普通草地早熟禾	4.9～14.6	9.8～29.3	低～中

冷季型草坪草中文名	每个生长月的需氮量（kg/hm²）		
	一般绿地草坪	运动场草坪	需氮情况
改良品种	14.6～19.5	19.5～39.0	中
多年生黑麦草	9.8～19.5	19.5～34.2	低～中
粗茎早熟禾	9.8～19.5	19.5～34.2	低～中
高羊茅	9.8～19.5	14.6～34.2	低～中
冰草	4.9～9.8	9.8～24.4	低

3. 草坪施肥方案

（1）主要目标。

①补充并消除草坪草缺乏的养分。

②平衡土壤中各种养分。

③保证特定场合、特定用途草坪的质量水平，包括密度、色泽、生理指标和生长量。此外，施肥还应该尽可能地将养护成本和潜在的环境问题降至最低。因此，制定合理的施肥方案，提高养分利用率，不论对草坪草本身还是对经济和环境都十分重要。

（2）施肥量确定。

①草种类型和所要求的质量水平。

②气候状况（温度、降雨等）。

③生长季长短。

④土壤特性（质地、结构、紧实度、pH 有效养分等）。

⑤灌水量。

⑥碎草是否移出。

⑦草坪用途等。

气候条件和草坪生长季节的长短也会影响草坪需肥量的多少。在我国南方和北方地区气候条件差异较大，温度、降雨、草坪草生长季节的长短都存在很大不同，甚至栽培的草种也完全不同。因此，施肥量计划的制订应依据其具体条件加以调整。

（3）施肥时间。

①对于暖季型草坪草来说，在打破春季休眠之后，以晚春和仲夏时节施肥较为适宜。

②第一次施肥可选用速效肥，但夏末秋初施肥要小心，以防止草坪草受到冻害。

③对于冷季型草坪草而言，春、秋季施肥较为适宜，仲夏应少施肥或不施

肥。晚春施用速效肥应十分小心，虽这时速效氮肥促进了草坪草快速生长，但有时会导致草坪抗性下降而不利于越夏。这时如选用适宜释放速度的缓释肥可能会帮助草坪草经受住夏季高温高湿的胁迫。

（4）施肥次数。

根据草坪养护管理水平。草坪施肥的次数或频率常取决于草坪养护管理水平，并应考虑以下因素。

①对于每年只施用一次肥料的低养护管理草坪，冷季型草坪草每年秋季施用，暖季型草坪草在初夏施用。

②对于中等养护管理的草坪，冷季型草坪草在春季与秋季各施肥一次，暖季型草坪草在春季、仲夏、秋初各施用一次即可。

③对于高养护管理的草坪，在草坪草快速生长的季节，无论是冷季型草坪草还是暖季型草坪草至少每月施肥一次。

④当施用缓效肥时，施肥次数可根据肥料缓效程度及草坪反应作适当调整。

少量多次施肥方法。少量多次的施肥方法在那些草坪草生长基质为砂性土壤、降水丰沛、易发生氮渗漏的种植地区或季节非常实用。少量多次施肥方法特别适宜在下列情况下采用。

①在保肥能力较弱的砂质土壤上或雨量丰沛的季节。

②以砂为基质的高尔夫球场和运动场。

③夏季有持续高温胁迫的冷季型草坪草种植区。

④处于降水丰沛或湿润时间长的气候区。

⑤采用灌溉施肥的地区。

六、草坪的灌溉

1. 水源与灌水方法

（1）水源没有被污染的井水、河水、湖水、水库存水、自来水等均可作灌水水源。目前城市"中道水"作绿地灌溉用水。随着城市中绿地不断增加，用水量大幅度上升，给城市供水带来很大的压力。"中道水"不失为一种可靠的水源。

（2）灌水方法有地面漫灌、喷灌和地下灌溉等。地面漫灌是最简单的方法，其优点是简单易行，缺点是耗水量大，水量不够均匀，坡度大的草坪不能使用。采用这种灌溉方法的草坪表面应相当平整，且具有一定的坡度，理想的坡度是0.5%～1.5%。这样的坡度用水量最经济，但大面积草坪要达到以上要求较为困难，因而有一定的局限性。

喷灌是使用喷灌设备令水像雨水一样淋到草坪上。其优点是能在地形起伏变化大的地方或斜坡使用，灌水量容易控制，用水经济，便于自动化作业。主要缺点是建造成本高。但此法仍为目前国内外采用最多的草坪灌水方法。

地下灌溉是靠毛细管作用从根系层下面设的管道中的水由下向上供水。此法可避免土壤紧实，并使蒸发量及地面流失量减到最低程度。节省水是此法最突出的优点。然而由于设备投资大，维修困难，因而使用此法灌水的草坪甚少。

2. 灌水时间

在生长季节，根据不同时期的降水量及不同的草种适时灌水是极为重要的。一般可分为 3 个时期。

（1）返青到雨季前。这一阶段气温高，蒸腾量大，需水量大，是一年中最关键的灌水时期。根据土壤保水性能的强弱及雨季来临的时期可灌水 2～4 次。

（2）雨季基本停止灌水。这一时期空气湿度较大，草的蒸腾量下降，而土壤含水量已提高到足以满足草坪生长需要的水平。

（3）雨季后至枯黄前。这一时期降水量少，蒸发量较大，而草坪仍处于生命活动较旺盛阶段，与前两个时期相比，这一阶段草坪需水量显著提高，如不能及时灌水，不但影响草坪生长，还会引起提前枯黄进入休眠。在这一阶段，可根据情况灌水 4～5 次。此外，在返青时灌返青水，在北方封冻前灌封冻水也都是必要的。草种不同，对水分的要求不同，不同地区的降水量也有差异。因而，应根据气候条件与草坪植物的种类来确定灌水时期。

3. 灌水量

每次灌水的水量应根据土质、生长期、草种等因素来确定。以湿透根系层、不发生地面径流为原则。

七、杂草及病害控制

1. 杂草控制

在新建植的草坪中，很容易出现杂草。大部分除草剂对幼苗的毒性比成熟草坪草的毒性大。有些除草剂还会抑制或减慢无性繁殖材料的生长。因此，大部分除草剂要推迟到绝对必要时才能施用，以便留下充足的时间使草坪成坪。在第一次修剪前，对于耐受能力一般的草坪草也不要施用萌后型的 2，4—D、二甲四氯和麦草畏等。由于阔叶性杂草幼苗期对除草剂比成熟的草敏感，使用量可以减半，这样可以尽量减小对草坪草的危险性。在新铺的草坪中，需要用萌前除草剂来防治春季和夏季出现于草坪草之间缝隙中的杂草马唐等。但是，为了避免抑制根系的生长，要等到种植后 3～4 周才能施用。如果有多年生恶性杂草出现，但不成片时，在这些地方就要尽快用草甘膦点施。如果蔓延范围直径达到 10～15cm，应在这些地方重新播种。

2. 草坪病害

过于频繁的灌溉和太大的播种量造成的草坪群体密度过大，也容易引起病害发生。因而，控制灌溉次数和控制草坪群体密度可避免大部分苗期病害。一般情况下，建议使用拌种处理过的种子。如用甲霜灵处理过的种子可以控制枯萎病病菌。当诱发病害的条件出现时，可于草坪草萌发后施用农药来预防或抑制病害的发生。

　　在新建草坪中，蝼蛄常在幼苗期危害草坪。当这种昆虫处于活动期时，可把苗株连根拔起，以及挖洞导致土壤干燥，严重损坏草坪。蚂蚁的危害主要限于移走草坪种子，使蚁穴周围缺苗。常用的方法是播种后立即掩埋草种或撒毒饵驱赶害虫。

第十四章

园林供电工程

第一节　架空线路及杆上电气设备安装

一、安装前的准备

1. 定位

架空线路的架设位置既要考虑到地面道路照明、线路与两侧建筑物和树木之间的安全距离，以及接户线接引等因素，又要顾及到电杆杆坑和拉线坑下有无地下管线，且要留出必要的各种地下管线检修移位时因挖土防电杆倒伏的位置，只有这样才能满足功能要求，也是安全可靠的。因而在架空线路施工时，线路方向及杆位、拉线坑位的定位是关键工作，如不依据设计图纸位置埋桩确认，后续工作是无法展开的。因此，应在线路方向和杆位及拉线坑位测量埋桩后，经检查确认后才能挖掘杆坑和拉线坑。

园路照明

扫码观看本视频

2. 核图

杆坑、拉线坑的深度和坑型，关系到线路抗倒伏能力，所以应按设计图纸或施工大样图的规定进行验收，经检查确认后才能立杆和埋设拉线盘。

3. 交接试验

杆上高压电气设备和材料均要按分项工程中的具体规定进行交接试验合格才能通电。即高压电气设备和材料不经试验不准通电。至于在安装前还是安装后试验，可视具体情况而定。通常的做法是在地面试验再安装就位，但要注意在安装的过程中不应使电气设备和材料受到撞击和破损，尤其是注意防止电瓷部件的损坏。

4. 架空线路绝缘检查

主要是以目视检查，检查的目的是要查看线路上有无树枝、风筝和其他杂物悬挂在上面，采用单相冲击试验合格后，经检查无误后才能三相同时通电。这一操作是为了检查每相对地绝缘是否可靠，在单相合闸的涌流电压作用下是否会击穿绝缘，如首次贸然三相同时合闸通电，万一发生绝缘击穿，事故的危害后果要比单相合闸绝缘击穿大得多。

5. 相位检查

架空线路的相位检查确认后，才能与接户线连接。这样才能使接户线在接电时不致接错，不使单相 220V 入户的接线，错接成 380V 入户的接线，也可对有相序要求的保证相序正确，同时对三相负荷的均匀分配也有好处。

二、电杆埋设

（1）架空线路的杆型、拉线设计及埋设深度。在施工设计时是依据所在地的气象条件、土壤特性、地形情况等因素加以考虑决定的。埋设深度是否足够，涉及线路的抗风能力和稳固性。太深会使材料浪费。

（2）单回路的配电线路。单回路的配电线路，电杆埋深不应小于表 14-1 所列数值。一般电杆的埋深基本上（除 15m 杆以外）可为电杆高度的 1/10 加 0.7m；拉线坑的深度不宜小于 1.2m。

电杆坑、拉线坑的深度允许偏差，应不深于设计坑深 100mm、不浅于设计坑深 50mm。

表 14-1　电杆埋设深度　　　　　　　　　　（单位：m）

杆高	8	9	10	11	12	13	15
埋深	1.50	1.60	1.70	1.80	1.90	2.00	2.30

三、横担安装

1. 横担安装技术要求

（1）横担的安装应根据架空线路导线的排列方式而定，具体要求如下。

①钢筋混凝土电杆使用 U 型抱箍安装水平排列导线横担。在杆顶向下量 200mm，安装 U 型抱箍，用 U 型抱箍从电杆背部抱过杆身，抱箍螺扣部分应置于受电侧，在抱箍上安装好 M 型抱铁，在 M 型抱铁上再安装横担，在抱箍两端各加一个垫圈用螺母固定，先不要拧紧螺母，留有调节的余地，待全部横担装上后再逐个拧紧螺母。

②电杆导线进行三角排列时，杆顶支持绝缘子应使用杆顶支座抱箍。由杆顶向下量取 150mm，使用 Ω 型支座抱箍时，应将角钢置于受电侧，将抱箍用 M16×70 方头螺栓，穿过抱箍安装孔，用螺母拧紧固定。安装好杆顶抱箍后，再安装横担。横担的位置由导线的排列方式来决定，导线采用正三角排列时，横担距离杆顶抱箍为 0.8m；导线采用扁三角排列时，横担距杆顶抱箍为 0.5m。

（2）横担安装应平整，安装偏差不应超过下列规定数值。

①横担端部上下歪斜：20mm。

②横担端部左右扭斜：20mm。

（3）带叉梁的双杆组立后，杆身和叉梁均不应有鼓肚现象。叉梁铁板、抱箍与主杆的连接牢固、局部间隙不应大于 50mm。

（4）导线水平排列时，上层横担距杆顶不宜小于 200mm。

（5）10kV 线路与 35kV 线路同杆架设时，两条线路导线之间垂直距离不应小于 2m。

（6）高、低压同杆架设的线路，高压线路横担应在上层。架设同一电压等级的不同回路导线时，应把线路弧垂较大的横担放置在下层。

（7）同一电源的高、低压线路宜同杆架设。为了维修和减少停电，直线杆横担数不宜超过 4 层（包括路灯线路）。

2. 绝缘子的安装规定

（1）安装绝缘子时，应清除表面灰土、附着物及不应有的涂料，还应根据要求进行外观检查和测量绝缘电阻。

（2）安装绝缘子采用的闭口销或开口销不应有断、裂缝等现象。工程中使用的闭口销比开口销具有更多的优点，当装入销口后，能自动弹开，不需将销尾弯成 45°，当拔出销孔时，也比较容易。它具有销住可靠、带电装卸灵活的特点。当采用开口销时应对称开口，开口角度应为 30°～60°。工程中严禁用线材或其他材料代替闭口销和开口销。

（3）绝缘子在直立安装时，顶端顺线路歪斜不应大于 10mm；在水平安装时，顶端宜向上翘起 5°～15°，顶端顺线路歪斜应不大于 20mm。

（4）转角杆安装瓷横担绝缘子，顶端竖直安装的瓷横担支架应安装在转角的内角侧（瓷横担绝缘子应装在支架的外角侧）。

（5）全瓷式瓷横担绝缘子的固定处应加软垫。

四、导线架设

1. 导线架设技术要求

导线架设时，线路的相序排列应统一，对设计、施工、安全运行都是有利的，高压线路面向负荷，从左侧起，导线排列相序为 L1、L2、L3 相；低压线路面向负荷，从左侧起，导线排列相序为 L1、N、L2、L3 相。电杆上的中性线（N）应靠近电杆，如线路沿建筑物架设时，应靠近建筑物。

（1）架空线路应沿道路平行敷设，并应避免通过各种起重机频繁活动地区，尽可能减少同其他设施的交叉和跨越建筑物。

（2）架空线路导线的最小截面如下。

6～10kV 线路：铝绞线，居民区 35mm²；非居民区 25mm²。

钢芯铝绞线，居民区 25mm²；非居民区 16mm²。

铜绞线，居民区 16mm²；非居民区 16mm²。

1kV 以下线路：铝绞线 16mm²。

钢芯铝绞线 16mm²。

钢绞线 10mm²（绞线直径 3.2mm）。

但 1kV 以下线路与铁路交叉跨越档处，铝绞线最小截面应为 35mm²。

（3）6～10kV 接户线的最小截面如下。

铝绞线 25mm^2。

铜绞线 16mm^2。

（4）接户线对地距离，不应小于的数值如下。

6～10kV 接户线 4.5m。

低压绝缘接户线 2.5m。

（5）跨越道路的低压接户线至路中心的垂直距离不应小于的数值如下。

通车道路 6m。

通车困难道路、人行道 3.5m。

（6）架空线路的导线与建筑物之间的距离不应小于表 14-2 所列数值。

表 14-2　导线与建筑物间的最小距离　（单位：m）

线路经过地区	线路电压	
	6～10 kV	＜1 kV
线路跨越建筑物垂直距离	3	2.5
线路边线与建筑物水平距离	1.5	1

注：架空线不应跨越屋顶为易燃材料的建筑物，对于耐火屋顶的建筑物也不宜跨越。

（7）架空线路的导线与道路行道树间的距离不应小于表 14-3 所列数值。

表 14-3　导线与街道行道树间的最小距离　（单位：m）

线路经过地区	线路电压	
	6～10 kV	＜1 kV
线路跨越行道树在最大弧垂情况的最小垂直距离	1.5	1
线路边线在最大风偏情况与行道树的最小水平距离	2	1

（8）架空线路的导线与地面的距离不应小于表 14-4 所列数值。

表 14-4　导线与地面的最小距离　（单位：m）

线路经过地区	线路电压	
	6～10 kV	＜1 kV
居民区	6.5	6
非居民区	5.5	5
交通困难地区	4.5	4

注：1. 居民区指工业企业地区、港口、码头、市镇等人口密集地区；

　　2. 非居民区指居民区以外的地区，均属非居民区；有时虽有人，有车到达，但房屋稀少，亦属非居民区；

　　3. 交通困难地区指车辆不能到达的地区。

（9）架空线路的导线与山坡、峭壁、岩石之间的距离，在最大计算风偏情况下，不应小于表 14-5 所列数值。

表 14-5　导线与山坡、岩石间的最小净空距离 （单位：m）

线路经过地区	线路电压	
	6～10 kV	<1 kV
步行可以到达的山坡	4.5	3
步行可以到达的山坡、峭壁和岩石	1.5	1

（10）架空线路与甲类火灾危险的生产厂房，甲类物品库房及易燃、易爆材料堆场，以及可燃或易燃液（气）体贮罐的防火间距，不应小于电杆高度的 1.5 倍。

（11）在离海岸 5km 以内的沿海地区或工业区，视腐蚀性气体和尘埃产生腐蚀作用的严重程度，选用不同防腐性能的防腐型钢芯铝绞线。

2. 紧线

紧线前应先做好耐张杆、转角杆和终端杆的本身拉线，然后再分段紧线。首先，将导线的一端套在绝缘子上固定好，再在导线的另一端开始紧线工作。

在展放导线时，导线的展放长度应比档距长度略有增加，平地时一般可增加 2%；山地可增加 3%。还应尽量在一个耐张段内，导线紧好后再剪断导线，避免造成浪费。

在紧线前，在一端的耐张杆上，先把导线的一端在绝缘子上做终端固定，然后在另一端用紧线器紧线。

紧线前在紧线段耐张杆受力侧除有正式拉线外，还应装设临时拉线。一般可用钢丝绳或具有足够强度的钢线，拴在横担的两端，以防紧线时横担发生偏扭。待紧完导线并固定好以后，才可拆除临时拉线。

紧线时在耐张段操作端，直接或通过滑轮组来牵引导线，使导线收紧后，再用紧线器夹住导线。

根据每次同时紧线的架空导线根数，紧线方式有单线法、双线法、三线法等，施工时可根据具体条件采用。

紧线方法有两种：一种是导线逐根均匀收紧，另一种是三线同时收紧或两线同时收紧，后一种方法紧线速度快，但需要有较大的牵引力，如利用卷扬机或绞磨的牵引力等。紧线时，一般应做到每根电杆上有人，以便及时松动导线，使导线接头能顺利地越过滑轮和绝缘子。

一般中小型铝绞线和钢芯铝绞线可用紧线钳紧线，先将导线通过滑轮组，用人力初步拉紧，然后将紧线钳上钢丝绳松开，固定在横担上，另一端夹住导线（导线上包缠麻布）。紧线时，横担两侧的导线应同时收紧，以免横担受力不均而歪斜。

五、杆上电气设备安装

1. 安装要求

杆上电气设备安装应牢固可靠；电气连接应接触紧密；不同金属连接应有过渡措施；瓷件表面光洁，无裂缝、破损等现象。

2. 变压器及变压器台安装

①其水平做倾斜不大于台架根开的1/100；一、二次引线排列整齐、绑扎牢固；油枕、油位正常，外壳干净。

②接地可靠，接地电阻值符合规定；套管压线螺栓等部件齐全；呼吸孔道畅通。

3. 跌落式熔断器安装

①要求各部分零件完整；转轴光滑灵活，铸件不应有裂纹、砂眼锈蚀。

②瓷件良好，熔丝管不应有吸潮膨胀或弯曲现象。

③熔断器安装牢固、排列整齐，熔管轴线与地面的垂线夹角为15°~30°。

④熔断器水平相间距离不小于500mm；操作时灵活可靠，接触紧密。

⑤合熔丝管时上触头应有一定的压缩行程；上、下引线压紧；与线路导线的连接紧密可靠。

4. 断路器和负荷开关安装

①其水平倾斜不大于担架长度的1/100。

②引线连接紧密，当采用绑扎连接时，长度不小于150mm。

③外壳干净，不应有漏油现象，气压不低于规定值；操作灵活，分、合位置指示正确可靠；外壳接地可靠，接地电阻值符合规定。

5. 隔离开关

①杆上隔离开关的瓷件良好，操作机构动作灵活，隔离刀刃合闸时接触紧密，分闸后应有不小于200mm的空气间隙；与引线的连接紧密可靠。

②水平安装的隔离刀刃分闸时，宜使静触头带电。

③三相运动隔离开关的三相隔离刀刃应分、合同期。

6. 避雷器的瓷套与固定抱箍之间加垫层

安装排列整齐、高低一致；相间距离为：1~10kV 时，不小于 350mm；1kV 以下时，不小于 150mm。避雷器的引线短而直、连接紧密，采用绝缘线时，其截面要求如下。

①引上线：铜线不小于 16mm²，铝线不小于 25mm²。

②引下线：铜线不小于 25mm²，铝线不小于 35mm²，引下线接地可靠，接地电阻值符合规定。与电气部分连接，不应使避雷器产生外加应力。

7. 低压熔断器和开关安装

要求各部分接触应紧密，便于操作。低压保险丝（片）安装要求无弯折、压偏、伤痕等现象。

8. 变压器中性点

①与接地装置引出干线直接连接。

②由接地装置引出的干线，以最近距离直接与变压器中性点（N 端子）可靠连接，以确保低压供电系统可靠、安全地运行。

第二节　变压器安装

一、变压器安装准备

1. 基础验收

（1）轨道水平误差不应超过 5mm。

（2）实际轨距不应小于设计轨距，误差不应超过＋5mm。

（3）轨面对设计标高的误差不应超过±5mm。

2. 开箱检查

（1）设备出厂合格证明及产品技术文件应齐全。

（2）设备应有铭牌，型号规格应和设计相符，附件、备件核对装箱单应齐全。

（3）变压器、电抗器外表无机械损伤，无锈蚀。

（4）油箱密封应良好，带油运输的变压器，油枕油位应正常，油液应无渗漏。

（5）变压器轮距应与设计相符。

（6）油箱盖或钟罩法兰连接螺栓齐全。

（7）充氮运输的变压器及电抗器，器身内应保持正压，压力值不低于 0.01MPa。

3. 器身检查

（1）免除器身检查的条件。当满足下列条件之一时，可不必进行器身检查。

①制造厂规定可不作器身检查者。

②容量为 1000kV·A 及以下、运输过程中无异常情况者。

③就地生产仅作短途运输的变压器、电抗器，如果事先参加了制造厂的器身总装，质量符合要求，且在运输过程中进行了有效的监督，无紧急制动、剧烈震动、冲撞或严重颠簸等异常情况者。

（2）器身检查要求。

①周围空气温度不宜低于 0℃，变压器器身温度不宜低于周围空气温度。当器身温度低于周围空气温度时，应加热器身，宜使其温度高于周围空气温度 10℃。

②当空气相对湿度小于 75% 时，器身暴露在空气中的时间不得超过 16h。

③调压切换装置吊出检查、调整时，暴露在空气中的时间应符合表 14-6 规定。

表 14-6　调压切换装置露空时间

环境温度（℃）	>0	>0	>0	<0
空气相对湿度（%）	<65	65～75	75～85	不控制
持续时间（h）	≤24	≤16	≤10	≤8

④时间计算规定：带油运输的变压器、电抗器，由开始放油时算起；不带油运输的变压器、电抗器，由揭开顶盖或打开任一堵塞算起，到开始抽真空或注油为止。空气相对湿度或露空时间超过规定时，应采取相应的可靠措施。

⑤器身检查时，场地四周应清洁和有防尘措施；雨雪天或雾天，不应在室外进行。

（3）器身检查的主要项目。

①运输支撑和器身各部位应无移动现象，运输用的临时防护装置及临时支撑应予拆除，并经过清点做好记录以备查。

②所有螺栓应紧固，并有防松措施；绝缘螺栓应无损坏，防松绑扎完好。

③铁芯应无变形，铁轭与夹件间的绝缘垫应良好；铁芯应无多点接地；铁芯外引线接地的变压器，拆开接地线后铁芯对地绝缘应良好；打开夹件与铁轭接地片后，铁轭螺杆与铁芯、铁轭与夹件、螺杆与夹件间的绝缘应良好；当铁轭采用钢带绑扎时，钢带对铁轭的绝缘应良好；打开铁芯屏蔽接地引线，检查屏蔽绝缘应良好；打开夹件与线圈压板的连线，检查压钉绝缘应良好；铁芯拉板及铁轭拉带应紧固，绝缘良好（无法打开检查铁芯的可不检查）。

④绕组绝缘层应完整，无缺损、变位现象；各绕组应排列整齐，间隙均匀，油路无堵塞；绕组的压钉应紧固，防止螺母松动，应锁紧。

⑤绝缘围屏绑扎牢固，围屏上所有线圈引出处的封闭应良好。

⑥引出线绝缘包扎紧固，无破损、折弯现象；引出线绝缘距离应合格，固定牢靠，其固定支架应紧固；引出线的裸露部分应无毛刺或尖角，且焊接应良好；引出线与套管的连接应牢靠，接线正确。

⑦无励磁调压切换装置各分接点与线圈的连接应紧固正确；各分接头应清洁，且接触紧密，引力良好；所有接触到的部分，用规格为 0.05mm×10mm 塞尺检查，应塞不进去；转动接点应正确地停留在各个位置上，且与指示器所指位置一致；切换装置的拉杆、分接头凸轮、小轴、销子等应完整无损；转动盘应动作灵活，密封良好。

⑧有载调压切换装置的选择开关、范围开关应接触良好，分接引线应连接正确、牢固，切换开关部分密封良好。必要时抽出切换开关芯子进行检查。

⑨绝缘屏障应完好，且固定牢固，无松动现象。

⑩检查强油循环管路与下轮绝缘接口部位的密封情况；检查各部位应无油泥、水滴和金属屑末等杂物。

注：变压器有围屏时，可不必解除围屏，由于围屏遮蔽而不能检查的项目，可不予检查。

4. 变压器干燥

（1）新装变压器是否干燥判定。

带油运输的变压器及电抗器：

①绝缘油电气强度及微量水试验合格。

②绝缘电阻及吸收比（或极化指数）符合现行国家标准《电气装置安装工程电气设备交接试验标准》（GB 50150—2016）的相应规定。

③介质损耗角正切值 tanδ（%）合格（电压等级在 35kV 以下及容量在 4000kV·A 以下时，可不作要求）。

充气运输的变压器及电抗器：

①器身内压力在出厂至安装前均保持正压。

②残油中微量水不应大于 30×10^{-6}。

③变压器及电抗器注入合格绝缘油后：绝缘油电气强度微量水及绝缘电阻应符合现行国家标准《电气装置安装工程电气设备交接试验标准》（GB 50150—2016）的相应规定。

当器身未能保持正压，而密封无明显破坏时，应根据安装及试验记录全面分析作出综合判断，决定是否需要干燥。

（2）干燥时各部温度监控。

①当为不带油干燥利用油箱加热时，箱壁温度不宜超过 110℃，箱底温度不得超过 100℃，绕组温度不得超过 95℃。

②带油干燥时，上层油温不得超过 85℃。

③热风干燥时，进风温度不得超过 100℃。

④干式变压器进行干燥时，其绕组温度应根据其绝缘等级而定：

A 级绝缘	80℃
B 级绝缘	100℃
E 级绝缘	95℃
F 级绝缘	120℃
H 级绝缘	145℃

⑤干燥过程中，在保持温度不变的情况下，绕组的绝缘电阻下降后再回升，110kV 及以下的变压器、电抗器持续 6h 保持稳定，且无凝结水产生时，可认为干燥完毕。

⑥变压器、电抗器干燥后应进行器身检查，所有螺栓压紧部分应无松动，绝缘表面应无过热等异常情况。如不能及时检查时，应先注以合格油，油温可预热

至 50～60℃，绕组温度应高于油温。

5. 变压器、电抗器就位

变压器、电抗器搬运就位由起重工为主操作，电工配合。搬运最好采用起重机和汽车，如机具缺乏或距离很短而道路又有条件时，也可以用倒链吊装、卷扬机拖运、滚杠运输等。

变压器在吊装时，索具应检查合格。钢丝绳应系在油箱的吊钩上，变压器顶盖上盘的吊环只可作吊芯用，不得用此吊环吊装整台变压器。

变压器就位时，应注意其方法和施工图相符，变压器距墙尺寸按施工图规定，允许偏差为±25mm。图纸无标注时，纵向按轨道定位，横向距墙不小于800mm，距门不小于1000mm，并适当照顾到屋顶吊环的铅垂线位于变压器中心，以便于吊芯。

二、变压器本体及附件安装

1. 冷却装置安装

(1) 冷却装置在安装前应按制造厂规定的压力值用气压或油压进行密封试验，并应符合下列要求。

①散热器可用 0.05MPa 表压力的压缩空气检查，应无漏气；或用 0.07MPa 表压力的变压器油进行检查，持续 30min，应无渗漏现象。

②强迫油循环风冷却器可用 0.25MPa 表压力的气压或油压，持续 30min 进行检查，应无渗漏现象。

③强迫油循环水冷却器用 0.25MPa 表压力的气压或油压进行检查，持续 1h 应无渗漏；水、油系统应分别检查渗漏。

(2) 冷却装置安装前应用合格的绝缘油经净油机循环冲洗干净，并将残油排尽。

(3) 冷却装置安装完毕后应即注满油，以免由于阀门渗漏造成本体油位降低，使绝缘部分露出油面。

(4) 风扇电动机及叶片应安装牢固，并应转动灵活，无卡阻现象；试转时应无震动、过热；叶片应无扭曲变形或与风筒擦碰等情况，转向应正确；电动机的电源配线应采用具有耐油性能的绝缘导线；靠近箱壁的绝缘导线应用金属软管保护；导线排列应整齐；接线盒密封良好。

(5) 管路中的阀门应操作灵活，开闭位置应正确；阀门及法兰连接处应密封良好。

(6) 外接油管在安装前，应进行彻底除锈并清洗干净；管道安装后，油管应涂黄漆，水管涂黑漆，并应有流向标志。

(7) 潜油泵转向应正确，转动时应无异常噪声、震动和过热现象；其密封应良好，无渗油或进气现象。

（8）差压继电器、流速继电器应经校验合格，且密封良好，动作可靠。

（9）水冷却装置停用时，应将存水放尽，以防天寒冻裂。

2. 储油柜（油枕）安装

（1）储油柜安装前应清洗干净，除去污物，并用合格的变压器油冲洗。隔膜式（或胶囊式）储油柜中的胶囊或隔膜式储油柜中的隔膜应完整无破损，并应和储油柜的长轴保持平行、不扭偏。胶囊在缓慢充气胀开后应无漏气现象。胶囊口的密封应良好，呼吸应畅通。

（2）储油柜安装前应先安装油位表，安装油位表时应注意保证放气和导油孔的畅通；玻璃管要完好。油位表动作应灵活，油位表或油标管的指示应与储油柜的真实油位相符，不得出现假油位。油位表的信号接点位置正确，绝缘良好。

（3）储油柜利用支架安装在油箱顶盖上。油枕和支架、支架和油箱均用螺栓紧固。

3. 套管安装

（1）套管在安装前要按下列要求进行检查。

①瓷套管表面应无裂缝、伤痕。

②套管、法兰颈部及均压球内壁应清擦干净。

③套管应经试验合格。

④充油套管的油位指示正常，无渗油现象。

（2）当充油管介质损失角正切值 $\tan\delta$（%）超过标准，且确认其内部绝缘受潮时，应予干燥处理。

（3）高压套管穿缆的应力锥进入套管的均压罩内，其引出端头与套管顶部接线柱连接处应擦拭干净，接触紧密；高压套管与引出线接口的密封波纹盘结构的安装应严格按制造厂的规定进行。

（4）套管顶部结构的密封垫应安装正确，密封应良好，连接引线时，不应使顶部结构松扣。

4. 升高座安装

（1）升高座安装前，应先完成电流互感器的试验；电流互感器出线端子板应绝缘良好，其接线螺栓和固定件的垫块应紧固，端子板应密封良好，无渗油现象。

（2）安装升高座时，应使电流互感器铭牌位置面向油箱外侧，放气塞位置应在升高座最高处。

（3）电流互感器和升高座的中心应一致。

（4）绝缘筒应安装牢固，其安装位置不应使变压器引出线与之相碰。

5. 气体继电器安装（又称外丝继电器）

（1）气体继电器应作密封试验，轻瓦斯动作容积试验，重瓦斯动作流速试验，各项指标合格后，并有合格检验证书方可使用。

（2）气体继电器应水平安装，观察窗应装在便于检查一侧，箭头方向应指向储油箱（油枕），其与连通管连接应密封良好，其内壁应擦拭干净，截油阀应位于储油箱和气体继电器之间。

（3）打开放气嘴，放出空气，直到有油溢出时，将放气嘴关上，以免有空气进入使继电保护器误操作。

（4）当操作电源为直流时，应将电源正极接到水银侧的接点上，接线应正确，接触良好，以免断开时产生飞弧。

6. 干燥器（吸湿器、防潮呼吸器、空气过滤器）安装

（1）检查硅胶是否失效（对浅蓝色硅胶，变为浅红色即已失效；对白色硅胶一律烘烤）。如已失效，应在 115～120℃ 温度下烘烤 8h，使其复原或换新。

（2）安装时，应将干燥器盖子处的橡皮垫取掉，使其畅通，并在盖子中装适量的变压器油，起滤尘作用。

（3）干燥器与储气柜间管路的连接应密封良好，管道应通畅。

（4）干燥器油封油位应在油面线上；但隔膜式储油柜变压器应按产品要求处理（或不到油封，或少放油，以便胶囊易于伸缩呼吸）。

7. 净油器安装

（1）安装前先用合格的变压器油冲洗净油器，然后同安装散热器一样，将净油器与安装孔的法兰连接起来。其滤网安装方向应正确并在出口侧。

（2）将净油器容器内装满干燥的硅胶粒后充油。油流方向应正确。

8. 温度计安装

（1）套管温度计安装，应直接安装在变压器上盖的预留孔内，并在孔内适当加些变压器油，刻度方向应便于观察。

（2）电接点温度计安装前应进行计量检定，合格后方能使用。油浸变压器一次元件应安装在变压器顶盖上的温度计套筒内，并加适当变压器油；二次仪表挂在变压器一侧的预留板上。干式变压器一次元件应按厂家说明书位置安装，二次仪表装在便于观测的变压器护网栏上。软管不得有压扁或死弯，富余部分应盘圈并固定在温度计附近。

（3）干式变压器的电阻温度计，一次元件应预埋在变压器内，二次仪表应安装在值班室或操作台上，温度补偿导线应符合仪表要求，并加以适当的附加温度补偿电阻校验调试后方可使用。

9. 压力释放装置安装

（1）密封式结构的变压器、电抗器，其压力释放装置的安装方向应正确，使喷油口不要朝向邻近的设备，阀盖和升高座内部应清洁，密封良好。

（2）电接点应动作准确，绝缘应良好。

10. 电压切换装置安装

（1）变压器电压切换装置各分接点与线圈的连线应接正确，牢固可靠，其接

触面接触紧密良好，切换电压时，转动触点停留位置正确，并与指示位置一致。

（2）电压切换装置的拉杆、分接头的凸轮、小轴销子等应完整无损，转动盘应动作灵活，密封良好。

（3）电压切换装置的传动机构（包括有载调压装置）的固定应牢靠，传动机构的摩擦部分应有足够的润滑油。

（4）有载调压切换装置的调换开关触头及铜辫子软线应完整无损，触头间应有足够的压力（一般为8～10kg）。

（5）有载调压切换装置转动到极限位置时，应装有机械联锁与带有限开关的电气联锁。

（6）有载调压切换装置的控制箱，一般应安装在值班室或操作台上，联线应正确无误，并应调整好，手动、自动工作正常，档位指示准确。

11. 整体密封检查

（1）变压器、电抗器安装完毕后，应在储油柜上用气压或油压进行整体密封试验，所加压力为油箱盖上能承受 0.03MPa 的压力，试验持续时间为 24h，应无渗漏。油箱内变压器油的温度不应低于 10℃。

（2）整体运输的变压器、电抗器可不进行整体密封试验。

12. 变压器的接地

变压器的接地既有高压部分的保护接地，又有低压部分的工作接地；低压供电系统在建筑电气工程中普遍采用 TN－S 或 TN－C－S 系统，即不同形式的保护接零系统。两者共用同一个接地装置，在变配电室要求接地装置从地下引出的接地干线，以最近的路径直接引至变压器壳体和变压器的中性母线 N（变压器的中性点）及低压供电系统的 PE 干线或 PEN 干线，中间尽量减少螺栓搭接处，决不允许经其他电气装置接地后，串联过来，以确保运行中人身和电气设备的安全。油浸变压器箱体、干式变压器的铁芯和金属件，以及有保护外壳的干式变压器金属箱体，均是电气装置中重要的、经常为人接触的非带电可接近裸露导体，为了人身及动物和设备安全，其保护接地要十分可靠。

接地装置引出的接地干线与变压器的低压侧中性点直接连接；变压器箱体、干式变压器的支架或外壳应接 PE 线。所有连接应可靠，紧固件及防松零件齐全。

三、变压器试验、检查与试运行

1. 变压器的交接试验

变压器安装好后，经交接试验合格，并出具报告后，才具备通电条件。交接试验的内容和要求，即合格的判定条件。

2. 变压器送电前的检查

（1）变压器试运行前应做全面检查，确认符合试运行条件时方可投入运行。

（2）变压器试运行前，应由质量监督部门检查合格。

（3）变压器试运行前的检查内容。

①各种交接试验单据齐全，数据符合要求。

②变压器应清理、擦拭干净，顶盖上无遗留杂物，本体及附件无缺损，且不渗油。

③变压器一、二次引线相位正确，绝缘良好。

④接地线良好。

⑤通风设施安装完毕，工作正常；事故排油设施完好；消防设施齐备。

⑥油浸变压器油系统油门应打开，油门指示正确，油位正常。

⑦油浸变压器的电压切换装置及干式变压器的分接头位置放置正常电压档位。

⑧保护装置整定值符合设计规定要求；操作及联动试验正常。

⑨干式变压器护栏安装完毕。各种标志牌挂好，门装锁。

3. 变压器送电试运行

（1）变压器第一次投入时，可全压冲击合闸，冲击合闸时一般可由高压侧投入。

（2）变压器第一次受电后，持续时间不应少于 10min，无异常情况。

（3）变压器应进行 3～5 次全压冲击合闸，并无异常情况，励磁涌流不应引起保护装置误动作。

（4）油浸变压器带电后，检查油系统不应有渗油现象。

（5）变压器试运行要注意冲击电流，空载电流，一、二次电压和温度，并做好详细记录。

（6）变压器并列运行前，应核对好相位。

（7）变压器空载运行 24h，无异常情况方可投入负荷运行。

第三节　动力照明配电箱（盘）安装

一、弹线定位

1. 安装位置

在照明配电箱（盘）安装的施工过程中，配电箱（盘）的设置位置是十分重要的，位置不正确不但会给安装和维修带来不便，而且安装配电箱还会影响建筑物的结构强度。

2. 弹线定位

根据设计要求找出配电箱（盘）位置，并按照箱（盘）外形尺寸进行弹线定位。配电箱安装底口距地面一般为 1.5m，明装电度表板底口距地面不小于 1.8m。在同一建筑物内，同类箱盘高度应一致，允许偏差为 10mm。为了保证使用安全，配电箱与采暖管距离不应小于 300mm；与给排水管道不应小于 200mm；与煤气管、表不应小于 300mm。

二、配电箱（盘）安装

1. 一般规定

（1）箱（盘）不得采用可燃材料制作。

（2）箱体开孔与导管管径适配，边缘整齐，开孔位置正确，电源管应在左边，负荷管在右边。照明配电箱底边距地面为 1.5m，照明配电板底边距地面不小于 1.8m。

（3）箱（盘）内部件齐全，配线整齐，接线正确无绞接现象。回路编号齐全，标识正确。导线连接紧密，不伤芯线，不断股。垫圈下螺丝两侧压的导线的截面积相同，同一端子上导线连接不多于 2 根，防松垫圈等零件齐全。

箱（盘）内接线整齐，回路编号、标识正确是为方便使用和维修，防止误操作而发生人身触电事故。

（4）配电箱（盘）上电器，仪表应牢固、平正、整洁、间距均匀。铜端子无松动，启闭灵活，零部件齐全。其排列间距应符合表 14-7 的要求。

表 14-7　电器、仪表排列间距要求

间　距	最小尺寸（mm）		
仪表侧面之间或侧面与盘边	60		
仪表顶面或出线孔与盘边	50		
闸具侧面之间或侧面与盘边	30		
插入式熔断器顶面或底面与出线孔	插入式熔断器规格（A）	10～15	20
		20～30	30
		60	50
仪表、胶盖闸顶间或底面与出线孔	导线截面（mm）^{2}	10	80
		16～25	100

（5）箱（盘）内开关动作灵活可靠，带有漏电保护的回路，漏电保护装置的设置和选型由设计确定，保护装置动作电流不大于 30mA，动作时间不大于 0.1s。

（6）照明箱（盘）内，分别设置中性线（N）和保护线（PE）汇流排，N 线和 PE 线经汇流排配出。

因照明配电箱额定容量有大小，小容量的出线回路少，仅 2～3 个回路，可以用数个接线柱（如绝缘的多孔瓷或胶木接头）分别组合成 PE 线和 N 接线排，但决不允许两者混合连接。

（7）箱（盘）安装牢固，安装配电箱箱盖紧贴墙面，箱（盘）涂层完整，配电箱（盘）垂直度允许偏差为 1.5‰。

2. 明装配电箱（盘）的固定

在混凝土墙上固定时，有暗配管及暗分线盒和明配管两种方式。如有分线盒，先将分线盒内杂物清理干净，然后将导线理顺，分清支路和相序，按支路绑扎成束。待箱（盘）找准位置后，将导线端头引至箱内或盘上，逐个剥削导线端头，再逐个压接在器具上。同时将保护地线压在明显的地方，并将箱（盘）调整平直后用钢架或金属膨胀螺栓固定。在电具、仪表较多的盘面板安装完毕后，应先用仪表核对有无差错，调整无误后试送电，并将卡片柜内的卡片填写好部位，编上号。如在木结构或轻钢龙骨护板墙上固定配电箱（盘）时，应采用加固措施。配管在护板墙内暗敷设并有暗接线盒时，要求盒口应与墙面平齐，在木制护板墙处应做防火处理，可涂防火漆进行防护。

3. 暗装配电箱（盘）的固定

在预留孔洞中将箱体找好标高及水平尺寸。稳住箱体后用水泥砂浆填实周边并抹平齐，待水泥砂浆凝固后再安装盘面和贴脸。如箱底与外墙平齐时，应在外墙固定金属网后再做墙面抹灰，不得在箱底板上直接抹灰。安装盘面要求平整，周边间隙均匀对称，贴脸（门）平正，不歪斜，螺栓垂直受力均匀。

三、配电箱（盘）检查与调试

1. 检查

（1）柜内工具、杂物等清理出柜，并将柜体内外清扫干净。

（2）电器元件各紧固螺栓牢固，刀开关、空气开关等操作机构应灵活，不应出现卡滞或操作力过大的现象。

（3）开关电器的通断是否可靠，接触面接触良好，辅助接点通断准确可靠。

（4）电工指示仪表与互感器的变化，极性应连接正确可靠。

（5）母线连接应良好，其绝缘支撑件、安装件及附件应安装牢固可靠。

（6）熔断器的熔芯规格选用是否正确，继电器的整定值是否符合设计要求，动作是否准确可靠。

2. 调试

绝缘电阻摇测，测量母线线间和对地电阻，测量二次结线间和对地电阻，应符合相关现行国家施工验收规范的规定。在测量二次回路电阻时，不应损坏其他半导体元件，摇测绝缘电阻时应将其断开。绝缘电阻摇测时应做记录。

第四节　电缆敷设

一、电缆敷设的施工准备

1. 作业条件

（1）与电缆线路安装有关的建筑物、构筑物的土建工程质量，应符合国家现行的建筑工程施工及验收规范中的有关规定。

（2）电缆线路安装前，土建工作应具备下列条件。

①预埋件符合设计要求，并埋置牢固。

②电缆沟、隧道，竖井及人井孔等处的地坪及抹面工作结束。

③电缆层、电缆沟、隧道等处的施工临时设施、模板及建筑废料等清理干净，施工用道路畅通，盖板齐备。

④电缆线路铺设后，不能再进行土建施工的工程项目应结束。

⑤电缆沟排水畅通。

（3）电缆线路敷设完毕后投入运行前，土建应完成的工作如下。

①由于预埋件补遗、开孔、扩孔等需要而由土建完成的修饰工作。

②电缆室的门窗。

③防火隔墙。

2. 材料（设备）准备

（1）敷设前，应对电缆进行外观检查及绝缘电阻试验。6kV以上电缆应作耐压和泄漏试验。1kV以下电缆用高阻计（摇表）测试，不低于10MΩ。

所有试验均要做好记录，以便竣工试验时作对比参考，并归档。

（2）电缆敷设前应准备好砖、砂，并运到沟边待用。并准备好方向套（铅皮、钢字）标桩。

（3）工具及施工用料的准备。施工前要准备好架电缆的轴辊、支架及敷设用电缆托架，封铅用的喷灯、焊料、抹布、硬脂酸以及木、铁锯，铁剪，8号、16号铅丝，编织的钢丝网套，铁锹、榔头、电工工具，汽油、沥青膏等。

（4）电缆型号、规格及长度均应与设计资料核对无误。电缆不得有扭绞、损伤及渗漏油现象。

（5）电缆线路两端连接的电气设备（或接线箱、盒）应安装完毕或已就位、敷设电缆的通道应无堵塞。

3. 电缆加温

（1）如冬期施工温度低于设计规定时，电缆应先加温，并准备好保温草帘，以便于搬运时电缆保温用。

电缆加热方法通常采用的有两种：一种是室内加热，即在室内或帐篷里，用热风机或电炉提高室内温度使电缆加温；室内温度为25℃时约需1～2昼夜；40℃时需18个小时。另一种是采用电流加热，将电缆线芯通入电流，使电缆本身发热。

用电流法加热时，将电缆一端的线芯短路，并予铅封，以防进入潮气。并经常监控电流值及电缆表面温度。电缆表面温度不应超过下列数值（使用水银温度计）：

3kV及以下的电缆　　40℃；

6～10kV 的电缆　　　　35℃；

20～35kV 的电缆　　　　25℃。

加热后，电缆应尽快敷设。

（2）电缆敷设前，还应进行下列项目的复查。

①支架应齐全，油漆完整。

②电缆型号、电压、规格应符合设计。

③电缆绝缘良好；当对油浸纸绝缘电缆的密封有怀疑时，应进行潮湿判断；直埋电缆与水底电缆应经直流耐压试验合格；充油电缆的油样应试验合格。

④充油电缆的油压不宜低于 0.15MPa。

二、电缆敷设的规定及要求

1. 一般规定

（1）电缆敷设时，不应破坏电缆沟和隧道的防水层。

（2）在三相四线制系统中使用的电力电缆，不应采用三芯电缆另加一根单芯电缆或导线，以及电缆金属护套等作中性线等方式。在三相系统中，不得将三芯电缆中的一芯接地运行。

（3）三相系统中使用的单芯电缆，应组成紧贴的正三角形排列（充油电缆及水底电缆可除外），并且每隔 1m 应用绑带扎牢。

（4）并联运行的电力电缆，其长度应相等。

（5）电缆敷设时，在电缆终端头与电缆接头附近可留有备用长度。直埋电缆尚应在全长上留出少量裕度，并作波浪形敷设。

（6）电缆各支持点间的距离应按设计规定。当设计无规定时，则不应大于表 14-8 中所列数值。

表 14-8　电缆支持点间的距离　　　　　　　　　　　　　　　　　（单位：m）

敷设方式 电缆种类		支架上敷设 *		钢索上悬吊敷设	
		水平	垂直	水平	垂直
电力电缆	无油电缆	1.5	2.0	—	—
	橡塑及其他油浸纸绝缘电缆	1.0	2.0	0.75	1.5
	控制电缆	0.8	1.0	0.6	0.75

注："*"包括沿墙壁、构架、楼板等非支架固定。

（7）电缆的弯曲半径不应小于表 14-9 的规定。

表 14-9　电缆最小允许的弯曲半径与电缆外径的比值（倍数）

电缆种类	电缆护层结构	单　芯	多　芯
油浸纸绝缘电力电缆	铠装或无铠装	20	15

续表

电缆种类	电缆护层结构	单　芯	多　芯
橡皮绝缘电力电缆	橡皮或聚氯乙烯护套	—	10
	裸铅护套	—	15
	铅护套钢带铠装	—	20
塑料绝缘电力电缆	铠装或无铠装	—	10
控制电缆	铠装或无铠装	—	10

（8）油浸纸绝缘电力电缆最高与最低点之间的最大位差不应超过表 14-10 的规定。

表 14-10　油浸纸绝缘电力电缆最大允许敷设位差

电压等级（kV）		电缆护层结构	铅套（m）	铝套（m）
黏性油浸纸绝缘电力电缆	1～3	无铠装	20	25
		有铠装	25	25
	6～10	无铠装或有铠装	15	20
	20～36	无铠装或有铠装	5	
充油电缆		—	按产品规定	—

注：1. 不滴流油浸纸绝缘电力电缆无位差限制。

2. 水底电缆线路的最低点是指最低水位的水平面。

当不能满足要求时，应采用适应于高位差的电缆，或在电缆中间设置塞止式接头。

（9）电缆敷设时，电缆应从盘的上端引出，应避免电缆在支架上及地面摩擦拖拉。电缆上不得有未消除的机械损伤（如铠装压扁、电缆绞拧、护层折裂等）。

（10）用机械敷设电缆时的牵引强度不宜大于表 14-11 的数值。

表 14-11　电缆最大允许牵引强度

牵引方式	牵引头		钢丝网套	
受力部位	铜芯	铝芯	铅套	铝套
允许牵引强度/MPa	0.7	0.4	0.1	0.4

（11）敷设电缆时，如电缆存放地点在敷设前 24h 内的平均温度以及敷设现场的温度低于表 14-12 的数值时，应采取电缆加温措施，否则不宜敷设。

表 14-12　电缆最低允许敷设温度

电缆类别	电缆结构	最低允许敷设温度（℃）
油浸纸绝缘电力电缆	充油电缆	−10
	其他油浸纸绝缘电缆	0
橡皮绝缘电力电荷	橡皮或聚氯乙烯护套	−15
	裸铅套	−20
	铅护套钢带铠装	−7
塑料绝缘电力电缆	—	0
控制电缆	耐寒护套	−20
	橡皮绝缘聚氯乙烯护套	−15
	聚氯乙烯绝缘、聚氯乙烯护套	−10

（12）电缆敷设时，不宜交叉，电缆应排列整齐，加以固定，并及时装设标志牌。

（13）直埋电缆沿线及其接头处应有明显的方位标志或牢固的标桩。

（14）沿电气化铁路或有电气化铁路通过的桥梁上明敷电缆的金属护层（包括电缆金属管道），应沿其全长与金属支架或桥梁的金属构件绝缘。

（15）电缆进入电缆沟、隧道、竖井、建筑物、盘（柜）以及穿入管子时，出入口应封闭，管口应密封。

（16）对于有抗干扰要求的电缆线路，应按设计规定做好抗干扰措施。

（17）装有避雷针和避雷线的构架上的照明灯电源线，应采用植埋于地下的带金属护层的电缆或穿入金属管的导线。电缆护层或金属管应接地，埋地长度应在 10m 以上，方可与配电装置的接地网相连或与电源线、低压配电装置相连接。

2. 充油电缆切断后的要求

（1）在任何情况下，充油电缆的任一段都应设有压力油箱，以保持油压。

（2）连接油管路时，应排除管内空气，并采用喷油连接。

（3）充油电缆的切断处应高于邻近两侧的电缆，避免电缆内进气。

（4）切断电缆时应防止金属屑及污物侵入电缆。

3. 电力电缆接线盒的布置要求

（1）并列敷设电缆，其接头盒的位置应相互错开。

（2）电缆明敷时的接头盒，须用托板（如石棉板等）托置，并用耐电弧隔板与其他电缆隔开，托板及隔板伸出接头两端的长度应不小于 0.6m。

（3）直埋电缆接头盒外面应有防止机械损伤的保护盒（环氧树脂接头盒除外）。位于冻土层内的保护盒，盒内宜注以沥青，以防水分进入盒内因冻胀而损坏电缆接头。

4. 标志牌的装设要求

（1）在下列部位，电缆上应装设标志牌：电缆终端头、电缆中间接头处；隧道及竖井的两端；人井内。

（2）标志牌上应注明线路编号（当设计无编号时，则应写明电缆型号、规格及起始和结束地点）；并联使用的电缆应有顺序号；字迹应清晰，不易脱落。

（3）标志牌的规格宜统一；标志牌应能防腐，且挂装应牢固。

5. 电缆固定要求

（1）在下列地方应将电缆加以固定。

①垂直敷设或超过 45°倾斜敷设的电缆，在每一个支架上。

②水平敷设的电缆，在电缆首末两端及转弯、电缆接头两端处。

③充油电缆的固定应符合设计要求。

（2）电缆夹具的形式宜统一。

（3）使用于交流的单芯电缆或分相 4 套电缆在分相后的固定，其夹具的所有铁件不应构成闭合磁路。

（4）裸铅（铝）套电缆的固定处，应加软垫保护。

三、电缆支架安装

1. 电缆沟内电缆支架安装

（1）电缆在沟内敷设，要用支架支撑或固定，因而支架的安装是关键，其相互间距离是否恰当，将影响通电后电缆的散热状况是否良好、对电缆的日常巡视和维护检修是否方便，以及在电缆弯曲处的弯曲半径是否合理。

（2）电缆支架自行加工时，钢材应平直，无显著扭曲。下料后长短差应在 5mm 范围内，切口无卷边、毛刺。钢支架采用焊接时，不要有显著的变形。支架上各横撑的垂直距离，其偏差不应大于 2mm。支架应安装牢固，横平竖直，同一层的横撑应在同一水平面上，其高低偏差不应大于 5mm。在有坡度的电缆沟内，其电缆支架也要保持同一坡度（此项也适用于有坡度的建筑物上的电缆支架）。

（3）当设计无要求时，电缆支架最上层至沟顶的距离不小于 150～200mm；电缆支架最下层至沟底的距离不小于 50～100mm。

（4）当设计无要求时，电缆支架层间最小允许距离符合表 14-13 的规定。

表 14-13　电缆支架层间最小允许距离　（单位：mm）

电缆种类	支架层间最小距离
控制电缆	120
10 kV 及以下电力电缆	150～200

（5）支架与预埋件焊接固定时，焊缝应饱满；用膨胀螺栓固定时，选用螺栓

要适配，连接紧固，防松零件齐全。

（6）当设计无要求时，电缆支持点间距不小于表 14-14 的规定。

表 14-14　电缆支持点间距　　　　　　　　　　　（单位：mm）

电缆种类		敷设方式	
		水平	垂直
电力电缆	全塑型	400	1000
	除全塑型外的电缆	800	1500
控制电缆		800	1000

2. 电气竖井支架安装

电缆在竖井内沿支架垂直敷设，可采用扁钢支架，如图 14-1 所示。支架的长度 W 应根据电缆直径和根数的多少而定。

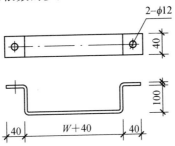

图 14-1　竖井内电缆扁钢支架（单位：mm）

扁钢支架与建筑物的固定应采用 M10×80 的膨胀螺栓紧固。支架每隔 1.5m 设置一个，竖井内支架最上层距竖井顶部或楼板的距离不小于 150～200mm，底部与楼（地）面的距离宜不小于 300mm。

四、电缆在支架上敷设

1. 电缆在支架上敷设规则

（1）敷设在支架上的电缆，按电压等级排列，高压在上面，低压在下面，控制与通信电缆在最下面。如两侧装设电缆支架，则电力电缆与控制电缆、低压电缆应分别安装在沟的两边。电缆支架横撑间的垂直净距无设计规定时，一般对电力电缆不小于 150mm，对控制电缆不小于 100mm。

（2）电缆之间、电缆与其他管道、道路、建筑物等之间平行和交叉时的最小距离，应符合表 14-15 的规定。严禁将电缆平行敷设于管道的上面或下面。

表 14-15 电缆之间、电缆与管道、道路、建筑物之间平行和交叉时的最小允许净距

序号	项目		最小允许净距（m）		备注
			平行	交叉	
1	电力电缆间及其与控制电缆间				（1）控制电缆间平行敷设的间距不作规定；序号1、3项，当电缆穿管或用隔板隔开时，平行净距可降低为0.1m
	（1）10 kV 及以下		0.10	0.50	
	（2）10 kV 及以上		0.25	0.50	
2	控制电缆		—	0.50	（2）在交叉点前后1m范围内，如电缆穿入管中或用隔板隔开，交叉净距可降低为0.25m
3	不同使用部门的电缆间		0.50	0.50	
4	热力管道（管沟）及热力设备		2.0	0.50	
5	油管道（管沟）		1.0	0.50	
6	可燃气体及易燃液体管道（管沟）		1.0	0.50	（1）虽净距能满足要求，但检修管路可能伤及电缆时，在交叉点前后1m范围内，尚应采取保护措施
7	其他管道（管沟）		0.50	0.50	（2）当交叉净距不能满足要求时，应将电缆穿入管中，则其净距可减为0.25m
8	铁路路轨		3.0	1.0	
9	电气化铁路路轨	交流	3.0	1.0	（3）对序号第4项，应采取隔热措施，使电缆周围土壤的温升不超过10℃
		直流	10.0	1.0	
10	公路		1.50	1.0	（4）电缆与管径大于800mm的水管，平行间距应大于1m，如不能满足要求，应采取适当防电化腐蚀措施，特殊情况下，平行净距可酌减
11	城市街道路面		1.0	0.7	
12	电杆基础（边线）		1.0	—	
13	建筑物基础（边线）		0.6	—	
14	排水沟		1.0	0.5	
15	独立避雷针集中接地装置与电缆间		5.0		—

2. 电缆沟内电缆敷设注意事项

（1）电缆敷设在沟底时，电力电缆间为 35mm，但不小于电缆外径尺寸；不同级电力电缆与控制电缆间为 100mm；控制电缆间距不作规定。

（2）电缆表面距地面的距离不应小于 0.7m，穿越农田时不应小于 1m；66kV 及以上的电缆不应小于 1m；只有在引入建筑物、与地下建筑交叉及绕过地下建筑物处，可埋设浅些，但应采取保护措施。

（3）电缆应埋设于冻土层以下。当无法深埋时，应采取措施，防止电缆受到损坏。

3. 竖井内电缆敷设注意事项

（1）敷设在竖井内的电缆的绝缘或护套应具有非延燃性。采用较多的为聚氯乙烯护套细钢丝铠装电力电缆，因为此类电缆能承受的拉力较大。

（2）在多、高层建筑中，一般低压电缆由低压配电室引出后，沿电缆隧道、电缆沟或电缆桥架进入电缆竖井，然后沿支架或桥架垂直上升。

（3）电缆在竖井内沿支架垂直布线所用支架，可在现场加工制作，其长度应根据电缆直径及根数的多少确定。

（4）扁钢支架与建筑物的固定应采用 M10×80 的膨胀螺栓紧固。支架设置距离为 1.5m，底部支架距楼（地）面的距离不应小于 300mm。支架上电缆的固定采用管卡子固定，各电缆之间的间距不应小于 50mm。

（5）电缆在穿过楼板或墙壁时，应设置保护管，并用防火隔板、防火堵料等做好密封隔离，保护管两端管口空隙应做密封隔离。

（6）电缆沿支架的垂直安装。小截面电缆在电气竖井内布线，也可沿墙敷设，此时可使用管卡子或单边管卡子用 φ6×30 塑料胀管固定。

（7）电缆布线过程中，垂直干线与分支干线的连接，通常采用"T"接方法。为了接线方便，树干式配电系统电缆应尽量采用单芯电缆。

（8）电缆敷设过程中，固定单芯电缆应使用单边管卡子，以减少单芯电缆在支架上的感应涡流。

（9）对于树干式电缆配电系统，为了"T"接方便，也应尽可能采用单芯电缆。

4. 电缆支架接地

（1）金属电缆支架、电缆导管应与 PE 线或 PEN 线连接可靠。目的是保护人身安全和供电安全，如整个建筑物要求等电位联结，更毋庸置疑。

（2）接地线宜使用直径不小于 φ12mm 镀锌圆钢，并应该在电缆敷设前与全长支架逐一焊接。

第五节 电线导管、电缆导管敷设与配线

一、电线、电缆钢导管敷设

1. 钢导管加工、连接和接地方法

（1）钢导管加工。

树木养护

扫码观看本视频

①钢管除锈与涂漆。钢管内如果有灰尘、油污或受潮生锈，不但穿线困难，而且会造成导线的绝缘层损伤，使绝缘性能降低。因此，在敷设电线管前，应对线管进行除锈涂漆处理。

钢管内、外均应刷防腐漆，埋入混凝土内的管外壁除外；埋入土层内的钢管，应刷两遍沥青或使用镀锌钢管；埋入有腐蚀性土层内的钢管，应按设计规定进行防腐处理。使用镀锌钢管时，在锌层剥落处，也应刷防腐漆。

②切断钢管。可用钢锯切断（最好选用钢锯条）或管子切割机割断。

钢管不应有折扁和裂缝，管内无铁屑及毛刺，切断口应锉平，管口应刮光。

③套丝。丝口连接时管端套丝长度不应小于管接头长度的1/2；在管接头两端应焊接跨接接地线。

薄壁钢管的连接应用螺纹连接。薄壁钢管套丝一般用圆板牙扳手和圆板牙铰制。

厚壁钢管可用管子铰板和管螺纹板牙铰制。铰制完螺纹后，随即清修管口，将管口端面和内壁的毛刺锉光，使管口保持光滑，以免割破导线绝缘层。

④弯管。钢管明配需随建筑物结构形状进行立体布置，但要尽量减少弯头。钢管弯制常用弯管方法有以下几种。

弯管器弯管：在弯制管径为50mm及以下的钢管时，可用弯管器弯管。制作时，先将管子弯曲部位的前段放入弯管器内，管子焊缝放在弯曲方向的侧面，然后用脚踩住管子，手扳弯管器柄，适当加力，使管子略有弯曲，再逐点移动弯管器，使管子弯成所需的弯曲半径。

滑轮弯管器弯管：当钢管弯制的外观、形状要求较高时，特别是弯制大量相同曲率半径的钢管时，要使用滑轮弯管器，固定在工作台上进行弯制。

气焊加热弯制：厚壁管和管径较粗的钢管可用气焊加热进行弯制。但需注意掌握火候，钢管加热不足（未烧红）弯不动；加热过火（烧得太红）或加热不均匀，容易弯瘪。此外，对预埋钢管露出建筑物以外的部分不直或位置不正时，也可以用气焊加热整形。

对弯管的要求：

①钢管弯曲处不应出现凹凸和裂缝，弯扁程度不应大于管外径的10％。

②被弯钢管的弯曲半径应符合表14-16的规定，弯曲角度一定要大于90°。

表 14-16　钢管允许弯曲半径

条　件	弯曲半径与钢管外径之比
明配时	6
明配只有一个弯时	4
暗配时	6
埋设于地下或混凝土楼板内时	10

钢管弯曲时，焊缝如放在弯曲方向的内侧或外侧，管子容易出现裂缝。当有两个以上弯时，更要注意管子的焊缝位置。

管壁薄、直径大的钢管弯曲时，管内要灌满砂且应灌实，否则钢管容易弯瘪。如果用加热弯曲，要灌用干燥砂。灌砂后，管的两端塞上木塞。

2. 钢导管连接

钢管之间的连接，一般采用套管连接。而套管连接宜用于暗配管，套管长度为连接管外径的 1.5～3 倍；连接管的对口处应在套管的中心，焊口应焊接牢固、严密。

用螺纹连接时，管端套丝长度不应小于管接头长度的 1/2；在管接头两端应焊接跨接接地线。薄壁钢管的连接应用螺纹连接。

钢管与接线盒、开关盒的连接，可采用螺母连接或焊接。采用螺母连接时，先在管子上拧一个锁紧螺母（俗称根母），然后将盒上的敲落孔打掉，将管子穿入孔内，再用手旋上盒内螺母（俗称护口），最后用扳手把盒外锁紧螺母旋紧。

3. 钢导管的接地

（1）镀锌钢导管和壁厚 2mm 及以下的薄壁钢导管，不得熔焊跨接接地线。

（2）镀锌钢导管的管与管之间采用螺纹连接时，连接处的两端应该用专用的接地卡固定。

（3）以专用的接地卡跨接的管与管及管与盒（箱）间跨接线为黄绿相间色的铜芯软导线，截面积不小于 4mm²。

（4）当非镀锌钢导管采用螺纹连接时，连接处的两端用专用接地卡固定跨接线，也可以焊接跨接接地线，焊接跨接接地线的做法如图 14-2 所示。

当非镀锌钢导管与配电箱箱体采用间接焊接连接时，可以利用导管与箱体之间的跨接接地线固定管、箱。

跨接接地线直径应根据钢导管的管径来选择，参照表 14-17。管接头两端跨接接地线焊接长度，不小于跨接接地线直径的 6 倍，跨接接地线在连接管焊接处距管接头两端不宜小于 50mm。

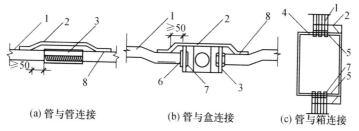

(a) 管与管连接　　　(b) 管与盒连接　　　(c) 管与箱连接

1—非镀锌钢导管；2—圆钢跨接接地线；3—器具盒；4—配电箱；
5—全扣管接头；6—根母；7—护口；8—电气焊处。

图 14-2　焊接跨接接地线做法

表 14-17　跨接接地线选择表

公称直径（mm）		跨接接地线（mm）	
电线管	厚壁钢管	圆钢	扁钢
≤32	≤25	φ6	—
38	≤32	φ8	—
51	40～50	φ10	—
64～76	≤65～80	φ10 及以上	25×4

连接管与盒（箱）的跨接接地线，应在盒（箱）的棱边上焊接，跨接接地线在箱棱边上焊接的长度不小于跨接接地线直径的 6 倍，在盒上焊接不应小于跨接接地线的截面积。

（5）套接压扣式薄壁钢导管及其金属附件组成的导管管路，当管与管及管与盒（箱）连接符合规定时，连接处可不设置跨接接地线，管路外壳应有可靠接地；导管管路不应作为电气设备接地线使用。

（6）套接紧定式钢导管及其金属附件组成的导管管路，当管与管及管与盒（箱）连接符合规定时，连接处可不设置跨接接地线。管路外壳应有可靠接地。套接紧定式钢导管管路，不应作为电气设备接地线。

4．钢导管敷设方法

（1）钢导管明敷设。明管用吊装、支架敷设或沿墙安装时，固定点的距离应均匀，管卡与终端、转弯中点、电气器具或按线盒边缘的距离为 150～500mm。中间固定点间的最大允许距离应符合表 14-18 的规定。

表 14-18　钢管固定点间最大间距

敷设方式	钢管名称	钢管直径（mm）			
		最大允许距离（m）			
		15～20	25～30	40～50	65～100
吊架、支架或沿墙敷设	厚壁钢管	1.5	2.0	2.5	3.5
	薄壁钢管	1.0	1.5	2.0	—

钢管进入灯头盒、开关盒、接线盒及配电箱时，露出锁紧螺母的螺纹为 2～4 扣。当在室外或潮湿房屋内，采用防潮接线盒、配电箱时，配管与接线盒、配电箱的连接应加橡皮垫。

钢管配线与设备连接时，应将钢管敷设到设备内，如不能直接进入，可按下列方法进行连接。

①在干燥房间内，可在钢管出口处加保护软管引入设备。

②在室外潮湿房间内，可采用防湿软管或在管口处装设防水弯头。

③当由防水弯头引出的导线接至设备时，导线套绝缘软管应被保护，并应有防水弯头引入设备。

④金属软管引入设备时，软管与钢管、软管与设备间的连接应用软管接头连接。软管在设备上应用管卡固定，其固定点间距应不大于 1m，金属软管不能作为接地导体。

⑤钢管露出地面的管口距地面高度应不小于 200mm。

钢导管明敷设在建筑物变形缝处，应设补偿装置。

（2）钢导管暗敷设。暗管敷设步骤如下。

①确定设备（灯头盒、接线盒和配管引上引下）的位置。

②测量敷设线路长度。

③配管加工（弯曲、锯割、套螺纹）。

④将管与盒按已确定的安装位置连接起来。

⑤管口塞上木塞或废纸，盒内填满废纸或木屑，防止进入水泥砂浆或杂物。

⑥检查是否有管、盒遗漏或设位错误。

⑦管、盒连成整体固定于模板上（最好在未绑扎钢筋前进行）。

⑧管与管和管与箱、盒连接处，焊上跨接接地线，使金属外壳连成一体。

暗管在现浇混凝土楼板内的敷设。在浇灌混凝土前，先将管子用垫块（石块）垫高 15mm 以上，使管子与混凝土模板间保持足够距离，再将管子用钢丝绑扎在钢筋上，或用钉子卡在模板上。

①灯头盒可用铁钉固定或用钢丝缠绕在铁钉上。

②接线盒可用钢丝或螺钉固定，待混凝土凝固后，应将钢丝或螺钉切断除掉，以免影响接线。

③钢管敷设在楼板内时，管外径与楼板厚度应配合：当楼板厚度为 80mm 时，管外径不应超过 40mm；厚度为 120mm 时，管外径不应超过 50mm。若管径超过上述尺寸，则钢管改为明敷或将管子埋在楼板的垫层内，此时，灯头盒位置需在浇灌混凝土前预埋木砖，待混凝土凝固后再取出木砖进行配管。

暗管通过建筑物伸缩缝的补偿装置：一般在伸缩缝（沉降缝）处设接线箱，钢管应断开。

埋地钢管技术要求：管径应不小于 20mm，埋入地下的电线管路不宜穿过设备基础；在穿过建筑物基础时，应再加保护管保护。当穿过大片设备基础时，管径不小于 25mm。

5. 放线与穿线要求

（1）放线。对整盘绝缘导线，应从内圈抽出线头进行放线。

引线钢丝穿通后，引线一端应与所穿的导线结牢。如所穿导线根数较多且较粗时，可将导线分段结扎。外面再稀疏地包上包布，分段数可根据具体情况确定。

（2）穿线。穿线前，钢管口应先装上管螺母，以免穿线时损伤导线绝缘层。穿线时，需两人各在管口一端，一人慢慢抽拉引线钢丝，另一人将导线慢慢送入管内。如钢管较长，弯曲较多，穿线困难时，可用滑石粉润滑。但不可使用油脂或石墨粉等作润滑物，因前者会损坏导线的绝缘层（特别是橡皮绝缘），后者是导电粉末，易于粘附在导线表面，一旦导线绝缘略有微小缝隙，便会渗入线芯，造成短路事故。

（3）剪断导线。导线穿好后，剪除多余的导线，但要留出适当余量，便于以后接线。预留长度为：接线盒内以绕盒内一周为宜；开关板内以绕板内半周为宜。

由于钢管内所穿导线的作用不同，为了在接线时能方便地分辨各种作用，可在导线的端头绝缘层上做记号。如管内穿有 4 根同规格同颜色导线，可把 3 根导线用电工刀分别削一道、两道、三道刀痕标出，另一根不标，以免接线错误。

（4）垂直钢管内导线的支持。在垂直钢管中，为减少管内导线本身重量所产生的下垂力，保证导线不因自重而折断，导线应在接线盒内固定。接线盒距离，按导线截面不同来规定，见表 14-19。

表 14-19　钢管垂直敷设接线盒间距

导线截面（mm^2）	接线盒间距（m）
50 及以下	30
70～95	20
120～240	18

二、绝缘导管敷设

1. 导管的选择

在施工中一般都采用热塑性塑料（受热时软化，冷却时变硬，可重复受热塑制的称为热塑性塑料，如聚乙烯、聚氯乙烯等）制成的硬塑料管。硬塑料管有一定的机械强度。明敷设塑料管壁厚度不应小于 2mm，暗敷设的不应小于 3mm。

2. 导管的连接

（1）加热直接插接法。适用于 ϕ50mm 及以下的硬塑料管。操作步骤如下。

①将管口倒角，外管倒内角，内管倒外角，如图 14-3 所示。

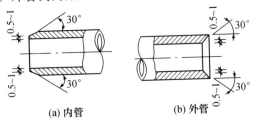

图 14-3 管口倒角（塑料管）（单位：mm）

②将内管、外管插接段的尘埃等污垢擦净，如有油污时可用二氯乙烯、苯等溶剂擦净。

③插接长度应为管径的 1.1～1.8 倍，用喷灯、电炉、炭化炉加热，也可浸入温度为 130℃左右的热甘油或石蜡中加热至软化状态。

④将内管插入段涂上胶合剂（如聚乙烯胶合剂）后，迅速插入外管，待内外管线一致时，立即用湿布冷却。

（2）模具胀管插接法。适用于 φ65mm 及以上的硬塑料管。操作步骤如下。

①将管口倒角。

②清除插接段的污垢。

③加热外管插接段。

（上述操作方法与直接插接法相同。）

④待塑料管软化后，将已被加热的金属模具插入，待冷却（可用水冷）至 50℃脱模，模具外径需比硬管外径大 2.5％左右。当无金属模具时，可用木模代替。

⑤在内、外插接面涂上胶合剂后，将内管插入外管，插入深度为管内径的 1.1～1.8 倍，加热插接段，使其软化后急速冷却（可浇水），收缩变硬即连接牢固。

此道工序也可改用焊接连接，即将内管插入外管后，用聚氯乙烯焊条在接合处焊 2～3 圈。

（3）套管连接法。

①需从套接的塑料管上截取长度为管内径的 1.5～3 倍（管径为 50mm 及以下取上限值；50mm 以上取下限值）。

②将需套接的两根塑料管端头倒角，并涂上胶合剂。

③加热套管温度取 130℃左右。

④将被连接的两根塑料管插入套管，并使连接管的对口处于套管中心。

3. 导管的揻弯

（1）直接加热揻弯。管径 20mm 及以下可直接加热揻弯。加热时均匀转动管身。到适当温度，立即将管放在平木板上揻弯。

（2）填砂揻弯。管径在 25mm 及以上，应在管内填砂揻弯。先将一端管口堵好，然后将干砂子灌入管内敦实，将另一端管口堵好后，用热砂子加热到适当温度，即可放在模型上弯制成型。

（3）揻弯技术要求。明管敷设弯曲半径不应小于管径的 6 倍；埋设在混凝土内时应不小于管径的 10 倍。塑料管加热不得将管烤伤、烤变色以及有显著的凹凸变形等现象。凹偏度不得大于管径的 1/10。

4. 塑料管的敷设

（1）固定间距：明配硬塑料管应排列整齐，固定点的距离应均匀；管卡与终端、转弯中点、电气器具或接线盒边缘的距离为 150～500mm；中间的管卡最大间距应符合表 14-20 的规定。

表 14-20　硬塑料管中间管卡最大间距

敷设方法	内径（mm）		
	最大允许距离（m）		
	20 以下	25～40	50 以上
吊架、支架或沿墙敷设	1.0	1.5	2.0

（2）易受机械损伤的地方：明管在穿过楼板易受机械损伤的地方应用钢管保护，其保护高度距楼板面不应低于 500mm。

（3）与蒸汽管距离：硬塑料管与蒸汽管平行敷设时，管间净距不应小于 500mm。

（4）热膨胀系数：硬塑料管的热膨胀系数 [0.08mm/（m·℃）] 要比钢管大 5～7 倍。如 30m 长的塑料管，温度升高 40℃，则长度增加 96mm。因此，塑料管沿建筑物表面敷设时，直线部分每隔 30m 要装设补偿装置（在支架上架空敷设除外）。

（5）配线：塑料管配线，应采用塑料制品的配件，禁止使用金属盒。塑料线入盒时，可不装锁紧螺母和管螺母，但暗配时须用水泥注牢。在轻质壁板上采用塑料管配线时，管入盒处应采用胀扎管头绑扎。

（6）使用保护管：硬塑料管埋地敷设（在受力较大处，宜采用重型管）引向设备时，露出地面 200mm 段，应用钢管或高强度塑料管保护。保护管埋地深度不少于 50mm。

5. 保护接零线

用塑料管布线时，如用电设备需接零装置时，在管内应穿入接零保护线。

利用带接地线型塑料电线管时，管壁内的 1.5mm² 铜接地导线要可靠接通。

三、可挠金属电线保护管敷设

1. 管子的切断

可挠金属电线保护管不需预先切断，在管子敷设过程中，需要切断时，应根据每段敷设长度，使用可挠金属电线保护管切割刀进行切断。

切管时用手握住管子或放在工作台上用手压住，将可挠金属电线保护管切割刀刀刃轴向垂直对准可挠金属电线保护管螺纹沟，尽量成直角切断。如放在工作台上切割时要用力，边压边切。

可挠金属电线保护管也可用钢锯进行切割。

可挠金属电线保护管切断后，应清除管口处毛刺，使切断面光滑。在切断面内侧用刀柄绞动一下。

2. 管子弯曲

可挠金属电线保护管在管子敷设时，可根据弯曲方向的要求，不需用手自由弯曲。

可挠金属电线保护管的弯曲角度不宜小于 90°。明配管管子的弯曲半径不应小于管外径的 3 倍。在不能拆卸、不能检查的场所使用时，管的弯曲半径不应小于管外径的 6 倍。

可挠金属电线保护管在敷设时应尽量避免弯曲。明配管直线段长度超过 30m 时，暗配管直线长度超过 15m 或直角弯超过 3 个时，均应装设中间拉线盒或放大管径。

若管路敷设中出现有 4 处弯曲时，且弯曲角度总和不超过 270° 时，可按 3 个弯曲处计算。

3. 可挠金属电线保护管的连接

（1）管的互接。可挠金属电线保护管敷设，中间需要连接时，应使用带有螺纹的 KS 型直接头连接器（直接头）进行互接。

（2）可挠金属电线保护管与钢导管连接。可挠金属电线保护管在吊顶内敷设中，有时需要与钢导管直接连接，可挠金属电线保护管的长度在电力工程中不大于 0.8m，在照明工程中不大于 1.2m。管的连接可使用连接器进行无螺纹和有螺纹连接。

可挠金属电线保护管与钢导管（管口无螺纹）进行连接时，应使用 VKC 型无螺纹连接器进行连接。VKC 型无螺纹连接器共有两种型号：VKC—J 型和 VKC—C 型，分别用于可挠金属电线保护管与厚壁钢导管和薄壁钢导管（电线管）的连接。

4. 可挠金属电线保护管的接地和保护

（1）可挠金属电线保护管应与 PE 线或 PEN 线有可靠的电气连接，可挠金属电线保护管不能做 PE 线或 PEN 线的接续导体。

（2）可挠金属电线保护管不得熔焊跨接接地线，以专用接地卡跨接的两卡间连线为铜芯软导线，截面积不小于 4mm^2。

（3）当可挠金属电线保护管及其附件穿越金属网或金属板敷设时，应采用经阻燃处理的绝缘材料将其包扎，且应超出金属网（板）10mm 以上。

（4）可挠金属电线保护管，不宜穿过设备或建筑物、构筑物的基础，当可挖金属电线保护管穿过时，应采取保护措施。

四、电线、电缆穿管

1. 画线定位

用粉线袋按照导线敷设方向弹出水平或垂直线路基准线，同时标出所有线路装置和用电设备的安装位置，均匀地画出导线的支持点。导线沿门头线和线脚敷设时，可不必弹线，但线卡应紧靠门头线和线脚边缘线上。支持点间的距离应根据导线截面大小而定，一般为 150～200mm。在接近电气设备或接近墙角处间距有偏差时，应逐步调整均匀，以保持美观。

2. 固定线卡

在安装好的木砖上，将线卡用铁钉钉在弹线上，勿使钉帽凸出，以免划伤导线的外护套。在木结构上，可直接用钉子钉牢。

在混凝土梁或预制板上敷设时，可用胶黏剂粘贴在建筑物表面上。黏结时，一定要用钢丝刷将建筑物上黏结面上的粉刷层刷净，使线卡底座与水泥直接黏结。

3. 放线

放线是保证护套线敷设质量的重要一步。整盘护套线，不能搞乱，不可使线产生扭曲。所以放线时，需要操作者合作，一人把整盘线套入双手中，另一人握住线头向前拉。放出的线不可在地上拖拉，以免擦破或弄脏电线的护套层。线放完后先放在地上，量好长度，并留出一定余量后剪断。如果将电线弄乱或扭弯，要设法校直。其方法如下。

（1）把线平放在地上（地面要平），一人踩住导线一端，另一人握住导线的另一端拉紧，用力在地上甩直。

（2）将导线两端拉紧，用木柄沿导线全长来回刮（赶）直。

（3）将导线两端拉紧，再用破布包住导线，用手沿电线全长捋直。

4. 直敷导线

为使线路整齐美观，应将导线敷设得横平竖直。几条护套线成排平行敷设时，应上下左右排列紧密，不能有明显空隙。敷线时，应将线收紧。短距离的直线部分先把导线一端夹紧，然后再夹紧另一端，最后再把中间各点逐一固定。长距离的直线部分可在其两端的建筑构件的表面上临时各装一幅瓷夹板，把收紧的导线先夹入瓷夹中，然后逐一夹上线卡。在转角部分，戴上手套用手指顺弯按玉，使导线挺直平顺后夹上线卡。中间接头和分支连接处应装置接线盒，接线盒固定处应牢固。在多尘和潮湿的场所时应使用密闭式接线盒。

5. 弯敷导线

塑料护套线在同一墙面上转弯时，应保持垂直。导线弯曲半径应不小于护套线宽度的 3 倍。弯曲时不应损伤护套和芯线外的绝缘层。铅皮护套线弯曲半径不得小于其外径的 10 倍。

第六节　灯具安装

灯光布置

扫码观看本视频

一、园灯安装

1. 园灯的功能及其布置

（1）园灯的功能。一方面是保证园路夜间交通安全，另一方面园灯也可结合造景，尤其对于夜景，园灯是重要的造景要素。

（2）园灯的布置。在公园入口、开阔的广场，应选择发光效果较高的直射光源，灯杆的高度应根据广场的大小而定，一般为 5～10m。灯的间距为 35～40m，在园路两旁的灯光要求照度均匀。由于树木的遮挡，灯不宜悬挂过高，一般为 4～6m。灯杆的间距为 30～60m，如为单杆顶灯，则悬挂高度为 2.5～3m，灯距为 20～25m。在道路交叉口或空间的转折处应设指示园灯。在某些环境，如踏步、草坪、小溪边，可设置地灯，特殊处还可采用壁灯。在雕塑等处，可使用探照灯光、聚光灯、霓虹灯等。景区、景点的主要出入口、广场、林荫道、水面等处，可结合花坛、雕塑、水池、步行道等设置庭院灯，庭院灯多为 1.5～4.5m 的灯柱，灯柱多采用钢筋混凝土或钢制成，基座常用砖或混凝土、铸铁等制成，灯型多样。适宜的形式不仅起照明作用，而且起着美化装饰作用，并且还有指示作用，便于夜间识别。

2. 园灯的安装步骤

（1）灯架、灯具安装。按设计要求测出灯具（灯架）安装高度，在电杆上画出标记。

将灯架、灯具吊上电杆（较重的灯架、灯具可使用滑轮、大绳吊上电杆），穿好抱箍或螺栓，按设计要求找好照射角度，调好平整度后，将灯架紧固好。成排安装的灯具，其仰角应保持一致，排列整齐。

（2）配接引下线。将针式绝缘子固定在灯架上，将导线的一端在绝缘子上绑好回头，并分别与灯头线、熔断器进行连接。将接头用橡胶布和黑胶布半幅重叠各包扎一层。然后，将导线的另一端拉紧，并与路灯干线背扣后进行缠绕连接。

每套灯具的相线应装有熔断器，且相线应接螺口灯头的中心端子。

引下线与路灯干线连接点距杆中心应为 400～600mm，且两侧对称一致。

引下线凌空段不应有接头，长度不应超过 4m，超过时应加装固定点或使用钢管引线。

导线进出灯架处应套软塑料管，并做防水弯。

（3）试灯。全部安装工作完毕后，送电、试灯，并进一步调整灯具的照射角度。

二、霓虹灯、彩灯安装

1. 霓虹灯安装

（1）霓虹灯管安装。霓虹灯管由 $\phi10 \sim \phi20mm$ 的玻璃管弯制作成。灯管两端各装一个电极，玻璃管内抽成真空后，再充入氖、氦等惰性气体作为发光的介质，在电极的两端加上高压，电极发射电子激发管内惰性气体，使电流导通灯管发出红、绿、蓝、黄、白等不同颜色的光束。

霓虹灯管本身容易破碎，管端部还有高电压，因此应安装在人不易触及的地方，并不应和建筑物直接接触，固定后的灯管与建筑物、构筑物表面的最小距离不宜小于 20mm。

安装霓虹灯灯管时，一般用角铁做成框架，框架既要美观、又要牢固，在室外安装时还要经得起风吹雨淋。

安装时，应在固定霓虹灯管的基面上（如立体文字、图案、广告牌和牌匾的面板等），确定霓虹灯每个单元（如一个文字）的位置。灯体组装时要根据字体和图案的每个组成件（每段霓虹灯管）所在位置安设灯管支持件（也称灯架），灯管支持件要采用绝缘材料制品（如玻璃、陶瓷、塑料等），其高度不应低于 4mm，支持件的灯管卡接口要和灯管的外径相匹配。支持件宜用一个螺钉固定，以便调节卡接口与灯管的衔接位置。灯管和支持件要用绑线绑扎牢靠，每段霓虹灯管其固定点不得少于 2 处，在灯管的较大弯曲处（不含端头的工艺弯折）应加设支持件。霓虹灯管在支持件上装设不应承受应力。

霓虹灯管要远离可燃性物质，其距离至少应在 30cm 以上，和其他管线应有 150cm 以上的间距，并应设绝缘物隔离。

霓虹灯管出线端与导线连接应紧密可靠以防打火或断路。

安装灯管时应用各种玻璃或瓷制、塑料制的绝缘支持件固定。有的支持件可以将灯管直接卡入，有的则可用 $\phi0.5mm$ 的裸细铜线扎紧，如图 14-4 所示。安装灯管时且不可用力过猛，再用螺钉将灯管支持件固定在木板或塑料板上。

室内或橱窗里的霓虹灯管安装时，在框架上拉紧已套上透明玻璃管的镀锌钢丝，组成 $200 \sim 300mm$ 间距的网格，然后将霓虹灯管用 $\phi0.5mm$ 的裸铜丝或弦线等与玻璃管绞紧即可，如图 14-5 所示。

（2）变压器安装。变压器应安装在角钢支架上，其支架宜设在牌匾、广告牌的后面或旁侧的墙面上，支架如埋入固定，埋入深度不得少于 120mm；如用胀管螺栓固定，螺栓规格不得小于 M10。角钢规格宜在 35mm×35mm×4mm 以上。

变压器要用螺栓紧固在支架上，或用扁钢抱箍固定。变压器外皮及支架要做接零（地）保护。

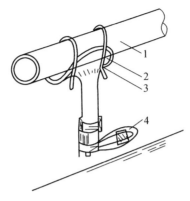

1—霓虹灯管；2—绝缘支持件；3—φ0.5裸铜丝扎紧；4—螺钉固定。

图 14-4 霓虹灯管支持件固定

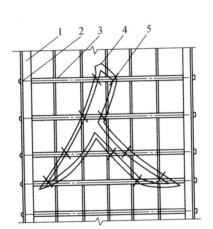

1—型钢框架；2—φ1.0镀锌钢丝；3—玻璃套管；4—霓虹灯管；5—φ0.5铜丝扎紧。

图 14-5 霓虹灯管绑扎固定

变压器在室外明装，其高度应在3m以上，距离建筑物窗口或阳台也应以人不能触及为准，如上述安全距离不足或将变压器明装于屋面、女儿墙、雨篷等人易触及的地方，均应设置围栏并覆盖金属网进行隔离、防护，确保安全。

为防雨、雪和尘埃的侵蚀，可将变压器装于不燃或难燃材料制作的箱内加以保护，金属箱要做保护接零（地）处理。

霓虹灯变压器应紧靠灯管安装，一般隐蔽在霓虹灯板之后，可以减短高压接线，但要注意切不可安装在易燃品周围。安装在室外的变压器，离地高度不宜低于3m，离阳台、架空线路等距离不应小于1m。

霓虹灯变压器的铁芯、金属外壳、输出端的一端以及保护箱等均应进行可靠的接地。

（3）霓虹灯低压电路的安装。对于容量不超过4kW的霓虹灯，可采用单相供电，对超过 4kW 的大型霓虹灯，需要提供三相电源，霓虹灯变压器要均匀分配在各相上。

在霓虹灯控制箱内一般装设有电源开关、定时开关和控制接触器。

控制箱一般装设在邻近霓虹灯的房间内。为防止在检修霓虹灯时触及高压，在霓虹灯与控制箱之间应加装电源控制开关和熔断器，在检修灯管时，先断开控制箱开关再断开现场的控制开关，以防止造成误合闸而使霓虹灯管带电的危险。

霓虹灯通电后，灯管内会产生高频噪声电波，它将辐射到霓虹灯的周围，会严重干扰电视机和收音机的正常使用。为了避免这种情况发生，只要在低压回路上接装一个电容器就可以了。

（4）霓虹灯高压线的连接。霓虹灯专用变压器的二次导线和灯管间的连接线，应采用额定电压不低于 15kV 的高压尼龙绝缘线。霓虹灯专用变压器的二次导线与建筑物、构筑物表面之间的距离均不应大于 20mm。

高压导线支持点间的距离，在水平敷设时为 0.5m；垂直敷设时，支持点间的距离为 0.75m。

高压导线在穿越建筑物时，应穿双层玻璃管加强绝缘，玻璃管两端须露出建筑物两侧，长度各为 50～80mm。

2. 彩灯安装

安装彩灯时，应使用钢管敷设，严禁使用非金属管作敷设支架。

管路安装时，首先按尺寸将镀锌钢管（厚壁）切割成段，端头套丝，缠上油麻，将电线管拧紧在彩灯灯具底座的丝孔上，勿使漏水，这样将彩灯一段一段连接起来。然后按画出的安装位置线就位，用镀锌金属管卡将其固定在距灯位边缘 100mm 处，每管设一卡就可以了。固定用的螺栓可采用塑料胀管或镀锌金属胀管螺栓。不得用木螺钉打入木楔固定，否则容易松动脱落。

管路之间（即灯具两旁）应用不小于 $\phi 6mm$ 的镀锌圆钢进行跨接连接。

彩灯装置的配管本身也可以不进行固定，而固定彩灯灯具底座。在彩灯灯座的底部原有圆孔部位的两侧，顺线路的方向开一长孔，以便安装时进行固定位置的调整和管路热胀冷缩时有自然调整的余地，如图 14-6 所示。

土建施工完成后，在彩灯安装部位，顺线路的敷设方向拉通线定位。根据灯具位置及间距要求，沿线打孔埋入塑料胀管。把组装好的灯底座及连接钢管一起放到安装位置（也可边固定边组装），用膨胀螺钉将灯座固定。

彩灯穿管导线应使用橡胶铜导线敷设。

彩灯装置的钢管应与避雷带（网）进行连接，并应在建筑物上部将彩灯线路线芯与接地管路之间接以避雷器或放电间隙，借以控制放电部位，减少线路损失。

较高的主体建筑，垂直彩灯的安装一般采用悬挂方法较方便。但对于不高的楼房、塔楼、水箱间等垂直墙面也可沿墙采用镀锌管垂直敷设的方法。

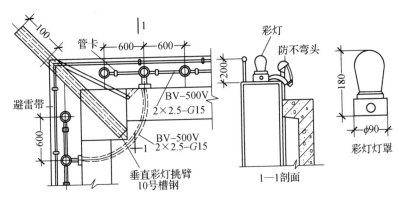

图 14-6　固定式彩灯装置做法（单位：mm）

彩灯悬挂敷设时要制作悬具，悬具制作较繁复，主要材料是钢丝绳、拉紧螺栓及其附件，导线和彩灯设在悬具上。彩灯是防水灯头和彩色白炽灯泡。

悬挂式彩灯多用于建筑物的四角无法装设固定式的部位。采用防水吊线灯头连同线路一起悬挂于钢丝绳上，悬挂式彩灯导线应采用绝缘强度不低于 500V 的橡胶铜导线，截面不应小于 $4mm^2$。灯头线与干线的连接应牢固，绝缘包扎紧密。导线所载灯具重量的拉力不应超过该导线的允许机械强度，灯的间距一般为 700mm，距地面 3m 以下的位置上不允许装设灯头。

三、灯具安装的方法

1. 雕塑、雕像的饰景照明灯具安装

（1）照明点的数量与排列，取决于被照目标的类型。要求是照明整个目标，但不要均匀，其目的在于通过阴影和不同的亮度，再创造一个轮廓鲜明的效果。

（2）根据被照明目标的位置及其周围的环境确定灯具的位置。

①处于地面上的照明目标，孤立地位于草地或空地中央。此时灯具的安装，尽可能与地面平齐，以保持周围的外观不受影响和减少眩光的危险。也可装在植物或围墙后的地面上。

②坐落在基座上的照明目标，孤立地位于草地或空地中央。为了控制基座的亮度，灯具应放在更远一些的地方。基座的边不能在被照明目标的底部产生阴影，这也是非常重要的。

③坐落在基座上的照明目标，位于行人可接近的地方。通常不能围着基座安装灯具，因为从透视上说距离太近。只能将灯具固定在公共照明杆上或装在附近建筑的立面上，但要注意避免眩光。

（3）对于塑像，通常照明脸部的主体部分以及像的正面。背部照明要求低得多，或在某些情况下，一点都不需要照明。

（4）虽然从下往上的照明是最容易做到的，但要注意，凡是可能在塑像脸部产生不愉快阴影的方向都不能施加照明。

（5）对某些塑像，材料的颜色是一个重要的要素。一般说，用白炽灯照明有好的显色性。通过使用适当的灯泡——汞灯、金属卤化物灯、钠灯，可以增加材料的颜色。采用彩色照明最好能做一下光色试验。

2. 旗帜的照明灯具安装

（1）由于旗帜会随风飘动，应该始终采用直接向上的照明，以避免眩光。

（2）对于装在大楼顶上的一面独立的旗帜，在屋顶上布置一圈投光灯具，圈的大小是旗帜能达到的极限位置。将灯具向上瞄准，并略微向旗帜倾斜。根据旗帜的大小及旗杆的高度，可以用 3～8 只宽光束投光灯照明。

（3）当旗帜插在一个斜的旗杆上时，在旗杆两边低于旗帜最低点的平面上分别安装两只投光灯具，这个最低点是在无风情况下确定来的。

（4）当只有一面旗帜装在旗杆上时，也可以在旗杆上装一圈 PAR 密封型光束灯具。为了减少眩光，这种灯组成的圆环离地至少 2.5m 高，并为了避免烧坏旗帜布料，在无风时，圆环离垂挂的旗帜下面至少有 40cm。

（5）对于多面旗帜分别升在旗杆顶上的情况，可以用密封光束灯分别装在地面上进行照明。为了照亮所有的旗帜，不论旗帜飘向哪一方向，灯具的数量和安装位置都取决于所有旗帜覆盖的空间。

四、喷水池和瀑布的照明

1. 对喷射的照明

在水流喷射的情况下，将投光灯具装在水池内的喷口后面或装在水流重新落到水池内的落下点下面，或者在这两个地方都装上投光灯具。

水离开喷口处的水流密度最大，当水流通过空气时会产生扩散。由于水和空气有不同的折射率，使投光灯的光在进出水柱时产生二次折射。在"下落点"时，水已变成细雨。投光灯具装在离下落点大约 10cm 的水下，使下落的水珠产生闪闪发光的效果。

2. 瀑布的照明

（1）对于水流和瀑布，灯具应装在水流下落处的底部。

（2）输出光通应取决于瀑布的落差和与流量成正比的下落水层的厚度，还取决于流出口的形状所造成水流的散开程度。

（3）对于流速比较缓慢，落差比较小的阶梯式水流，每一阶梯底部应装有照明。线状光源（荧光灯、线状的卤素白炽灯等）最适合于这类情形。

（4）由于下落水的重量与冲击力可能会冲坏投光灯具的调节角度和排列，所以应牢固地将灯具固定在水槽的墙壁上或加重灯具。

（5）具有变色程序的动感照明，可以产生一种固定的水流效果，也可以产生变化的水流效果。

图 14-7 是针对采用不同流水效果的灯具安装方法。

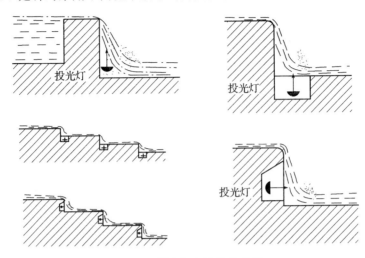

图 14-7　瀑布与水流的投光照

第十五章

园林施工机械

第一节 土方施工机械

一、推土机

在造园施工中，无论是挖池或堆山，建筑或种植，铺路还是埋砌管道等，都包括数量既大又费力的土方工程。因此，采用机械施工，配备各种型号的土方机械，并配合运输和装载机械施工，可进行土方的挖、运、填、夯、压实、平整等工作，不但可以使工程达到设计要求，提高质量，缩短工期，降低成本，还可以减轻笨重的体力劳动，多、快、好、省地完成施工任务。

推土机外形及构造示意图如图 15-1 所示。

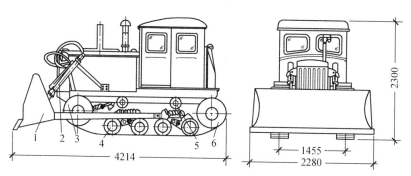

1—推土刀；2—液压油缸；3—引导轮；4—支重轮；5—托带轮；6—驱动轮。

图 15-1 推土机外形及构造示意图

二、铲运机

铲运机在土方工程中主要用来铲土、运土、铺土、平整和卸土等。它本身能综合完成铲、装、运、卸四道工序，能控制填土铺撒厚度，并通过自身行驶对卸下的土壤起初步的压实作用。铲运机对运行的道路要求较低，适应性强，投入使用准备工作简单。具有操纵灵活、转移方便与行驶速度较快等优点，因此适用范围较广。如筑路、挖湖、堆山、平整场地等均可使用。

铲运机按其行走方式划分，有拖式铲运机和自行式铲运机两种；按铲斗的操纵方式划分，有机械操纵（钢丝绳操纵）和液压操纵两种。

铲运机的外形构造示意图如图15-2所示。

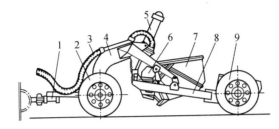

1—拖把；2—前轮；3—油管；4—辕架；5—工作油缸；6—斗门；
7—铲斗；8—机架；9—后轮。

图 15-2　铲运机的外形构造示意图

三、平地机

在土方工程施工中，平地机主要用来平整路面和大型场地。还可以用来铲土、运土、挖沟渠、刮坡、拌和砂石和水泥材料等作业。装有松土器时，可用于疏松硬实土壤及清除石块。也可加装推土装置，用以代替推土机完成各种作业。

平地机有自行式和拖式之分。自行式平地机工作时依靠自身的动力设备，拖式平地机工作时要由履带式拖拉机牵引。

平地机的构造示意图如图15-3所示。

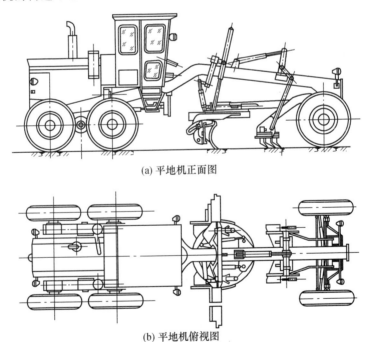

(a) 平地机正面图

(b) 平地机俯视图

图 15-3　平地机的构造示意图

四、液压挖掘装载机

D$_{y4}$-55 型液压挖掘装载机是在铁牛-55 型轮式拖拉机上配装各种不同性能的工作装置而成的施工机械。它的最大特点是一机多用，提高了机械的使用率。整机结构紧凑、机动灵活、操纵方便，各种工作装置易于更换。

这种机械带有反铲、装载、起重、推土、松土等多种工作装置，用以完成中小型土方开挖、散状材料的装卸、重物吊装、场地平整、小土方回填、松碎硬土等作业。尤其具有适应园林建设的特点。

液压挖掘装载机的外形构造如图 15-4 所示。

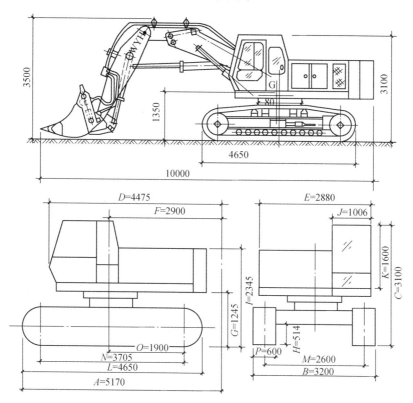

图 15-4　液压挖掘装载机的外形构造

第二节　压实机械

一、内燃式夯土机

1. 内燃式夯土机的特点

内燃式夯土机的特点是构造简单、体积小、重量轻、操作和维护简便、夯实效果好、生产效率高，所以可广泛使用于各项园林工程的土壤夯实工作中。特别是在工作场地狭小，无法使用大中型机构的场合，更能发挥其优越性。

内燃夯土机是根据两冲程内燃机的工作原理制成的一种夯实机械。除具有一般夯实机械的优点外，还能在无电源地区工作。在经常需要短距离变更施工地点的工作场所，更能发挥其独特的优点。

2. 内燃式夯土机的组成

内燃式夯土机主要由气缸头、气缸套、活塞、卡圈、锁片、边杆、夯足、法兰盘、内部弹簧、密封圈、夯锤、拉杆等部分组成，如图15-5所示。

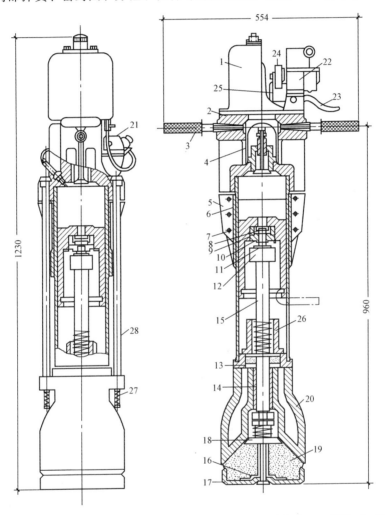

1—油箱；2—气缸盖；3—手柄；4—气门导杆；5—散热片；6—气缸套；7—活塞；8—阀片；
9—上阀门；10—下阀门；11—锁片；12、13—卡圈；14—夯锤衬套；15—连杆；16—夯底座；
17—夯板；18—夯上座；19—夯足；20—夯锤；21—汽化器；22—磁电机；23—操纵手柄；
24—转盘；25—连杆；26—内部弹簧；27—拉杆弹簧；28—拉杆。

图 15-5　80 型内燃式夯土机外形尺寸和构造

3. 内燃式夯土机的使用要点

（1）当夯土机需要更换工作场地时，可将保险手柄旋上，装上专用两轮运输车运送。

（2）夯土机应按规定的汽油机燃油比例加油。加油后应擦净漏在机身上的燃油，以免碰到火种而发生火灾。

（3）夯土机启动时一定要使用启动手柄，不得使用代用品，以免损伤活塞。严禁一人启动另一人操作，以免动作不协调而发生事故。

（4）夯土机在工作中需要移动时，只要将夯土机往需要方向略为倾斜，夯土机即可自行移动。切忌将头伸向夯土机上部或将脚靠近夯土机底部，以免碰伤头部或脚部。

（5）夯实时夯土层应摊铺平整。不准打坚石、金属及硬的土层。

（6）在工作前及工作中要随时注意各连接螺钉有无松动现象，若发现松动应立即停机拧紧。特别应注意汽化器气门导杆上的开口锁是否松动，若已变形或松动应及时更换新的，否则在工作时锁片脱落会使气门导杆掉入气缸内造成重大事故。

（7）为避免发生偶然点火、夯土机突然跳动造成事故，在夯土机暂停工作时，应旋上保险手柄。

（8）夯土机在工作时，靠近 1m 范围之内不准站立非操作人员；在多台夯土机并列工作时，其间距不得小于 1m；在串联工作时，其间距不得小于 3m。

（9）长期停放时夯土机应将保险手柄旋上顶住操纵手柄，关闭油门，旋紧汽化器顶针，将夯土机擦净，套上防雨套，装上专用两轮车推到存放处，并应在停放前对夯土机进行全面保养。

二、电动式夯土机

1. 蛙式夯土机的适用范围

蛙式夯土机适用于水景、道路、假山、建筑等工程的土方夯实及场地平整；对施工中槽宽 500mm 以上，长 3m 以上的基础、基坑、灰土进行夯实；以及较大面积的填方及一般洒水回填土的夯实工作等。

2. 蛙式夯土机的组成

蛙式夯土机主要由夯头、夯架、传动轴、底盘、手把及电动机等部分组成，如图 15-6 所示。

3. 蛙式夯土机的使用要点

（1）安装后各传动部分应保持转动灵活，间隙适合，不宜过紧或过松。

（2）安装后要严格检查各紧固螺栓和紧固螺母的情况，保证牢固可靠。

（3）在安装电器的同时应安置接地线。

（4）开关电门处管的内壁应填绝缘物。在电动机的接线穿入手把的入口处，应套绝缘管，以防电线磨损漏电。

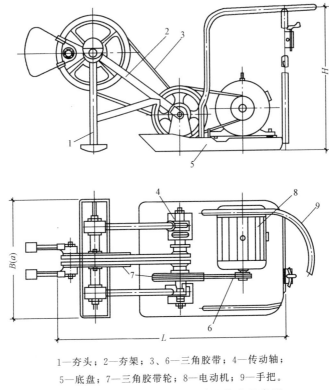

1—夯头；2—夯架；3、6—三角胶带；4—传动轴；

5—底盘；7—三角胶带轮；8—电动机；9—手把。

图 15-6　蛙式夯土机外形尺寸和构造示意图

(5) 操作前应检查电路是否合乎要求，地线是否接好。各部件是否正常，尤其要注意偏心块和带轮是否牢靠。然后进行试运转，待运转正常后才能开始作业。

(6) 操作和传递导线人员都要带绝缘手套和穿绝缘胶鞋以防触电。

(7) 夯土机在作业中需穿线时，应停机将电缆线移至夯土机后面，禁止在夯土机行驶的前方，隔机扔电线。电线不得扭结。

(8) 作业时夯土机不得打冰土，坚石和混有砖石碎块的杂土以及一边硬的填土。同时应注意地下建筑物，以免触及夯板造成事故。在边坡作业时应注意坡度、防止翻倒。

(9) 夯土机前进方向不准站立非操作人员。两机并列工作的间距不得小于5m，串列工作的间距不得小于10m。

(10) 作业时电缆线不得张拉过紧，应保证 3～4m 的松余量。递线人应依照夯实线路随时调整电缆线，以免发生缠绕与扯断的危险。

(11) 工作完毕之后，应切断电源，卷好电缆线，如有破损处应用胶布包好。

(12) 长期不用时，应进行一次全面检修保养，并应存放在通风干燥的室内，机下应垫好垫木，以防机件和电器潮湿损坏。

三、电动振动式夯土机

HZ—380A 型电动振动式夯土机是一种平板自行式振动夯实机械。适用于含水量小于 12％和非黏土的各种砂质土壤、砾石及碎石和建筑工程中的地基、水池的基础及道路工程中铺设小型路面，修补路面及路基等工程的压实工作。其外形尺寸和构造，如图 15-7 所示。

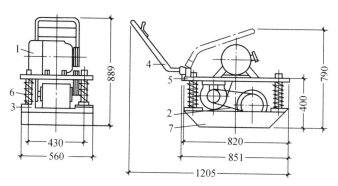

1—电动机；2—传动胶带；3—振动体；4—手把；

5—支撑板；6—弹簧；7—夯板。

图 15-7　HZ—380A 型电动振动式夯土机外形尺寸和构造示意图

它以电动机为动力，经二级 V 带减速、驱动振动体内的偏心转子高速旋转，产生惯性力使机器发生振动，以达到夯实土壤的目的。

振动式夯土机具有结构简单、操作方便，生产率和密实度高等特点，密实度能达到 0.85～0.90，可与 10t 静作用压路机密实度相比。使用要点可参照蛙式夯土机有关要求进行。在无电的施工区，还可用内燃机代替电动机作动力。这样使得振动式夯土机能在更大范围内得到应用。

第三节　栽植机械

一、挖坑机

1. 悬挂式挖坑机

悬挂式挖坑机是悬挂在拖拉机上，由拖拉机的动力输出轴通过传动系统驱动钻头进行挖坑作业，包括机架、传动装置、减速箱和钻头等几个主要部分，如图 15-8 所示。

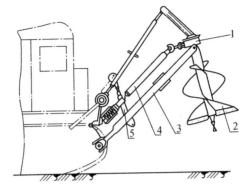

1—减速箱；2—钻头；3—机架；4—传动轴；5—升降油缸。

图 15-8　WD80 型悬挂式挖坑机

挖坑机的工作部件是钻头。用于挖坑的钻头，为螺旋形。工作时螺旋片将土壤排至坑外，堆在坑穴的四周。用于穴状整地的钻头为螺旋齿式，也叫做松土型钻头。工作时钻头破碎草皮，切断根系，排出石块，疏松土壤。被疏松的土壤不排出坑外面，而留在坑穴内。

2. 手提式挖坑机

手提式挖坑机主要用于地形复杂的地区植树前的整地或挖坑。由小型二冲程汽油发动机为动力，其特点是重量轻、功率大、结构紧凑、操作灵便、生产率高。手提式挖坑机通常由发动机、离合器、减速器、工作部件、操纵部分和油箱等部分组成。

二、开沟机

1. 旋转圆盘开沟机

旋转圆盘开沟机是由拖拉机的动力输出轴驱动，使圆盘旋转抛土开沟。其优点是牵引阻力小、沟形整齐、结构紧凑、效率高。圆盘开沟机有单圆盘式和双圆盘式两种。双圆盘开沟机组行走稳定，工作质量比单圆盘开沟机好，适用于开大沟。旋转开沟机作业速度较慢（200～300m/h），需要在拖拉机上安装变速箱减速。单圆盘旋转开沟机结构示意如图 15-9 所示。

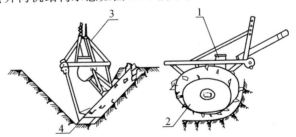

1—减速箱；2—开沟圆盘；3—悬挂机架；4—切土刀。

图 15-9　单圆盘旋转开沟机结构

2. 铧式开沟机

铧式开沟机由大中型拖拉机牵引，犁铧入土后，土垡经翻土板、两翼板推向两侧，侧压板将沟壁压紧即形成沟道。其结构简图如图 15-10 所示。

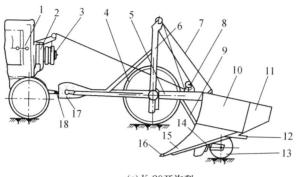

(a) K-90 开沟犁

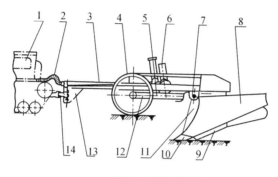

(b) K-40 液压开沟犁

（a）1—操纵系统；2—绞盘箱；3—被动锥形轮；4—行走轮；5、6—机架；7—钢索；
8—滑轮；9—分土刀；10—主翼板；11—副翼板；12—压道板；13—尾轮；
14—侧压板；15—翻土板；16—犁尖；17—拉板；18—牵引钩。
（b）1—拖拉机；2—橡胶软管；3—机架；4—行走轮；5—限深梁；6—油缸；7—连接板；
8—犁壁；9—侧压板；10—犁铧；11—分土刀；12—拐臂；13—牵引拉板；14—牵引环。

图 15-10　开沟机

三、液压移植机

液压移植机是用液压操作供大乔灌木移植用的。亦称为自动植树机。它起树和挖坑工作部件为四片液压操纵的弧形铲，所挖坑形呈圆锥状。机上备有给水桶，如土质坚硬时，可一边给水一边向土中插入弧形铲以提高工作效率。

液压移植机的型号很多。我国引进美国的液压移植机挖坑直径为 198cm、深145cm。能移植胸径 25cm 以下的树木。

第四节　修剪机械

一、油锯、电链锯

1. 油锯

油锯又称汽油动力锯，是现代机械化伐木的有效工具。在园林生产中不仅可以用来伐树、截木、去掉粗大枝杈，还可用于树木的整形、修剪。油锯的优点是生产率高、生产成本低、通用性好、移动方便、操作安全。

2. 电链锯

电链锯是动力式电动机。电链锯具有重量轻、振动小、噪声弱等优点，是园林树木修剪较理想的机具，但需有电源或供电机组，一次投资成本高。

二、割灌机

1. 割灌机的基本内容

割灌机主要用于清除杂木、剪整草地、割竹、间伐、打杈等。它具有重量轻、机动性能好、对地形适应性强等优点，尤其适用于山地、坡地。

2. 小型动力割灌机

小型动力割灌机可分为手扶式和背负式两类，背负式又可分侧挂式和后背式两种。一般由发动机、传动系统、工作部分及操纵系统四部分组成，手扶式割灌机还有行走系统。

目前，小型动力割灌机的发动机大多采用单缸二冲程风冷式汽油机，发动机功率在 $0.735 \sim 2.2 \mathrm{kW}$ 范围内。传动系统包括离合器、中间传动轴、减速器等。中间传动轴有硬轴和软轴两种类型。侧挂式采用硬轴传动，后背式采用软轴传动。

3. DG－2 型割灌机

常用的 DG－2 型割灌机的工作部件有两套，一套是圆锯片，用于切割直径 $3 \sim 18 \mathrm{cm}$ 的灌木和立木。另一套是刀片，圆形刀盘上均匀安装着三把刀片，刀片的中间有长槽，可以调节刀片的伸长度，主要用于割切杂草、嫩枝条等。切割嫩枝条时可伸出长些，切割老或硬的枯枝时可伸出短些。但保证三片刀伸出长度相同，刀片只用于切割直径为 3cm 以下的杂草及小灌木。

三、轧草机

1. 轧草机的应用

轧草机主要用于大面积草坪的整修。轧草机进行轧草的方式有两种：一种是滚刀式，一种是旋刀式。国外轧草机型号种类繁多。我国各地园林工人亦试制成功多种轧草机、对大面积草坪整修，基本实现了机械化，但还没有定型产品。

2. 机动轧草机的主要技术性能

机动轧草机的主要技术性能见表 15-1。

表 15-1 机动轧草机的主要技术性能

技术性能	数　据	技术性能	数　据
轧草高度	±8 cm	发动机型号	F165 汽油机
轧草幅度	50 cm/次	功率	2.2 kW
旋刀转速	1178 r/min	转速	1500 r/min
行走速度	4 km/h	外形尺寸： 长×宽×高	280 cm×70 cm× 180 cm
生产率	±0.1 ha/h	机重	120 kg

四、高树修剪机

高树修枝是园林绿化工程中的一项经常性的工作，人工作业条件艰苦、费工时、劳动强度大，迫切需要采用机械作业。近年来，园林系统革新研制了各种修剪机，在不同程度上改善了工人的劳动条件。

高树修剪机（整枝机）如图 15-11 所示，它是以汽车为底盘，全液压传动，两节折臂，除修剪 10m 以下的高树外，还能起吊土树球。具有车身轻便、操作灵活等优点。适用于高树修剪、采种、采条、森林守望等作业，亦可用于修房、电力、消防等部门所需的高空作业。

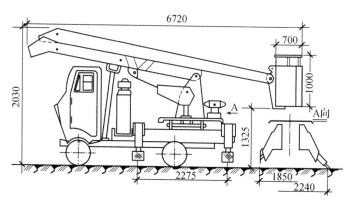

图 15-11 SJ—12 型高树修剪机外形图（单位：mm）

高树修剪机由大、小折臂，取力器，中心回转接头，转盘，减速机构，绞盘机，吊钩，支腿，液压系统等部分组成。大、小折臂可在 360°全空间内运动，其动作可以在工作斗和转台上分别操纵。工作斗采用平行四连杆机构，大、小臂伸起到任何位置，工作斗都是垂直状态，确保了斗内人员的安全。为了防止作业时工人触电，四个支腿外设置绝缘橡胶板与地隔开。

高树修剪机的主要技术参数见表15-2。

表 15-2　高树修剪机主要技术参数

形　号		SJ—16	YZ—12	SJ—12
形式		折臂	折臂	折臂
传动方式		全液压	全液压	全液压
底盘		CA—10B（"交通"驾驶室）	CA—10B	BJ—130
最高升距（m）		16	12	12
起重量	工作斗（kg）	300	200	200
	吊钩（t）	2	2	4.3
主臂长度（m）		6.5	5	4.3
支腿数（个）		蛙式 4	蛙式 4	V 式 4
动力油泵类型		40 柱塞泵	40 柱塞泵	40 柱塞泵
回转角度（°）		360	360	360
整机自重（t）		9.8	7.6	3.6

五、喷灌机

1. 浇灌作业

浇灌作业是一项花费劳动力很大的作业。在绿化养护和苗木、花卉生产中，几乎占全部作业量的 40%。由此可见浇灌作业机械化是降低成本提高生产率的措施。

2. 喷灌系统

喷灌是一种较先进的浇灌技术。它是利用一套专门设备把水喷到空中，然后像自然降雨一样落下，对植物进行灌溉，又称人工降雨。喷灌适用于水源缺乏、土壤保水性差及不宜于地面灌溉的丘陵、山地等，园林绿地及场圃均可应用。

由于喷灌有显著的优越性，在园林绿地及场圃中已经大量使用。

喷灌系统一般由水源、抽水装置（包括水泵等）、动力机、主管道（包括各种附件）、竖管、喷头等部分组成。喷灌机械按其各组成部分的安装情况及可转动程度，可分为固定式、移动式和半固定式三种形式。

3. 喷灌机

由抽水装置、动力机及喷头组合在一起的喷灌设备称作喷灌机械。

喷灌机按喷头的压力，可分为远喷式和近喷式两种。

（1）近喷式喷灌机的压力较小，一般为 0.5～3kg/cm²，射程为 5～20m，喷

水量为 $5\sim20m^3/h$。

（2）远喷式喷灌机的工作压力为 $3\sim5kg/cm^2$，喷射距离为 $15\sim50m$，喷水量为 $18\sim70m^3/h$。高压远喷式灌机的工作压力为 $6\sim8kg/cm^2$，喷射距离为 $50\sim80m$ 甚至 $100m$ 以上，喷水量为 $70\sim140m^3/h$。

喷灌机一般包括发动机（内燃机、电动机等）、水泵、喷头等部分，如图 15-12 所示。

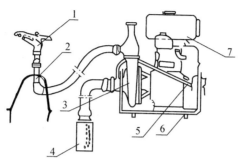

1—喷头；2—出水部分；3—水泵；4—吸水部分；

5—自吸机构；6—抬架；7—发动机。

图 15-12　喷灌机示意图

参 考 文 献

[1]王浩.园林规划设计[M].南京:东南大学出版社,2009.

[2]胡长龙.园林植物景观规划与设计[M].北京:机械工业出版社,2010.

[3]张吉祥.园林植物种植设计[M].北京:中国建筑工业出版社,2001.

[4]房世宝.园林规划设计[M].北京:化学工业出版社,2007.

[5]赵世伟.园林工程景观设计植物配置与栽培应用大全[M].北京:中国农业科学技术出版社,2000.

[6]贾辉.土木工程测量[M].上海:同济大学出版社,2004.

[7]郑金兴.园林测量[M].北京:高等教育出版社,2002.

[8]梁伊任.园林建设工程[M].北京:中国城市出版社,2000.

[9]陈志明.草坪建植与养护[M].北京:中国林业出版社,2003.

[10]谭继清.草坪与地被植物栽培技术[M].北京:科学技术文献出版社,2000.

[11]胡林,边秀举,阳新玲.草坪科学与管理[M].北京:中国农业大学出版社,2001.

[12]王树栋,马晓燕.园林建筑[M].北京:气象出版社,2001.

[13]田永复.中国园林建筑施工技术[M].北京:中国建筑工业出版社,2002.

[14]尹公.城市绿地建设工程[M].北京:中国林业出版社,2001.

[15]李世华.道路桥梁维修技术手册[M].北京:中国建筑工业出版社,2003.